U1000881

国家林业局职业教育“十三五”规划教材
高等职业院校“十三五”校企合作开发系列教材

旅游景区动物观赏

廉梅霞　主编

中国林业出版社

内 容 简 介

本教材依据生态旅游行业市场需求，以动物旅游景区为引导，以动物导游讲解为驱动，结合动物观赏理论知识，实现学、教、练一体化，职业性、实践性突出。

本教材将整个教材分为7个项目：项目1，动物基础知识；项目2，水族馆旅游；项目3，两栖馆旅游；项目4，爬行馆旅游；项目5，百鸟园旅游；项目6，动物园旅游；项目7，昆虫馆旅游。将7个项目分别通过动物认知、动物欣赏、动物讲解、动物旅游等主线，以任务导入、任务分析、知识卡片、拓展阅读、探索实践、边学边练等方式，将基本理论、案例分析、任务训练等有机融合。

本教材可作为高等职业学院、高等专科学校、应用型本科院校、成人高等教育、五年制高职院校旅游类、动物类、农业类、林业类、艺术类等相关专业课程教材，也可以作为生态旅游导游讲解人员的业务参考书和培训教材。

图书在版编目(CIP)数据

旅游景区动物观赏/廉梅霞主编．—北京：中国林业出版社，2016.8(2017.8 重印)
国家林业局职业教育“十三五”规划教材　高等职业院校“十三五”校企合作开发系列教材
ISBN 978-7-5038-8697-3

Ⅰ．①旅…　Ⅱ．①廉…　Ⅲ．①旅游区－观赏动物－高等职业教育－教材　Ⅳ．①S865.3

中国版本图书馆 CIP 数据核字(2016)第 213802 号

国家林业局生态文明教材及林业高校教材建设项目

中国林业出版社·教育出版分社
策　划：高红岩　张东晓　杨长峰　　　　责任编辑：丰　帆
电　话：(010)83143558　　　　　　　　传　　真：(010)83143516
E-mail：jiaocaipublic@163.com

出版发行：中国林业出版社(100009　北京市西城区德内大街刘海胡同7号)
　　　　　电话：(010)83143500
　　　　　http：//lycb.forestry.gov.cn
经　　销：新华书店
印　　刷：三河市祥达印刷包装有限公司
版　　次：2016年8月第1版
印　　次：2017年8月第2次印刷
开　　本：787mm×1092mm　1/16
印　　张：12
字　　数：292千字
定　　价：27.00元

未经许可，不得以任何方式复制或抄袭本书之部分或全部内容。
版权所有　侵权必究

校企合作开发系列教材

编写指导委员会

主　任： 宋河山

副主任： 刘　和　王世昌

编　委：（按姓氏笔画排序）

于　蓉　王军军　冯晓中　吉国强
杜庆先　李保平　张先平　张金荣
张晓玲　张爱华　罗云龙　赵立曦
赵　鑫　段鹏慧　宿炳林

本书编写人员

主　编： 廉梅霞

序

随着我国经济社会的不断发展和生态文明建设的持续推进，对林业教育、尤其是林业职业教育提出了新的、更高的要求。不断明晰林业职业教育的任务，切实采取措施，提升自身的教育质量和水平，成为每一所林业职业院校的历史担当。

山西林业职业技术学院作为山西省唯一的林业类高等职业院校，肩负着培养高素质林业技术技能人才的重任。办学64年以来，学院全面贯彻党的教育方针，坚持以立德树人为根本，以服务发展为宗旨，以促进就业为导向，通过“强内重外”建设生产性实训基地，积极探索产教融合、校企协同育人的办学道路，实施“工学结合”人才培养模式，以“项目导向、任务驱动”作为教学模式改革的着眼点，构建了以培养专业技术应用能力为主线的人才培养方案，使学校培养目标与社会行业需求对接，增强了高素质技术技能人才培养的针对性和适应性，凸显了鲜明的办学特色。

在教材建设方面，学院大力开发校企合作教材，在校企双方全方位深度合作的基础上，学院专业教师和企业技术人员共同修订人才培养方案、制订课程标准，共同确定教材开发计划，进行教材内容的选定和编写，并对教材进行评价和完善。这种校企共同开发的教材在适应职业岗位变化、提高学生职业能力方面都有着重要的作用。

本次出版的《林业地理信息技术》《林业工程监理实务》《园林工程测量》《现代园林制图》《园林绿地景观规划设计》《旅行社运行操作实务》《生态饭店运行与管理实务》《旅游景区动物观赏》《森林旅游景区服务与管理》《旅游市场营销》均是林业技术、园林工程、森林生态旅游专业的专业核心课程教材。其主要特点：一是教材与职业岗位需求实现及时有效地对接，实用性更强。二是教材兼顾高职院校日常教学和企业员工培训两方面的需求，使用面更广。三是教材采用“项目导向、任务驱动”的编写体例，更有利于高职专业教学的实施。四是教材项目、任务由教师和企业技术人员共同设置，更有利于学生职业能力的培养。

相信，本系列教材的出版，会对林业高等职业教育教学质量提升产生积极的作用。当然，限于编者水平，本系列教材的缺点和不足在所难免，恳请批评指正。

编委会

2016年6月

前言

生态旅游是一种参与性、体验性极强的个性化旅游活动，具有自然性强、品位性高、专业性突出等特点。生态旅游中占最大比重的是生物生态旅游，其中关于动物的生态旅游主要集中在动物园、百鸟园、海底世界、水族馆、博物馆、标本馆等旅游景区。各种动物的形态特征、生活习性、观赏价值以及动物表演的娱乐逗趣无不让游客开怀，流连忘返。游客在动物旅游景区不仅希望感受观赏动物的生命活力，还希望了解动物在野外的生存方式，接受更专业的知识熏陶。目前，我国专业的生态旅游导游员很少，而传统导游对动物方面的知识知之甚少，对其观赏文化的内涵更无从谈起，使得游客对生态旅游的体验达不到应有的高度。因此，编写一本具有生态旅游特色的动物景观观赏教材供各职业院校旅游、动物、农林、艺术等相关专业学生，以及生态旅游导游员培训使用成为当务之急。

本教材是根据作者多年《观赏动物》《生态旅游》授课经验，结合多年从事生态旅游带团工作经验，依据行业市场需求，以水族馆、博物馆、百鸟园、动物园、昆虫标本馆等旅游景区来设置学习情境，对观赏动物的分类、分布、鉴赏、娱乐、保护、讲解等方面进行系统介绍，对每个学习情境进行任务划分，以完成景区讲解工作为导向，注重教材内容的普及性、实用性，深入浅出，通俗易懂。在教材编写过程中，参阅了大量的生态旅游学、动物学等方面的书刊及相关网站，书中一些地方为说明有关问题而引用了专家学者们的重要观点和一些作者的原创资料，在此特向他们表示衷心的感谢，他们的辛勤劳动和研究成果帮助我们完成了本书的编写出版工作。同时，因本书作者水平有限，难免有错误和疏漏之处，希望学界同仁和广大读者不吝指正，以更好地提高本书质量。

本教材所用图片部分来自于网络，编者尊重知识产权。如有版权侵犯，请及时联系编者。

编　者

2016 年 4 月

目录

项目 1　动物基础知识

教学目标

☞ **知识目标**　1. 动物分类、命名的知识；
2. 世界和中国的动物地理区划；
3. 山西省动物资源分布；
4. 动物讲解词的编写。

☞ **能力目标**　1. 掌握观赏动物景观的构景因素；
2. 掌握不同生态景观下的动物分布规律；
3. 掌握野生动物的观赏方法；
4. 掌握动物讲解词的编写方法；
5. 掌握有关野生动物保护的法律法规。

☞ **素质目标**　1. 具有爱护动物、保护动物的意识；
2. 严格遵守动物保护的法律法规；
3. 具备一定的动物保护知识和能力。

教学重点和难点

1. 野生动物的分类；
2. 野生动物的地理区划；
3. 动物讲解词的编写。

任务 1.1　动物的分类和命名

【任务导入】

任何领域的科学研究，都首先需要正确地鉴定研究对象属于哪一个物种(species)，再研究其科学价值。否则，再高水平的研究，也会失去其客观性、对比性等研究意义。纵观世界上存在的动物，形形色色、多种多样。据统计，目前已被专家命名的动物就有 150 多万种。而在地球的历史上，已经灭绝的动物比这个数目还要多，有 700 多万种。如此众多的动物，如果没有科学的分类和命名，对整个动物世界的认识就会陷入杂乱无章的境地，更无从进行动物的调查研究、资源利用及合理保护了。因此，认识动物的第一步是对其进行分类和命名。

【任务分析】

动物的分类和命名是学习和研究动物学必备的基础知识。现代生物分类法源于林奈的系统，他根据物种共有的生理特征进行分类。林奈的生物分类方法和分类原则，对生物学的发展起到了重大的作用，奠定了科学生物分类学的基础。目前，动物学有多种有关分类的理论和方法，但最常用的分类方法是自然分类法。国际通用的命名方法是双名法。

知识卡片

1.1.1 动物的分类

1.1.1.1 动物的自然分类法

动物分类学，通常直接称为分类学(taxonomy)，是研究生物类群之间的异同及异同程度，阐明生物间的亲缘关系、进化过程和发展规律的科学。就是将极其繁杂的、各式各样的动物，进行鉴定、命名和归类，并按照一定的规律排列起来，以便于人类对动物进行认识、研究和利用。动物分类知识是学习和研究动物学所必需的基础。因为，任何领域的科学研究，无论是宏观的、还是微观的，包括与动植物相关的研究领域，都首先需要正确地鉴定和判明研究对象属于哪个物种。伟大导师、辩证唯物主义奠基人恩格斯就曾经说过：如果没有物种的概念，整个自然科学便都没有了。自然科学的一切部门都需要物种概念作为基础。

在动物研究早期，由于受到科技水平等因素影响，人们对动物的分类，仅仅是根据动物的表面特征，或习性上的某些特点来分类的，人为主观因素很多，因此被称为“人为分类法”。我国古代的本草书籍，常常有一些药用动物的记载，如南北朝梁代陶弘景所编著《本草经集注》中有虫、兽类的记载，可认为是药用动物分类的开始；《唐本草》中有人、兽、禽、虫、鱼各部；到了明代李时珍的《本草纲目》，更将药用动物分为虫、鳞、介、禽、兽、人各部，这种分类方法，至今仍影响着我国中药材的分类和使用。

由于人为分类法存在着很大的主观性和局限性，科学家发现这样的分类方法越来越不能满足动物研究需要，开始建立了一种更客观的、系统的分类方法——“自然分类法”，并不断丰富和完善。近一个世纪以来，随着人们对动物界认识的不断深入，以及自然科学的不断发展和进步，一些自然学科如动物解剖学、动物生理学、动物胚胎学、动物生态学、动物形态学和动物地理学等相继建立，特别是达尔文进化论的提出，给动物分类学带来深刻的影响，科学家们除了注意到动物的生态特征外，还考虑到动物之间的亲缘关系，由此逐渐发展和建立了现今的动物分类学。近 30 年来，现代科学技术更是发生了翻天覆地的变化，如细胞学、遗传学、实验生物学、分子生物学、数量分类学等边缘学科和新兴学科相继诞生，以及电子显微镜、计算机等现代仪器的相继使用，使动物分类学变化更为深刻、更加完善。应该说，自然分类法，与人为分类法相比，有明显的飞跃和进步，它更能反映动物各类群之间的相互关系和进化发展的关系。

自然分类法，又称系统分类法，主要根据自然界动物的外部形态、身体内部构造、胚胎发育特点、遗传进化、生理习性、生活环境等特征进行分类。它将自然界中的动物从大到小依次分为界、门、纲、目、科、属、种7个基本等级(又称为阶元)。目前，地球上已知的150多万种动物均可在上述几个分类阶元中找到自己的位置，具体可分为1个动物界、35个门、70余纲、约350个目。

界：所有的动物都属于动物界，动物界中包含许多门。

门：具有一些共同特征的，来自不同纲的动物，归入同一个门。

纲：具有一些共同特征的，来自不同目的动物，归入同一个纲。

目：具有一些共同特征的，来自不同科的动物，归入同一个目。

科：具有一些共同特征的，来自不同属的动物，归入同一个科。

属：具有一些共同特征的，来自不同种类的动物，归入同一个属。

种：相同物种的动物，归为同一个种。

例如：山西省拥有的国家二级珍稀两栖动物大鲵(俗称：娃娃鱼)，在动物分类中属于：

界：动物界

门：脊索动物门

纲：两栖纲

目：有尾目

科：隐鳃鲵科

属：大鲵属

种：大鲵种

实际工作中，动物学家为了对动物进行更精细的研究，在原有等级的基础上引入了次生阶元概念，如亚门、下门、总纲(超纲)、亚纲、下纲(次纲)、总目(超目)、亚目、下目(次目)、总科(超科)、亚科等。甚至有的动物学家还增设了新的阶元概念，如股、群、族、组等，其中最常设的是族，介于亚科和属之间。了解这些阶元概念，有助于我们掌握更多、更科学的动物知识。例如对大鲵的分类，还可以再加入3个等级，脊椎动物亚门、滑体亚纲和隐鳃鲵亚目。

这样大鲵的分类就可详细到：

界：动物界

门：脊索动物门

亚门：脊椎动物亚门

纲：两栖纲

亚纲：滑体亚纲

目：有尾目

亚目：隐鳃鲵亚目

科：隐鳃鲵科

属：大鲵属

种：大鲵种

这里要说明的一点是，上述所有分类阶元中，除种以外，其他较高的阶元都同时具有客观性和主观性。所谓客观性，是因为它们是客观存在的、可以分类的实体；所谓主观性，是因为各阶元的水平以及阶元与阶元之间的范围划分完全是由动物学家根据一定的标准主观划定的。虽然大部分的动物分类是世界公认的，但仍然有动物学家对一些动物的分类持不同看法。遇到这种情况时，可以结合不同分类看法，进行对照比较学习。

1.1.1.2 动物界的分门

动物学家根据动物身体细胞数量及体型、分化、胚层、体节、体腔、内部器官以及附肢的布局和特点，将整个动物界大致分为42门(有35个门的动物比较常见，有7个门的动物已经灭绝或分类有争议)：

(1)原生动物门。全都是单细胞动物，是最原始的动物，其中大家熟悉的有眼虫、草履虫。

(2)菱形虫门。结构简单的内寄生动物，有记录的种类不多。

(3)直泳虫门。与菱形虫类似的动物。

(4)多孔动物门。多孔动物门又称海绵动物门。海绵是原始的多细胞动物。

(5)扁盘动物门。到目前为止，此门只有一种动物，即丝盘虫。

(6)古杯动物门。顾名思义，“古”即此类动物已灭绝，“杯”即长得像杯子。

(7)腔肠动物门。包括水螅、水母、海葵和珊瑚。

(8)栉水母动物门。也有人把这个门归入腔肠动物门，作为栉水母纲。

(9)扁形动物门。有涡虫、吸虫、绦虫，吸虫、绦虫即寄生虫。

(10)螠虫动物门。海洋底栖动物，身体呈柱形或长囊形。

(11)舌形动物门。全都是“吸血不眨眼”的寄生虫，分类地位尚难确定。

(12)微颚动物门。在1994年新发现的一类动物，人类对它们所知甚少。

(13)纽形动物门。比扁形动物略高等的类似动物。

(14)颚胃动物门。体形很小，生活在浅海的细沙中，人们了解得不多。

(15)线虫动物门。一个庞大的家族，例如蛔虫。

(16)腹毛动物门。身体腹面长有纤毛的一类动物。

(17)轮虫动物门。很小，与原生动物类似。

(18)线形动物门。与线虫动物类似。

(19)鳃曳动物门。生活在靠近两极的冷水中的海洋底栖动物，有记载的种类极少。

(20)动吻动物门。与鳃曳动物类似。

(21)棘头虫动物门。身体前端有吻的一类动物。

(22)铠甲动物门。在1983年才发现的一个新门，目前没有准确分类。

(23)内肛动物门。苔藓状的小动物。

(24)环节动物门。蚯蚓、蚂蟥、沙蚕等，身体呈环节状。

(25)环口动物门。新发现的一类动物。

(26)星虫动物门。与螠虫动物相似。

(27)软体动物门。贝类，包含有大量常见动物，具体内容将在后面介绍。

(28)软舌螺动物门。已灭绝。

(29)叶足动物门。寒武纪的奇虾等。

(30)缓步动物门。很强的一类动物，能忍受高温、绝对零度、高辐射真空和高压。

(31)有爪动物门。身体呈蠕虫状，足呈圆柱形，末端有爪，近乎灭绝。

(32)节肢动物门。动物界中种类占2/3以上的动物，包括昆虫纲、甲壳纲、多足纲等，具体内容下面介绍。

(33)腕足动物门。有时你会在街头地摊上看见一些像贝壳的化石就是这类动物留下的。

(34)外肛动物门。曾与内肛动物为同一门合称苔藓动物，现已分开。

(35)帚虫动物门。一个很小的门，只有10几种动物，都是海洋底栖动物。

(36)古虫动物门。在5.3亿年前的生命大暴发中早就灭绝了，在近几年才发现。

(37)棘皮动物门。包括海星、海胆、海参和海百合等。

(38)须腕动物门。没有嘴和消化管的非寄生动物，生活在深海中，分类地位有争议。

(39)异涡动物门。仅2种，在波罗的海附近分布，曾先后被认为扁形动物和软体动物。

(40)毛颚动物门。只有50种左右，还是海洋动物。

(41)半索动物门。身体呈蠕虫形，有人将它们归入脊索动物门。

(42)脊索动物门。包括所有的脊椎动物，具体内容下面介绍。

这些门中，有的门大，有的门小，包含的动物种类、数量也各不相同。我们比较熟悉的有：原生动物门，意思是最原始的动物，如草履虫；腔肠动物门，代表动物有水螅、水母、海葵和珊瑚等；扁形动物门，人类身体里存在的寄生虫就大多属于此门；环节动物门，身体呈环节状，常见的有蚯蚓、蚂蟥、沙蚕等。此外，还有重要的3个动物门类。

1. 节肢动物门

动物界最大的一门，通常称为节肢动物。全世界现存120多万种，占整个现有生物种数的75%~80%。生活环境极其广泛，无论是海水、淡水、土壤、空中都有它们的踪迹。有些种类还寄生在其他动物的体内或体外。人们熟知的虾、蟹、蜘蛛、蚊、蝇、蜈蚣等都属于节肢动物门。

节肢动物的主要特征：身体两侧对称，通常分为头、胸、腹三节，也有部分节肢动物的头部与胸部愈合为头胸部，或胸部与腹部愈合为躯干部。例如，昆虫纲(蝗虫)：头部、胸部、腹部三部分；甲壳纲(虾)：头胸部、腹部；蛛形纲(蜘蛛)：头、胸部、腹部；多足纲(蜈蚣)：头部、躯干部；异律分节(与环节动物的同律分节相比，身体中部的每个体节形态功能不再相似)；每一体节上有一对附肢，附肢的关节可活动；体外覆盖几丁质外骨骼(又称表皮或角质层)；生长过程中要定期蜕皮；循环系统为开管式；水生种类的呼吸器官为鳃或书鳃(页鳃)，陆生的为气管或书肺或兼有；神经系统为链状神经系统，有各种感觉器官；多雌雄异体，陆生种类常行体内受精，而水生种类有很多为体外受精；生殖方式多样，一般为卵生，也有卵胎生；除两性生殖外，还有孤雌生殖、幼体生殖和多胚生殖等形式。

2. 软体动物门

已记载的逾13万种，仅次于节肢动物，为动物界的第二大门。具有一些与环节动物相同的特征，如次生体腔，后肾管，螺旋式卵裂，个体发育中具有担轮幼虫等。软体动物只是比环节动物的结构更复杂，机能更趋于完善，但在进化特征上没有明显的进步。因此认为软体动物和环节动物两者亲缘关系极为密切，是由环节动物演化而来，是朝着不经常四处活动的生活方式分化出来的一支。

软体动物的主要特征：身体比较柔软，一般左右对称，不分节，可分为头、足和内脏3个部分。体被外套膜，常常分泌有贝壳。软体动物感觉灵敏，已分化出触角、眼、嗅检器及平衡囊等感觉器官。软体动物的循环系统一般为开管式循环，由心脏、血管、血窦及血液组成，中枢为心脏。软体动物的消化系统包括口、食道、胃、肠、肛门和附属的腺体。水生软体动物用鳃呼吸，陆生软体动物用肺呼吸。软体动物有雌雄异体和雌雄同体之分，生殖方式多样，有的通过交尾受精，有的将生殖产物分别排到水中受精。受精卵是典型的螺旋形卵裂，个体发育中具有担轮幼虫。

软体动物体外具贝壳，为软体动物的重要特征，因此研究软体动物的学科又称贝类学。贝壳由外套膜分泌的钙质和有机质形成。大多数种类有1扇贝壳，如腹足纲、掘足纲，也有不少种类有2扇贝壳，如瓣鳃纲，很少数种类有8扇贝壳，如多板纲；也有一些种类贝壳退化成内壳，有的无壳。贝壳的形态随种类变化很大，有的呈帽状；螺类为螺旋形；掘足纲为管状；瓣鳃纲为瓣状，这是区分种类的重要特征之一。软体动物虽然在外形上差别很大，但主要形态结构基本相同。生活范围广，海水、淡水和陆地均可见，常见的有蜗牛、鹦鹉螺、乌贼、柔鱼、章鱼等。

3. 脊索动物门

动物界最高等、最复杂的一门，是与人类关系最密切的动物类群。它们在外部形态、内部结构、生活方式以及生活环境等方面，都极其复杂多样。其共同特征是在其个体发育全过程或某一时期具有脊索、背神经管和鳃裂(即脊索动物门的三大特征)。已知约7万多种，现生的种类有4万多种。

脊索动物门包括3个亚门：尾索动物亚门(最低等的脊索动物，代表动物：海鞘)、头索动物亚门(又称无头动物，身体似鱼但无真正的头，代表动物：文昌鱼)和脊椎动物亚门。脊椎动物亚门就是我们通常所说的脊椎动物。

脊椎动物亚门现存的约39 000多种，是脊索动物门中最主要的也是最高级的一个亚门，除了具有脊索动物门的3项基本特征外，体内出现了代替脊索的脊柱，这是其最大的区别特征。多数脊椎动物，只在胚胎时期才具有脊索，随后或多或少被脊柱所代替。脊椎动物出现了嗅、视、听等集中的感官。背神经管分化成脑和脊髓，脑进一步分化为大脑、间脑、中脑、小脑和延脑。发达和集中的神经中枢是脊椎动物重要的进步性特点。有了脑和感官，再加上保护它们的头骨，就构成了明显的头部。因此，本亚门又称有头动物，有了完善的循环系统，出现了真正的心脏，会搏动；有复杂的血管系统，多数种类的多氧血(动脉)与缺氧血(静脉)分开流动，能使动物体保持旺盛的代谢活动；复杂的肾脏代替了简单的肾管，提高了排泄系统的机能，能使新陈代谢产生的大量废物更有效地排出体外。水生种类用鳃呼吸，陆生种类用肺呼吸。脊椎动物还出现了成对的附肢，即水生动物的偶鳍和陆生动物的四肢，这就大大提高了运动的能力。脊椎动物雌雄异体，繁殖方式有卵生、卵胎生和胎生3种类型，我们日常所见到猕猴、大象、长颈鹿、褐马鸡等均属于此亚门。

脊椎动物亚门具体可分为：圆口纲、鱼纲、两栖纲、爬行纲、鸟纲、哺乳纲6个纲。

(1)圆口纲。脊索终生存在，无成对附肢，属于此纲的动物较少，也不常见。

(2)鱼纲。分为软骨鱼纲和硬骨鱼纲，是种类最多的类群，占已命名脊椎动物的1/2

以上。水生动物，以鳃呼吸、以鳍运动，上下颌摄食。鱼类大部分都属于此纲。

(3)两栖纲。是从水生过渡到陆生的脊椎动物，具有水生脊椎动物与陆生脊椎动物双重特性。幼年需在水中渡过，以鳃呼吸，类鱼纲动物生活；成年则具有真正陆地脊椎动物的许多特征，如用肺呼吸，具有五趾型四肢等。青蛙、蟾蜍等都属于两栖纲，目前最大的两栖动物是大鲵。

(4)爬行纲。完全陆生动物，皮肤有鳞片或盾片覆盖，用肺呼吸，出现羊膜卵，属变温动物。卵生或卵胎生。常见动物有乌龟、蛇、鳄鱼等。另外，远古时期的恐龙也属于爬行动物。

(5)鸟纲。全身披有羽毛，前肢特化成翼，后肢有鳞状外皮，与哺乳纲动物共称为恒温动物。卵生。常见动物有鸟类、企鹅等，山西境内拥有的国家Ⅱ级保护动物褐马鸡、丹顶鹤等均属此纲。

(6)哺乳纲。体外披毛，恒温动物，胎生(单孔目动物，如鸭嘴兽除外)，是脊椎动物中躯体结构、功能行为最为复杂的最高级动物类群，因其通过乳腺分泌乳汁来给幼体哺乳而得名。山西境内拥有的国家一级保护动物金钱豹，国家二级保护动物猕猴、梅花鹿等均属于哺乳纲。

1.1.2 动物的命名

动物界中每一个物种都必须有一个科学的名称，如果名称不规范统一，就会造成很大的混乱，再加上世界各个国家的语言、文字都各有不同，就更需要确定一个国际上通用的、统一的名称，《国际动物命名法规》就是在此背景下产生的。《国际动物命名法规》是一套规范动物学名命名的国际性学术规定，由国际生物学会负责修订和解释。它规定了对动物学名以及动物界各分类阶元学名等内容进行命名的原则、语法和作者认定，约定了对同物异名、同名异物等非正常命名现象的处理方式，约定了动物学家在命名物种以及讨论物种命名过程中需要遵守的礼仪规范。

《国际动物命名法规》规定了对动物的命名要统一采用“双名命名法”进行命名。双名命名法又称为是林奈命名法，是瑞典生物学家林奈创立的命名方法。双名命名法中对每一个动物的命名，都采用属名和种名两个名称组成，并必须用两个拉丁词或拉丁化形式的词构成，以通用于全世界。根据这一法则所给予动物的名称，就是动物的学名。一般是第一个词是属名，用单数、主格的名词，是为主体；第二个词是种名(种本名)，用形容词或名词二格，是加词，若为形容词，则必须与前面的属名的性、数、格相同，属名第一个字母用大写，种名则用小写。例如：猕猴的学名是 *Macaca mulatta*，乌龟的学名 *Chinemys reevesii*。

值得注意的是，对种以下的分类单位的命名，一般采用在属名及种名之后，再加上亚种的名称，即第三个词，故又称为“三名法”。如家鸡的学名为 *Gallus gallus domesticus*。此外，如有亚属，可在属名和种名之间，加上亚属名，并用括号将其括出以示区别，如鳖的学名为：*Trionyx* (*aspidonectes*) *sinensis*，其中 *aspidonectes* 就是亚属之意。

一般情况下，研究、区分和确定动物界中的各个物种，并予以描述和命名，从而提供辨别物种的正确知识，这些工作往往与根据物种之间的异同确定物种所属的分类阶元层次是同步进行的。只有给每种动物以合法的名称，并排以适当的位置，整个动物世界才会井然有序。同时，也为进一步研究它们的发生、发展过程和起源，以及彼此的亲缘关系打下坚实的基础，成为其他一切动物学研究工作的基石。

1.1.3 动物的家谱

动物分类不仅是要根据不同动物种类之间的形态特征差异来进行鉴定和命名，更重要的是要通过它们彼此之间在内、外部形态特征上的相同或相异程度，来研究不同动物物种之间的联系。从而建立反映它们系统发展、亲疏远近的“家谱”——亲缘关系，以此来反映出它们演化的过程和趋向。

1.1.3.1 地球年代表

要想清楚地研究和表述动物演化进程，我们首先要学习了解一个关于时间的概念——地球年代。地球年代表是用来描述地球历史事件的时间单位，年代表中最大的时间单位是“宙”，“宙”下分“代”，“代”下分“纪”，“纪”下分“世”，“世”下分“期”，“期”下分“时”。

地球距今已有46亿~48亿年的历史，从古至今依次为：太古宙、元古宙、显生宙3个阶段。

1. 太古宙

太古宙约开始于40亿年前，结束于25亿年前。在这个时期里，地球表面很不稳定，地壳变化很剧烈，形成最古的陆地基础，岩石主要是片麻岩，成分很复杂，沉积岩中没有生物化石。晚期有菌类和低等藻类存在，但因经过多次地壳变动和岩浆活动，可靠的化石记录不多。

2. 元古宙

元古宙约开始于25亿年前，结束于5.7亿年前。在这个时期里，地壳继续发生强烈变化，某些部分比较稳定已有大量含碳的岩石出现。藻类和菌类开始繁盛，晚期无脊椎动物偶有出现。地层中有低等生物的化石存在。

3. 显生宙

约在5.7亿年前，地球上开始出现原始生命。从这时起，被称之为显生宙。显生宙可分为3个代，古生代、中生代、新生代，每个代下面又可以依次细化为“纪”“世”“期”和“时”。对于非地质专业的学生来说，只需要了解“代”和“纪”就可以了。

(1)古生代。显生宙的第一个代。约开始于5.7亿年前，结束于2.5亿年前。分为寒武纪、奥陶纪、志留纪、泥盆纪、石炭纪和二叠纪。在这个时期里生物界开始繁盛。动物以海生的无脊椎动物为主，脊椎动物有鱼和两栖动物出现。植物有蕨类和石松等，松柏也在这个时期出现。因此时的动物群显示古老的面貌而得名。

寒武纪(5.7亿~5.1亿年前)：在这个时期里，陆地下沉，北半球大部被海水淹没。生物群以无脊椎动物尤其是三叶虫、低等腕足类为主，植物中红藻、绿藻等开始繁盛。

奥陶纪(5.1亿~4.38亿年前)：在这个时期里，岩石由石灰岩和页岩构成。生物群以三叶虫、笔石、腕足类为主，出现板足鲎类，也有珊瑚。藻类繁盛。浅海覆盖了半个地球，无脊椎动物占领了海洋。北非当时被冰封覆盖。

志留纪(4.38亿~4.1亿年前)：在这个时期里，地壳相当稳定，但末期有强烈的造山运动。生物群中腕足类和珊瑚繁荣，三叶虫和笔石仍繁盛，无颌类发育，到晚期出现原始鱼类，末期出现原始陆生植物裸蕨。陆地上古生物出现，昆虫、爬虫和蜘蛛出现。

泥盆纪(4.1 亿~3.55 亿年前)：海洋沉积岩形成海面上升，出现鲨鱼、多骨鱼、肺鱼、有鳞鱼，鱼类时代开始。三叶虫、珊瑚及其他无脊椎动物盛行，两栖类动物首次登陆。

石炭纪(3.55 亿~2.9 亿年前)：在这个时期里，气候温暖而湿润，高大茂密的植物被埋藏在地下经炭化和变质而形成煤层，故名石炭纪。蝗螂及两栖类鳄鱼出现，首次出现爬行动物，昆虫大量盛行，并出现有翅昆虫。

二叠纪(2.9 亿~2.5 亿年前)：在这个时期里，地壳发生强烈的构造运动。动物中的菊石类、原始爬虫动物开始发展，温血爬行动物出现。

(2)中生代。显生宙的第二个代。分为三叠纪、侏罗纪和白垩纪。约开始于2.5 亿年前，结束于6500 万年前。这时期的主要动物是爬行动物，恐龙繁盛，哺乳类和鸟类开始出现。无脊椎动物主要是菊石类和箭石类。植物主要是银杏、苏铁和松柏。

三叠纪(2.5 亿~2.05 亿年前)：在这个时期里，地质构造变化比较小。槽齿类爬行动物出现，并从它发展出最早的恐龙。三叠纪晚期，蜥臀目和鸟臀目都已有不少种类。首次出现始祖乌龟和鳄鱼。森林中针叶树为主，棕榈银杏占优势。与此同时，从兽孔类爬行动物中演化出了最早的哺乳动物——似哺乳爬行动物，但是，在随后从侏罗纪到白垩纪长达1 亿多年的漫长岁月里，这批生不逢时的哺乳动物一直生活在以恐龙为主的爬行动物的阴影之下，直到新生代才成为地球的主宰。

侏罗纪(2.05 亿~1.35 亿年前)：在这个时期里，有造山运动和剧烈的火山活动。泛大陆开始分离，北美从非洲和南美洲中分离出去，世界许多地方海平面上升，爬行动物繁盛，首次出现了巨大的恐龙、空中飞龙和始祖鸟，植物中苏铁、银杏最繁盛。

白垩纪(1.35 亿~0.65 亿年前)：这个时期里，造山运动非常剧烈，我国许多山脉都在这时形成。动物中以恐龙为最盛，但在末期逐渐灭绝。鱼类和鸟类很发达，原始哺乳动物开始出现。被子植物出现。植物中显花植物很繁盛，也出现了热带植物和阔叶树。

(3)新生代。显生宙的第三个代。分为古近纪、新近纪和第四纪。约从6500 万年前至今。在这个时期地壳有强烈的造山运动，中生代的爬行动物绝迹，哺乳动物繁盛，生物达到高度发展阶段，和现代接近。后期有人类出现。

古近纪(6500 万~2300 万年前)：在这个时期，哺乳动物除陆地生活的以外，还有空中飞的蝙蝠、水里游的鲸类等。被子植物繁盛。

新近纪(2300 万~260 万年前)：在这个时期，哺乳动物继续发展，形体渐趋变大，一些古老类型灭绝，高等植物与现代区别不大，低等植物硅藻较多见。

第四纪(260 万年至今)：在这个时期里，曾发生多次冰川作用，地壳与动植物等已经具有现代的样子，初期开始出现人类的祖先(如北京猿人、尼安德特人)。

1.1.3.2 动物演化检索表

达尔文进化论指出：物种的起源和进化遵循一定的规律，是按照由简单到复杂，由低级到高级，由水生到陆生的总趋势，不断进化发展而来的。生命始于海洋，从30 亿年前的化石可见，最早“活”的东西，是一些我们肉眼根本看不见的小细胞。一类是藻类，它是最早的植物；另一类是细菌，它可以算是最早出现的生物。在之后漫长的进化过程中，单细胞逐渐演化成大得多的多细胞生物，如水母。再后来，又产生了带硬壳的动物，如贝类、虾、蟹等。以后逐渐形成具有骨骼的脊椎动物，海洋中的鱼类。动物第一次从海洋登上陆地是3.8亿年前。当时，有些鱼类身上的鳍慢慢进化成带脚趾的四肢，当这些长脚的“鱼”踏上陆地时，一类新的动物——两栖动物就诞生了。那时候，陆地上已经出现了蜘蛛和小昆虫。两栖动物之后，地球上出现了爬行动物。随着时间的推移，爬行动物中的一部分开始向空中发展形成“会飞的爬行动物”，如翼龙。在恐龙兴盛的同时，最早的哺乳类也出现了。6500万年前，发生了恐怖的生物大灭绝事件，恐龙连同那些巨型的海洋爬行动物同时消失了。至今，这种灭绝原因仍是个谜。不过仍有许多别的动物，历经漫长的历史年代，不断变化发展而存活至今，如我们周围所见到的昆虫、鱼类、青蛙、鸟类、海龟、鳄鱼和蛇类。继恐龙之后，哺乳动物取代了其“霸主”地位，成为当时统治地球的动物。经过逐渐进化而演变至今天的高级动物——人类。动物学家依据动物进化过程中外观特征、内部解剖及生理特征的变化制定出了动物演化检索表——“动物的家谱”。通过它，我们可以直观地查询物种之间的亲缘关系。

例如，蜘蛛、蝗虫、蚯蚓、鲤鱼、眼镜蛇、青蛙、丹顶鹤和华南虎，它们之间的异同可见表1-1。

表1-1　动物亲缘检索表

<table>
<tr><th>项目</th><th>分类</th><th colspan="3">情况</th></tr>
<tr><td rowspan="3">无脊椎动物</td><td>环节动物门</td><td colspan="3">蚯蚓</td></tr>
<tr><td rowspan="2">节肢动物门</td><td>昆虫纲</td><td colspan="2">蝗虫</td></tr>
<tr><td>蛛形纲</td><td colspan="2">蜘蛛</td></tr>
<tr><td rowspan="5">脊椎动物</td><td>水栖动物</td><td>鱼　纲</td><td colspan="2">鲤鱼</td></tr>
<tr><td rowspan="4">陆栖动物</td><td rowspan="2">变温动物</td><td>两栖纲</td><td>青蛙</td></tr>
<tr><td>爬行纲</td><td>眼镜蛇</td></tr>
<tr><td rowspan="2">恒温动物</td><td>鸟　纲</td><td>丹顶鹤</td></tr>
<tr><td>哺乳纲</td><td>华南虎</td></tr>
</table>

由表1-1可知：

1. 无脊椎动物

蜘蛛、蝗虫、蚯蚓3种动物没有真正的脊索，同属于无脊椎动物，相互之间的亲缘关系较近。其中，蚯蚓的身体各节分工不明显，由许多环节组成，属于无脊椎动物中的环节动物门；蝗虫、蜘蛛的身体各节具有真正的分工，由头、胸、腹部组成，同属于无脊椎动物中的节肢动物门。显然，蝗虫和蜘蛛这两种动物的关系更进一步。再细分一下，蝗虫有三对足和二对翅，属于节肢动物门的昆虫纲；蜘蛛有四对足，没有翅，属于节肢动物门的蛛形纲。

2. 脊椎动物

鲤鱼、眼镜蛇、青蛙、丹顶鹤和华南虎5种动物具有真正的脊椎，同属于脊椎动物，相互之间的亲缘关系较近。其中，鲤鱼属于水栖动物，完全用鳃呼吸，以鳍运动，终生生活在水中，属于鱼纲，同其他4种动物亲缘关系较远。青蛙和眼镜蛇一个是两栖动物，一个是爬行动物，都是变温动物，亲缘关系较近；而丹顶鹤、华南虎一个是鸟类，一个是哺乳动物，都是恒温动物，相互之间的亲缘关系更近。

探索实践

1. 熟练掌握动物分类和命名方法。以某一种动物为例，按自然分类法将其进行系统分类，并查找动物学名，注意书写格式。

2. 学会使用动物检索表，分析判断不同动物物种之间的亲缘关系。

任务1.2　动物的地理分布

【任务导入】

整个地球表面分为海洋和陆地两大动物区系。动物在其繁衍、发展过程中形成了一定的分布规律。中国所产陆栖脊椎动物2000多种，占世界全部种数的10%左右。其中，鸟类所占比例最大，兽类其次，两栖类及爬行类居后。这些陆栖脊椎动物有不少为中国所特有种，或主要分布于中国，如兽类中的金丝猴、羚牛、梅花鹿和毛冠鹿等；鸟类中的丹顶鹤、马鸡、长尾雉、鸳鸯等。第四纪以来，中国动物区系的变化不如欧亚北部剧烈，保存了一些较古老或珍稀的种类，举世闻名的大熊猫即产于横断山脉北部及其附近。大熊猫在分类学上有其特殊地位，自成一科；在新疆和蒙古人民共和国交界的砾质荒漠（戈壁）地带，尚保存现今唯一生存的野马；塔里木盆地深处有野生双峰驼；洞庭湖和长江下游的白鳍豚是世界留存至今的两种淡水鲸之一；长江中下游的扬子鳄是世界罕见的鳄类之一；南起华南，北至华北都分布有大鲵，即娃娃鱼，是世界上现存最大的两栖类。上述这些种类都是全世界所关注的动物。了解地球上不同地域的动物群的种类组成和数量状况，可以为保护和利用动物资源提供科学依据。

【任务分析】

1. 掌握世界动物的地理区划。
2. 掌握中国动物的地理区划。
3. 掌握山西省动物的地理区划。

知识卡片

1.2.1　动物的分布区和栖息地

动物的分布区是指某一动物物种或类群所占有的地理空间。在此空间内，该种动物能充分进行个体发育，并留下具有生命力的后代。在一种动物的分布区内，不是任何地方都能发现这种动物的种群或个体，它们只能生活在具备维持它们生存所需的一切条件的地方，这种地方称为动物栖息地。分布区是地理学概念，它是地球上的一定区域。栖息地是生态学概念，它是动物实际居住的场所。例如，猕猴的分布区包括中国、印度、巴基斯坦、中南半岛等在内的热带、亚热带及暖温带阔叶林地区，但它们通常只栖息在这些地区的石山峭壁、溪旁沟谷和江河岸边的密林中或疏林岩石上；再如小熊猫的分布区包括喜马拉雅山南翼和横断山区，但只栖息在海拔较低的常绿阔叶林和针阔混交林中。

每种动物分布区的形成都要经历在一个地方发生然后逐渐向四周扩展的过程。分布区的大小取决于动物本身特性、环境特点以及物种的地质年龄等诸多因素。一般来说，栖息地分布范围越大，动物的形态结构、功能和遗传等特性与外界适应力越强，物种的地质年龄也越古老，分布区也越广。同时，动物分布区还有其形成、发展、变迁及消亡的过程。同一物种的分布区可分为连续分布区和间断分布区。间断分布区就是由于环境变迁，该物种在部分地区萎缩、消亡而形成的。

1.2.2 动物栖息地种类和分布

动物栖息地，又称生境、栖地，是指物种种群栖息的自然环境。地球上的栖息地大体可分为陆域栖息地、水域栖息地、鸟类栖息地3种。

1.2.2.1 陆域栖息地

陆域栖息地的自然条件从北向南呈现规律性的地带性分布，山地条件下还有类似的垂直分布，不同的自然条件下均有代表性的植被类型和动物类群，大致可分为季风区耐湿动物群、蒙新耐旱动物群、青藏高原耐寒动物群三大生态地理动物群，或细分为苔原、草原、高山及高原、洞穴、荒漠、城市、针叶林、阔叶林、热带雨林、两极动物等陆域栖息地。

1. 苔原

苔原也叫冻原，位于地球最北端，大部分围绕北冰洋分布，是高山树木线以上的一种以地衣、苔藓、多年生草类和耐寒小灌木构成的植被带。冬季严寒而漫长，夏季冷而短暂，多数地区覆盖冰雪，有明显的极昼和极夜现象。代表性动物：北极熊、北极狐、北极兔、美洲野牛、麝牛、驯鹿、雪兔、白鼬、旅鼠、雷鸟等。我国的西藏高原还有一些特有物种，如牦牛、藏羚羊、雪豹、雪鸡、雪鸽、雪雀等。

2. 草原

包括热带草原(热带稀树草原)和温带草原。草原的特点是地形开阔平坦，草本植物茂盛，季节性气候变化大，有明显的干湿季之分，常年雨水不足，森林不能生长，却利于大型猫科动物跟踪猎物。热带草原代表性动物：非洲狮、非洲象、猎豹、斑马、角马、羚羊、长颈鹿等。温带草原代表动物：草原雕、狼、野马、黄羊、蒙古兔、田鼠等。

3. 荒漠

位于亚热带和温带的戈壁、流沙、泥滩等地区。特点是降水极少、蒸发强烈、气候干燥、植被缺乏，蒸发量常常能超过降水量的数倍乃至数十倍，昼夜温差极为显著，季节性差异大。荒漠以其生物数量稀少而著称。代表动物：骆驼、响尾蛇、沙狐、各种沙蜥、蝎子、沙土鼠等。

4. 针叶林

以针叶树组成的各类森林的总称。包括常绿针叶树和落叶针叶树。针叶林带(又称泰加林带)冬季悠长寒冷，夏季短促潮湿，针叶林树种组成单调，地面覆盖很厚的苔藓地衣，灌木和草本植物稀少，冬季积雪很深，动物生存条件不如其他森林带。代表动物：驼鹿、马鹿、狼獾、貂、猞猁、松鼠、花鼠、松鸡、榛鸡等。

5. 阔叶林

由阔叶树种组成的森林，有冬季落叶的落叶阔叶林和四季常绿的常绿阔叶林两种类型。落叶阔叶林是我国温带地区最主要的森林类型，四季明显，夏季高温雨多，植物生长茂盛，冬季严寒，植物落叶或枯萎。代表动物：棕熊、老虎、狐狸、梅花鹿、獾、啄木鸟、黄鹂等。

6. 热带雨林

热带雨林主要分布在赤道附近，终年高温多雨。热带雨林是全球最大的“生物基因库”，动物种类的分化达到高峰，个体数却较少，物种通常具有鲜丽的体色、奇怪的外形。美洲主要有树懒、蛛猴、卷尾猴、小食蚁兽、麝雉、蜂鸟、狨鼠、南美貘、吸血蝠、森蚺等；非洲有大猩猩、黑猩猩、倭河马、太阳鸟、长尾鲮鲤等；亚洲有猩猩、长臂猿、眼镜猴、蜂猴、猕猴、绿孔雀、蟒蛇、巨蜥、巨松鼠、树蛙等；大洋洲有树袋熊、袋貂、树袋鼠、食火鸡、极乐鸟等。

7. 城市

随着人类活动区域的不断扩大，城市也成为一种特殊的栖息地。城市栖息地中，人类及人类的活动是主导性力量。人类饲养的猫、狗等宠物，则是城市动物的主体。另外，城市中还生活着一些以捡食人类所剩的食物为生，繁殖力与适应力较强的动物，如鼠类、麻雀、蟑螂及其他昆虫等。

8. 高山及高原

高山高原气候一般是指大型山地和大型高原区，气温随高度增高而降低，气候垂直变化显著。例如，南美洲的安第斯山、中国的青藏高原等。高山高原环境中的动物不丰富，仅有一些特别适应寒冷与大风等严酷条件的动物。代表动物：野牦牛、藏羚羊、雪豹、驯鹿、岩羊、盘羊、藏原羚、白唇鹿、金雕、秃鹫、兀鹫、西藏雪鸡、喜马拉雅旱獭等。

9. 洞穴

洞穴是指在峭壁上、在小丘里或在土中挖出来的空间，尤指有洞口可以通到地表面的天然地下室，通常有溶岩洞、石灰洞、坑道、深的岩隙、井水、潜流水等洞穴环境。代表动物：跳鼠、鼠兔、刺猬、蝙蝠、蜘蛛、蝾螈、蚯蚓、马陆等。

10. 南北极

北极地区是指以北冰洋为中心，周围濒临亚洲、欧洲、北美洲地区；南极地区是以南极洲为中心，周围濒临太平洋、大西洋、印度洋地区。南极被人们称为第七大陆，是地球上最后一个被发现、唯一没有人口定居的大陆，被巨大的冰盖覆盖。代表动物：帝企鹅、南极狼、海豹、南极贼鸥、北极狼、北极熊、海象、白鲸等。

1.2.2.2　水域栖息地

1. 海洋

目前海洋占全球总面积将近70%，海洋的动物分为远洋性（在整个水域游动）和底栖性（仅限于海底生存）两大类。远洋性动物种类较多，有海洋哺乳类动物、鱼类以及微小的浮游生物等，而底栖性动物则以无脊椎动物（如甲壳纲动物、海星、阳隧足、海胆、龙虾、贝类以及海螯虾等）居多。

2. 珊瑚礁

珊瑚礁顾名思义就是由大片珊瑚所聚集的群体，珊瑚礁是海洋动物的汇集地区，只要有它的地方，就一定有生命的存在。珊瑚礁之所以能有如此丰富的生态，是因为珊瑚礁的结构提供了海洋生物的居处、埋伏地点以及避难所，事实上，珊瑚本身就是像“隆头鹦哥鱼”这类鱼的食物。这种栖息地主要位于北回归线至南回归线、水温在21~29℃的水域。

3. 海岸

这类栖息地几乎囊括所有沿海区域(海滩、海崖及沙丘等)和浅海水域。此类栖息地的主要特色是有汹涌的浪、强劲的风以及含有咸水成分的雾气。生活于海岸的动物大多以贝类、虾类、蟹类等为主，它们通常会附着于岩石上，以免因海浪过强而被冲入海中。这些地方同时也是海鸟、海龟、海豹、海狗及海狮等动物的产卵、居住、交配及生产地点。

4. 湿地

湿地指天然或人工形成的沼泽地，有静止或流动水体的成片浅水区，还包括在低潮时水深不超过6m的水域。湿地、森林、海洋并称全球三大生态系统，在世界各地分布广泛。湿地生态系统中生存着大量动、植物，很多湿地被列为自然保护区。

5. 湖泊与池塘

世界各地共有近500万个湖泊以及为数更多的池塘。池塘中的生物可分为三大类：生活于水面的浮游生物(包括轮虫在内的小型无脊椎动物等)、游动于整个水域的自由生物(如常见的淡水鱼、大型无脊椎动物等)，以及在整个湖泊或池塘生态中数量最多的底栖生物(如无脊椎动物、水生昆虫及软体动物等)。

6. 河川与溪流

河川与溪流的溶氧量、混浊度及营养量关系着其生物数量的多少以及种类。这3个条件越趋稳定，生物数量就越多。而某些河川或溪流，在特定季节或时间会有河水水位变化等情形，其动物数量没有稳定的河川多。河川中，最常见的动物多为淡水鱼类。

1.2.3 世界动物地理区划

整个地球表面分为海洋和大陆两个动物区系。大陆动物区系一般分为古北界、新北界、热带界、东洋界、新热带界和澳洲界6个界。各界又可细分为若干个区和亚区等。海洋动物区系一般可分为远海带和沿海带，各带又可细分为若干个区。图1-1为世界动物地理区划图。

图1-1 世界动物地理区划图

1. 古北界

古北界包括欧洲大陆全部，北回归线以北的非洲、阿拉伯半岛和喜马拉雅山以北，长江中下游以北以及日本、冰岛等。地区广阔，地理条件多变，气候差异明显。种类很多，但特有种不多。特有动物中哺乳类有大熊猫、小熊猫、金丝猴、蒙古野马、欧洲野牛、黄羊、羚羊等；鸟类有百灵、山鹑、毛腿沙鸡、地鸦、石雀、燕雀、沙雀等。

2. 新北界

新北界包括美国、加拿大和墨西哥北部。主要属于温带，具有大陆性气候。动物种类不及古北界多，但有一些特有科。例如，哺乳类有叉角羚羊科、山河狸科；爬行类有北美蛇蜥科；两栖类有鳗螈科；鱼类有雀鳝科。此外，还有一些特有种：美洲麝牛、美洲獾、美洲河狸、美洲驼鹿、交啄鸟、黑雷鸟等。有人将此界与古北界合并为一界，称为“全北界”。

3. 热带界

热带界包括阿拉伯半岛南部、撒哈拉沙漠以南的整个非洲大陆及马达加斯加、毛里求斯等岛。气候干旱，属于热带和亚热带。本界陆栖脊椎动物种类很多，有一些特有目和30多个特有科。哺乳类有管齿目、河马科、跳兔科、长颈鹿科等。仅见于本界的种有：大猩猩、黑猩猩、狒狒、非洲犀牛、非洲象、非洲狮、斑马、大羚羊等；鸟类有非洲鸵鸟目、鼠鸟目等；鱼类有非洲肺鱼。

4. 东洋界

东洋界包括我国华南一带、喜马拉雅山以南、中南半岛、印度半岛、马来半岛以及斯里兰卡、苏门答腊岛、爪哇岛、菲律宾群岛和加里曼丹岛等，主要为亚洲的热带部分。气候温暖湿润，植物茂密。本区动物种类繁多，具有大陆动物区系的特征。哺乳类特有科：长臂猿科、猫猴科、眼镜猴科等。典型代表动物有猩猩、长臂猿、眼镜猴、猕猴、犀牛、印度象、黑豹、灵猫、马来貘等。鸟类特有科：黄鹂、画眉、和平鸟、阔嘴鸟科。爬行类特有动物：眼镜蛇、鳄蜥、食鳄、巨蜥、飞蜥等。本界与热带界共有一些种类，如懒猴科、狭鼻猴科、犀科等；鸟类有犀鸟科、太阳鸟科、阔嘴鸟科等。这反映两界在历史上曾经有过密切联系。

5. 新热带界

新热带界包括中美、南美大陆、墨西哥南部以及西印度群岛。气候温暖湿润，年温差小，植物茂密。本界与其他各界隔绝较早，动物特有种较多，并具有原始性。哺乳类特有种有树懒、食蚁兽、卷尾猴、蜘蛛猴、吸血大蝙蝠等；鸟类有美洲鸵鸟、蜂鸟等；鱼类有南美肺鱼、电鳗等。

6. 澳洲界

澳洲界包括澳大利亚、新西兰、伊里安岛、塔斯马尼亚、俾斯麦群岛、所罗门群岛、波利尼西亚群岛等。本界大部分属于热带和亚热带，其中澳大利亚大陆干旱区面积广大，多呈荒漠和半荒漠状态。本界动物在六界中最原始、最古老，如哺乳类有袋鼠、袋狼、袋獾、树袋熊、鸭嘴兽、澳洲犬等；鸟类有食火鸡、极乐鸟、园丁鸟、鸸鹋、琴鸟、笑鸟等；爬行类有鳄蜥；鱼类有澳洲肺鱼。

1.2.4　中国动物地理区划

我国的动物区系属于世界动物区系的古北界和东洋界两个界。根据对我国自然区划、动物区系和生态动物地理群的综合分析，把我国分为东北、华北、蒙新、青藏、西南、华中和华南7个区，各区下还有若干个亚区。

1. 东北区

本区包括大、小兴安岭和长白山的山地森林及山麓一带的森林草原，西部的松花江和辽河平原。气候寒冷，大、小兴安岭在0℃以下的时间长达半年，是我国最冷的地区。本区森林茂密，大部地区覆盖着原始针叶林。因此，本区耐寒性的森林动物十分丰富，所产毛皮兽不论在种类上或数量上均占全国首位。

2. 华北区

本区北临蒙新区与东北区，南抵秦岭、淮河，西起甘肃，东临黄海和渤海。西部是高原，北部是山地，东部是平原。气候夏热冬寒，四季显著，年均温在10~16℃。广大高原和平原的主要植被类型为夏绿林，但由于长期的人类农业活动，旧时的森林几乎全被破坏，现仅局部残存。本区的动物区系一方面与东北森林及蒙新草原地带有密切的关系，另一方面也混有一些南方产物，特有的种类比较少。

3. 蒙新区

本区包括内蒙古和鄂尔多斯高原、阿拉善(包括河西走廊)、塔里木、柴达木、准噶尔盆地和天山山脉等。境内大部分为典型的大陆性气候，寒暑变化剧烈，夏季昼夜温差达30~40℃。雨量稀少，为全国最干旱的地区，东部雨量较多，年降水量约250mm，为草原地带；西部年降水量不足100mm，为荒漠和半荒漠地带。本区干旱的气候，荒漠和草原为主的植被条件，对动物区系的组成和生态特征都有显著的影响。动物种类贫乏，缺乏生活于潮湿地区的种类，主要是适应于荒漠和草原种类，尤其是以啮齿类和有蹄类最为繁盛，有不少仅为本区所特有的种类。

4. 青藏区

本区包括青海(柴达木盆地除外)、西藏和四川西部，东由横断山脉北端，南由喜马拉雅山脉，北由昆仑山、阿尔金山和祁连山诸山脉所环绕，为世界上最高最大的高原，所以有“世界屋脊”的称号。海拔平均在4500m以上。气候属长冬而无夏的高寒类型，生长期短促，植被包括高山草甸、高山草原和高寒荒漠。动物区系较其他各区贫乏得多，主要是由适应于高原的特殊种类所组成。最典型的是偶蹄类中的野牦牛和藏羚，它们均为本区的特有种。此外，还有广泛分布于全区的藏原羚、岩羊、盘羊、白唇鹿、藏驴等。

5. 西南区

本区包括四川西部、昌都地区东部，北起青海、甘肃南缘，南抵云南北部。境内的横断山脉大都为南北走向，地形起伏很大，海拔一般在1600~4000m。气候变化很大，因高度不同而有明显变化，高山上凉润，谷地燥热。植物的垂直分布很明显。与此相适应，本区动物的分布以明显的垂直变化为特征。本区产有丰富的高原和高山森林动物。我国珍稀动物大熊猫、小猫熊、金丝猴、羚牛和白唇鹿等即产在本区。

6. 华中区

本区包括四川盆地以东的长江流域。境内地形复杂。西半部主要是山地和高原，东半部主要是平原和丘陵地带。气候温和，雨量充沛，适于作物生长。目前本区原始森林保存已很少，大都成为农耕地区。本区天然植被破坏虽然很严重，但由于其他自然条件很优越，因此动物的种类还是相当丰富的。本区北邻华北区，南接华南区，西连西南区，彼此间均无显著的自然障碍，故本区特有种类不多，而南北类型相混杂和过渡现象成为本区动物区系的主要特色，与华南区共有的种类尤多，与华北区及西南区共有的居少数。本区长江中下游有世界著名的水栖鲸类——白鳍豚。

7. 华南区

本区包括云南与广东、广西的南部、福建东南沿海一带，以及台湾、海南岛和南海各群岛。境内地形复杂，但以海拔在1000m以下的丘陵为主。气候炎热多雨，年均温大多在22℃以上，终年不见霜雪。雨量丰富，一般在1000mm以上，植物生长非常茂盛，主要为热带雨林和季雨林，森林树种极为复杂，藤萝密布，层次很多，为动物提供了很好的食物条件和隐蔽条件。动物种类冠于全国。哺乳动物中，以热带森林树栖食果种类最为繁盛，其中最典型的有各种猿猴类、松鼠类及食果蝠类。我国产的灵长类，大多数均分布在本区，除广泛分布的猕猴和红面猴外，还有本区特产的叶猴、长臂猿、蜂猴(懒猴)、熊猴等。翼手目动物的繁盛是本区兽类的一个特点。广东的北部海中产有海牛目的儒艮。云南有长鼻目的亚洲象。鳄蜥为我国特产，迄今仅见于广西瑶山，自成一科(亚科)，是世界珍稀动物。

1.2.5 山西省动物地理区划

山西省的动物区系属于古北界→东北亚界→华北区→黄土高原亚区。动物生态地理分布的特点是从东南部耐暖湿性逐步向西北过渡到耐寒干性，由“夏绿阔叶林动物群”向“林灌草原动物群”“干草原动物群”依次有规律地更替。省境南部中条山地区，在气候上是半湿润温带地区，植被为夏绿阔叶林，区内动物区系组成的特点是南方耐温暖动物向区内渗入。属于热带、亚热带动物有猕猴、花松鼠、山麻雀、暗绿绣眼、蓝矶鸫、褐河乌、黄嘴白鹭等。两栖爬行类有大鲵、无指盘臭蛙、隆肛蛙、淡眉角蟾、菜花烙铁头、大壁虎。此外，沿季风区向北伸入至全省的，还有金钱豹、果子狸、社鼠、黄鹂、黑卷尾、山椒鸟、红嘴蓝鹊等动物。省境北部和西北部地区，为半干草原地带，多受蒙古高原气候影响，加之在地形上与蒙新区又无明显屏障阻隔，因而动物区系的组成特点是以耐旱、耐寒的动物群为主，如蒙古百灵、沙百灵、五趾跳鼠、黑线跳鼠、荒漠毛鼠、小毛足鼠与长爪沙鼠等，还有随季风向南渗入的石鸡、斑翅山鹑、凤头百灵、毛腿沙鸡、阿拉善黄鼠、子午沙鼠等。省境中部为林灌草原地带，是南北两带相互渗入的过渡地带，以北方型动物为主。华北区特有动物如褐马鸡、棕色田鼠等主要分布在此，此外还分布有高地型种类如胡兀鹫、贺兰山红尾鸲、赭红尾鸲等。

山西省动物区系组成非常丰富。现已发现的陆栖动物已达380多种，其中兽类79种，鸟类280种，两栖爬行类25种，属于国家一类保护动物7种，二类保护动物14种，三类保护动物24种。虽然种类较多，但多数种属的个体数量很少，分布范围狭窄。只有87种分布较广泛，近80种动物的个体数量已经很少，如猕猴、大鲵等，濒危物种较多。山西省野生动物资源保护问题需要引起足够的重视，刻不容缓。目前，全省已建立了历山、蟒河、庞泉沟、芦芽山等自然保护区，以大力保护各种珍稀动、植物资源。

拓展阅读

人类成为最大杀手，地球正经历第六次物种大灭绝

物种灭绝是指植物或动物的种类不可再生性的消失。一株植物枯萎，一只动物死亡，有时并不仅仅意味着单个生命有机体的消失，也许代表着整个此类物种在地球上的灭绝。近几个世纪以来，全世界灭绝的野生动、植物种类数以千计，其中自16世纪以来灭绝的鸟类约150种，兽类约95种，两栖爬行类约80种；1600—1800年期间，地球上的鸟类和兽类物种灭绝25种；1800—1950年期间，地球上的鸟类和兽类物种灭绝了78种。曾经生活在地球上的冰岛南非斑驴、澳洲袋狼、台湾云豹、中国犀牛、南极狼、高鼻羚羊、直隶猕猴、大海雀、北美旅鸽等物种已不复存在。白鳍豚、苏门答腊虎、北部白犀牛、奥里诺科鳄鱼、小嘴狐猴等动物也濒临灭绝。目前，世界上已有593种鸟、400多种兽、209种两栖爬行动物、1000多种高等植物濒临灭绝。

从进化论的角度来看，物种灭绝本是自然规律，物种灭绝在地球漫长的进化史上曾经发生过多次。自从6亿年前多细胞生物在地球上诞生以来，物种大灭绝现象已经发生过5次。

第一次物种大灭绝：发生在距今4.38亿年前的奥陶纪末期，大约有85%的物种灭绝，是由全球气候变冷造成的。

第二次物种大灭绝：发生在距今约3.55亿年前的泥盆纪后期，海洋生物遭到重创。

第三次物种大灭绝：发生在距今约2.5亿年前的二叠纪末期。这次大灭绝是地球史上最大、最严重的一次，估计地球上有96%的物种灭绝，其中90%的海洋生物和70%的陆地脊椎动物灭绝。

第四次物种大灭绝：发生在1.85亿年前，80%的爬行动物灭绝了。

第五次物种大灭绝：发生在6500万年前的白垩纪，也是为大家所熟知的一次，统治地球达1.6亿年的恐龙灭绝了，可能是因为小行星撞击地球导致全球生态系统的崩溃而造成的。

第六次物种大灭绝：前五次物种大灭绝事件，主要是由于地质灾难和气候变化造成的。而现在进行之中的第六次物种大灭绝，人类将成为罪魁祸首。中国科学院动物研究所首席研究员、中国濒危物种科学委员会常务副主任蒋志刚博士认为，从自然保护生物学的角度来说，自工业革命开始，地球就已经进入了第六次物种大灭绝时期。自从人类出现以后，特别是工业革命以来，地球人口不断地增加，需要的生活资料越来越多，人类的活动范围越来越大，对自然的干扰越来越多。大批的森林、草原、河流消失了，取而代之的是公路、农田、水库……生物的自然栖息地被人类活动的痕迹割裂得支离破碎。科学家痛心疾首地说："每一条道路对于动物来说都是一道难以逾越的屏障，就连分布在道路两边的蝴蝶种群都产生了隔离，不再像以前那样飞来飞去进行基因交流，更不用说狮子、老虎、藏羚羊等这样的大型动物了。"有科学家估计，在没有人类存在的2亿年中，平均大约每100年有90种脊椎动物灭绝，平均每27年有一个高等植物灭绝。因为人类的干扰，使鸟类和哺乳类动物灭绝的速度提高了100~1000倍。世界自然保护联盟统计的数字表明：1970—2005年，世界陆生物种数量减少25%，海生物种数量减少28%，淡水物种数量减

少29%，5%~20%的脊椎动物和树木物种面临灭绝的威胁，全世界每天有75个物种灭绝，每小时有3个物种灭绝。英国生态学和水文学研究中心的杰里米·托马斯领导的一支科研团队在《科学》杂志上发表的英国野生动物调查报告称，在过去40年中，英国本土的鸟类种类减少了54%，本土的野生植物种类减少了28%，而本土蝴蝶的种类更是惊人地减少了71%。一直被认为种类和数量众多，有很强恢复能力的昆虫也开始面临灭绝的命运。杰里米·托马斯说，"昆虫物种量占全球物种量的50%以上，因此它们的大规模灭绝对地球生物多样性来说是个噩耗"。美国杜克大学著名生物学家斯图亚特·皮姆认为，如果物种以这样的速度减少下去，到2050年，目前的1/4到1/2的物种将会灭绝或濒临灭绝。到2200年真的会出现物种大灭绝。

物种灭绝是生命进程中的一部分，问题不是物种灭绝，而是新物种难以产生。现有的物种在不断走向衰亡，新的物种却很难产生。根据化石记录，每次物种大灭绝之后，取而代之的是一些全新的高级类群。恐龙灭绝之后哺乳动物迅速繁衍就是一个典型例子。生物总是在不断地进化之中，我们现在看到的这些生物都是经过漫长年代进化而来的。所以，新物种的产生需要很长时间和大量空间，但是现在到处都在人的管理下，自然环境越来越差，生物失去了自然进化的环境和条件，物种在不断地自然死亡，却很难有新的物种产生。就像虎一样，如果给它足够的生存空间，让它自由地捕猎，它可能还会进化，产生一种类似虎的新物种，但是现在活动的空间有限，它要生存下来都很难了，就不用说进化了。地球表层，是由动物、植物、微生物等所有有生命的物种和它们赖以生存的环境组成的一个巨大的生物圈，人类也是其中一员。大量生物在第六次物种大灭绝中消失，却很难像前五次那样产生新的物种，地球生态系统远比想象的脆弱，当它损害到一定程度时，就会导致人类赖以生存的体系崩溃。

联合国2007年召开的一次生物多样性会议上警告说：2010年前，破坏自然资源的行为每年给人类造成大约4400亿英镑（约合6975亿美元）损失。至2050年，这一数字将增加到11万亿英镑（约合17.4万亿美元）。生物多样性正受到有史以来最为严重的威胁。生存问题已从人类的范畴扩展到地球上相互依存的所有物种，许多人都在思考着同样一个问题：我们能留给下一代什么？是尽可能丰富的世界，还是一个生物种类日渐贫乏的地球？

探索实践

1. 以小组为单位，通过网络和书籍查找世界、中国各动物区系的特点。
2. 小组代表分别向同学们介绍世界、中国、山西省各动物区系的特点。

任务 1.3 动物在旅游中的应用

【任务导入】

人类对于野生动物的喜爱由来已久，可以追溯到地球上二者共同生存的时代，经历了3个时期，即狩猎采集时期、自然资源时期和生态文明时期。在最早的人类南方古猿出现后相当长一段时期，人类都处于狩猎采集时代，那时的野生动物主要具有消耗使用价值，只有少数物种成为人们图腾崇拜的对象。进入农业和工业时代后，野生动物作为自然资源主要体现其生产使用价值；进入生态文明时代后，人类意识到野生动物是自然生态系统的重要组成部分，是维系生态系统能量流动和物质循环的重要环节。如今，与野生动物相关的动物旅游，如观鸟、摄影、探寻足迹等已成为一种生态产业，常被认为是对环境影响最小的一种活动，是野生动物保护和促进当地经济发展的有效方式，并已成为一些国家外汇收入的重要来源，日益成为旅游业中一个重要组成部分。野生动物旅游的定义可以归纳为如下几点：它是由一系列产品、经历和方法构成的，主要面向小众市场，但在野外观赏动物、鸟类等情形下也可面向大众市场。旅游者从中获得的经历包括景色质量、科普知识、场所氛围、本土文化等，从目的地建设与营销角度来看，野生动物旅游还可作为旅游目的地宣传的一张名片。

【任务分析】

观赏动物是生态旅游活动常见的一个项目。人们在旅游活动中，可以欣赏动物奇特的体态、艳丽的色彩、有趣的动作与生活习性，倾听其悦耳的鸣叫声，了解其珍惜性，学习其丰富的文化内涵，感受它们的活力。随着动物去旅行，你不知道会有怎样的奇遇，甚至披荆斩棘后一无所获，但这种充满变数的感觉最奇妙不过。作为生态旅游导游员，要学会如何带领游客更好地了解、观赏动物，更好地宣传动物的文化内涵，以及如何更好地保护动物。因此，一份专业的、适宜的导游词必不可少。编写动物导游词应遵循其编写规律，体现其知识性、观赏性、口语性、趣味性和针对性等多方面特点和要求。

知识卡片

生物是自然界最具活力的组成部分。在地球上没有生物出现之前是寂静的、单调的，生命的出现使地球上有了生机和色彩。生命演化至今，丰富多彩的生物使地球生机盎然。随着人类社会的发展，生物以其特有的方式和作用影响着旅游业的发展进程，特别是动物旅游资源以其形态、色彩、奇异等多种审美因素成为自然旅游资源中最具特色的部分。

1.3.1 观赏动物的分类

动物的色彩、体态、声音都极具美学观赏价值，世界各地历来就有观赏动物的传统。地球上的动物根据观赏方式的不同，主要可以分为观赏型动物、表演型动物、家养宠物等。

1. 观赏型动物

观赏型动物主要是通过动物本身的美、奇、稀等特征来吸引游客观赏。如：我们观赏大熊猫的憨态可掬，东北虎的威风凛凛，红腹锦鸡的艳丽色彩等。

2. 表演型动物

表演型动物主要是向游客展示一些拟人、杂耍、模拟等特殊技艺，使游客获得一种体验后的满足感。如：自然保护区中的猕猴做出的和人相似的表情、动作，水族馆里的海狮、海豚表演等。

3. 家养型宠物

家养型宠物是一种陪伴在人类身边的动物，主要目的是为了增加生活情趣，以猫、狗、鸟、鱼等为主。

本书根据这些观赏动物所属的自然门类、被观赏的自然情境等不同内容，将观赏动物分为鱼类观赏动物、两栖类观赏动物、爬行类观赏动物、鸟类观赏动物、哺乳类观赏动物、昆虫类观赏动物 6 个类别，从项目 2 开始，将一一进行详细讲述。

1.3.2 动物景观组合

自然界的动物、植物、山石、水体、地质、地貌、气候、气象等相互组合，形成一定的自然景观，吸引游客前往休闲、体验、科考等。动物具有造景、构景的功能。动物的活力、运动能带给游客新奇、兴奋的体验。如果自然界没有鸟类、兽类等动物的存在，自然景观中的山水再美，也将是一片寂静、毫无生气。

1.3.2.1 自然动物群景观

自然界野生的动物群构成的景观常常形成不同的区域性自然景区。我国对有代表性的自然生态系统、珍稀濒危野生动植物物种的天然集中分布地区、有特殊意义的自然遗迹等所在的陆地、陆地水域或海域，依法划出一定面积予以特殊保护和管理，形成自然保护区。

国内著名的动物群自然保护区有：山西褐马鸡所在地芦芽山自然保护区、陕西洋县的朱鹮自然保护区、四川卧龙大熊猫自然保护区、陕西佛坪自然保护区、湖南张家界大鲵自然保护区、辽宁大连斑海豹自然保护区、黑龙江东北黑蜂自然保护区、江苏大丰麋鹿自然保护区、青海可可西里高原动物自然保护区、河南焦作太行山猕猴自然保护区、福建厦门海洋珍稀物种自然保护区、四川长江合江—雷波段珍稀鱼类自然保护区、江苏盐城沿海滩涂珍禽自然保护区、安徽扬子鳄自然保护区、湖北长江天鹅洲白鳍豚自然保护区、湖北长江新螺段白鳍豚自然保护区、广东惠东港口海龟自然保护区、广西合浦营盘港—英罗港儒艮自然保护区、秦岭的羚牛保护区、江西鄱阳湖候鸟保护区、江西桃红岭梅花鹿保护区、黑龙江扎龙丹顶鹤保护区、四川峨眉山鸟类王国等。

此外，还有一些动物群景观，如云南大理的蝴蝶泉、大连旅顺的蛇岛、青海湖的鸟岛、衡山龙池蛙会、台湾高雄蝴蝶会、腾格里沙漠的天鹅湖、山东长山列岛、黄河三角洲、崂山、南四湖、荣成海滨、日照海滨等候鸟栖息地、西双版纳的野象谷、昆明滇池上越冬的红嘴鸥、峨眉山的猴群、长白山的梅花鹿、海南的长臂猿、草原上的雄鹰、山西庞泉沟的褐马鸡、山西蟒河的娃娃鱼、北极的北极熊等，都成为野生动物的天堂和旅游者猎奇的主要对象。

1.3.2.2 动物园景观

动物园是集娱乐、休闲、观赏、科普、保护、驯养等功能于一体的旅游景区，通常包括专门性动物园和综合性动物园两种。综合性动物园一般按动物类别、食性、栖息环境等分为若干区域，如食肉动物区、食草动物放养区、水禽区、珍稀动物圈养区、表演动物娱乐区等。目前我国各大城市均有综合性动物园，为城市市民就近观赏动物提供场所。

近年来，有很多动物园建立动物半开放的野生动物园，根据各动物栖息环境不同的需求，人工模拟该动物在野外的生存环境，采用园林建筑小品人工模拟建立自然森林环抱、山势起伏、绿树成荫等环境，将动物园设计为“人类与动物共享的空间”，以“山林韵味、原野情趣”为主题思想，将动物展馆与自然环境巧妙地结合在一起，动物自由出入于森林、绿草之间，游人置身其中，形成“从前人看笼中兽，今日兽看车中人”景观。这种臆造的野生环境成就了人类回归自然、征服动物、寻回人性本真的梦想，当动物在人造环境中隔着栏杆同人类对视的时候，人、动物及周围环境融为一体，返璞归真、自然朴实。例如，北京动物园、巴黎天然动物园、深圳野生动物园、南非野生动物园、泰国绿山野生动物园等。

专门性动物园通常是人们按照动物的类别和栖息环境，通过人工营造环境，将各地的同类生物活体汇集在一起形成的具有旅游价值的专门性动物园，如极地海洋馆、海底世界、水族馆、昆虫馆、百鸟园、蝴蝶园等。尤其是海底世界和水族馆，是现代城市富有魅力的游览地，使得身居内陆的人们不用漂洋过海就可以看到活生生的海洋动物和水生类动物。我国较大的专门性动物园有青岛海洋极地世界、大连圣亚海洋公园、北京太平洋海底世界、亚龙湾海底世界、三亚热带海洋动物园、香港海洋公园、大连旅顺百鸟园、湛江坡头百鸟园、郑州博园昆虫养殖场、石家庄蝴蝶园等。

1.3.2.3 动物工艺景观

动物工艺景观通常包括反映当地动物区系的动物标本及动物工艺制品，如四川自贡恐龙博物馆、中国古动物馆、河南西峡恐龙遗迹园、鱼化石博物馆、野生动物标本馆、鸟类标本馆、昆虫馆、爬虫标本馆等。使人们在认识动物的同时，了解当地野生动物的组成结构及有关习性，增长知识。

1.3.3 野生动物的观赏

生态旅游活动中，与动物有关的生态旅游产品及项目很多，主要包括野生动物观赏游、动物表演、动物打斗(如斗鸡、斗牛、斗蟋蟀等)、观鸟旅游、夜观萤火虫、观赏蝴蝶迁徙、垂钓、动物节日(如国际熊猫节)等。野外观赏动物要根据动物的生态习性把握观赏时间和注意事项。

1.3.3.1 观赏季节与时间

动物的生活生态习性决定了其观赏季节性、时间性很强。游客应根据观赏对象的生物学特性及活动规律确定最佳的观赏时间、观赏季节和地点。如在美洲的墨西哥，每年 2 月份左右将有成千上万只帝王蝶迁徙至蝴蝶谷的世界奇观；每年 5~6 月，生活在坦桑尼亚塞伦盖蒂国家公园的数以百万计的角马、斑马、驼鹿、非洲象等食草动物和它们的天敌狮子、豹、狼等，成群结队地向肯尼亚方向迁徙。食草动物在前，食肉动物紧随其后，这支浩浩荡荡的动物大军有时长达愈 10km，据说在最高峰时，角马群的数量多达 140 万头。

到八九月间，动物大军又向相反的方向迁移。这是世界上独一无二的壮观景象。11 月份来到南极，体验深度南极三岛航程（马尔维纳斯群岛、南乔治亚岛及南极半岛），有机会看到南极共 8 种企鹅中的 7 种，看到信天翁求偶、企鹅交配、雄性象海豹打斗等精彩场景，更全面的南极自然和动物景观。

图 1-2　山西阳城蟒河景区野生猕猴群

在齐齐哈尔扎龙自然保护区，世界上唯一的雪地观鹤成为齐齐哈尔旅游的一道奇观。每年 4~5 月，我国丹顶鹤主要在黑龙江一带繁殖，冬季 10 月左右在江苏盐城一带越冬；青海湖鸟岛在 5~6 月的时候，岛上能有 30 多种鸟，最多的时候达到 16 万多只，景象十分壮观；每年 10 月中旬至翌年开湖前，大天鹅的倩影又在青海湖畔翩翩起舞；两栖爬行动物为冷血动物，春暖花开外出活动，秋季渐冷时开始冬眠；哺乳动物除刺猬、熊等少数有冬眠习性外，一般均可全年观赏；蝴蝶白天在阳光下翩翩起舞，晚上则换作蛾类的天下；兽类中的猫科动物、蝙蝠类多在夜间活动；鸟类、鱼类在早晨和傍晚因取食而活动频繁。图 1-2 为山西省晋城市阳城县蟒河景区猕猴群景观。

1.3.3.2　观赏方法

1. 直接观赏法

在野外旅游时，首先要根据旅游地的环境条件预测有哪些类别的野生动物。当看到距离较远的野生动物时，要保持安静用望远镜进一步观测其微观特征以确定种类；观察哺乳类大小时，可以以鼠、猫、犬、羊的大小作参照物；观察鸟类时，可以以鸽子、家鸭、鹅的大小作参照物进行比较和鉴定；迅速观测其体色、大小、形态、明显特征及活动姿态，结合其栖息环境判定所属的目和科。

2. 间接观察法

间接观察多用于哺乳类动物的识别。例如，动物行走留下的足迹、爬树时留下的爪痕、休息时留下的卧痕、取食时留下的残留物以及排出的粪便情况等，都可以作为辨别动物存在与否、运动方向的重要依据。

1.3.3.3　欣赏角度

1. 形体美

形体美是指动物的形体美学特征。不同的动物因地理位置、气候带的不同以及生活习性的差异，显示出不同的形体特征。如美洲的巨嘴鸟，是世界鸟儿中嘴最大的；古巴蜂鸟，其成年公鸟平均翼展长2.82cm，体重仅1g，是世界鸟儿中的“侏儒”；我国的麋鹿，其尾巴似马非马，角似鹿非鹿，蹄似牛非牛，颈似骆驼非骆驼，被称为“四不像”；大象有长长的鼻子和门牙，而且四肢如柱，长颈鹿有长长的脖子，雄狮有长长的头发，袋鼠带着大口袋，枯叶蝶形似枯树叶子，竹节虫形似细竹。这些形体特征给游客留下深刻的印象。

2. 色彩美

色彩也是产生观赏感的重要因素，是人们观赏动物的主要内容之一。如非洲火烈鸟，其羽毛火一般美艳；我国海南岛的坡鹿，其背部的黑褐色条带，从颈部沿背梁一直延伸到臀部，黑褐色条带下，点缀着若干平行排列的白斑，色彩极为美观；国宝大熊猫，永远无法拍摄一张彩色照片；梅花鹿，身上的梅花斑点赋予它更高的观赏价值等。红色为主的红金丝雀、绿色为主的绿尾大蚕蛾、黄色的虎皮鹦鹉、白色的北极熊、黑色的黑天鹅、金色的金丝猴、棕色的黄羊、黑白条纹的斑马等。动物体表的皮肤、羽毛、鳞片等呈现出的颜色和光泽，给游客以丰富的色彩美冲击。

3. 声音美

自然界中有许多动物都可以发出鸣叫声，尤其是鸣禽，可以发出悦耳的、或清脆的、或低沉的鸣叫声。如百灵鸟的叫声清脆透亮，画眉的叫声嘹亮激昂，相思鸟的叫声声如钟灵，绣眼鸟的叫声宛转悠扬，八哥、鹦鹉可以学舌，夏日池塘里常常蛙声一片。鸟语花香和昆虫的鸣唱让游客们对大自然爱不释手、喜上眉梢。

4. 动作美

动物的生活习性和动作常给人妙趣横生的感受。如猿、猴的社会行为极通人气，丹顶鹤昂首挺胸充满自信的闲庭阔步，大熊猫吃竹时的憨态可掬，雄孔雀求偶时的振翅开屏，海豚在海浪中时而翻滚时而跳跃，美丽的蝴蝶在阳光下翩翩起舞，都吸引着游客流连忘返。

5. 珍稀美

“物以稀为贵”，动物越珍稀，就越有社会价值、观赏价值。动物处于两种情况之下可称为珍稀物种，一种情况是这一物种种群数量有限；另一种情况是物种分布范围狭小，或成为某地的特有品种。我国有不少珍禽异兽，很多都属于世界性的珍稀动物。如大熊猫、金丝猴、白鳍豚、白唇鹿、扬子鳄、褐马鸡、丹顶鹤、长臂猿、华南虎、亚洲象等。其中，大熊猫、金丝猴、白唇鹿和白鳍豚被称为“四大国宝动物”。山西省也有一些珍稀物种，如褐马鸡、金钱豹等。

6. 奇特美

一些动物往往以独特奇异的特征吸引着游客。动物的奇特美包括了以下方面：一是“奇特”是相对于某一自然生态环境下的旅游者而言。如澳洲的袋鼠、树袋熊等有袋类动物，因地壳演化、海洋阻隔、古地理环境变化等影响，只分布在澳洲大陆，对于世界其他地区的旅游者具有吸引力。二是“奇特”也指地球上绝无仅有的某一特征。如最高、最快、最大等。南极洲的企鹅，每小时滑雪速度达30km，是世界上滑雪最快的鸟等。三是“奇特”也可指动物的一些奇异的生理、生态现象。索马里的太阳鸟——小红鸟，它飞到树枝上展翅或使劲抖动羽毛时，即预示着要下雨了；美洲的角蟾，在遇险时，能从眼里喷出鲜血，射程可达1m以上。这些奇特的动物极为珍贵，是宝贵的旅游资源。

7. 内涵美

在我国传统文化中，有许多观赏动物被赋予丰富的文化内涵和寓意，成为众多音乐、舞蹈、美术和文学作品的重要题材。如虎为百兽之王；狮子具有帝王之相，象征着威严，因此常立狮像于府门前；大象象征吉祥如意、憨厚善良；鸽子象征和平；猴子骑马为马上封侯；乌龟与鹤象征延年益寿、长命百岁；喜鹊通“囍”，站立梅枝表示喜上眉梢，喜鹊登梅；因为大雁的忠贞，而有了元好问“问世间情为何物，直教人生死相许”的著名诗句；孔雀舞、天鹅湖均为模仿灵鸟孔雀、天鹅而编排的舞蹈。

8. 猎奇美

动物界仍有许多奥秘未解开。如人们津津乐道海的女儿的容貌、美人鱼的形态、长白山天池究竟有没有怪兽、娃娃鱼究竟能长多大、我国是否有野生华南虎等。诸如此类的谜团刺激着游客的心理，吸引游客产生旅游探险科考的动机。

9. 表演美

某些动物在人工驯养下，可以模仿人的动作或在人的指挥下表演一些技能。动物表演主要有猛兽类的表演、大象表演、中小型动物的表演、鸟类的表演以及海洋哺乳动物的表演等几种类型，其中猛兽类的表演、鸟类的表演和灵长类的表演最为常见。在部分城市动物园、海洋馆、马戏团等地有动物表演，以其所谓的“娱乐性”和“刺激性”吸引着大量游客。

10. 劳作美

劳作的动物，除了牛、马、狗等家养动物外，在一些旅游景区，马、牛、驴、骆驼等被当作特色交通工具。如在沙漠中骑骆驼，感受当年晋商驼帮走西口的浩瀚和不易；在草原上骑马，感受在一望无际的大草原纵横驰骋以及草原人民宽广的胸怀；在农家乐中牛耕，感受老百姓面朝黄土背朝天的劳作，珍惜粮食粒粒皆辛苦。给旅游者的生活增添不同的色彩和乐趣。

1.3.3.4 观赏注意事项

1. 保护动物

为了更好地观赏和保护动物，生态旅游区都规定了具体的旅游路线和游览时间，游客应严格遵守规章制度进行野生动物生态游览和观赏，尤其是动物的发情期。做到不得惊扰动物；不能破坏鸟巢、鸟卵；不采集受保护动物的实体；不接近、不追逐、不恐吓、不喂食；不宜穿颜色鲜艳的衣物；不能喧哗打闹；不能破坏动物的生活、生态规律；不进入动物集群中；不得触摸动物；遇到受伤的野生动物要及时报告当地林业部门；遇到从巢中摔下的雏鸟，应用塑料袋、树叶等原生物间接捉拿放回巢中，以防留下人体气味而遭受亲鸟遗弃。在动物园观赏时不得攀爬或跨越围栏；不要用闪光灯给动物拍照。

动物是人类的朋友，它们的生命与人类一样只有一次不可重来。游客观赏的目的是认识千奇百怪、活泼可爱的动物，了解有趣又神秘的动物世界。因此，请一定要遵守生态旅游区的规定，让动物们健康生活，让更多的人一睹它们的真容。

2. 保护游客自身

同时，动物毕竟有其原始性、攻击性，因此游客在欣赏动物的过程中一定需要保护自身安全。乘车游览时不能把头、手等伸出车外；在野生动物园区不能私自停车下车；不能逗弄动物；观赏动物时要注意观赏距离，不得逾越景区安全线等。例如，在南非奥茨胡恩可以近距离观看狐獴，会看到它们钻出洞穴，在地面嬉戏打闹，和彼此拥抱。但是狐獴毕竟是野生动物，要注意观赏距离，保证自己的安全。

1.3.4 动物讲解词的编写要求与方法

动物讲解词是对各类动物进行讲解、说明、介绍的一种应用性文体。主要采用口头或书面解释的形式，来介绍动物的形态、特征、来历以及蕴含的文化价值等内容。其作用有二：一是发挥对视觉的补充作用，让游客在观看实物和形象的同时，从听觉上得到形象的描述和解释，从而受到感染和教育；二是发挥对听觉的补充作用，即通过形象化的描述，使听众感知各种美妙的声音，犹如身临其境，从而达到情感上的共鸣。讲解员只有在掌握丰富的知识的基础上，经过科学系统的加工整理，并在实践中不断修改、丰富和完善，才能形成具有自己特色的讲解词。

1.3.4.1 强调知识性

讲解词首先内容必须准确无误，令人信服；其次，动物讲解词必须有丰富的内容，融入与动物有关的各类知识并旁征博引、融会贯通、引人入胜；最后，动物讲解词不能只满足于一般性介绍，还要注重深层次的内容，如动物的观赏价值、社会价值、经济价值、生态价值、同类事物的鉴赏、有关诗词的点缀、名家的评论等文化价值。这样，会提高讲解词的档次水准。

1.3.4.2 讲究口语化

导游语言是一种具有丰富表达力、生动形象的口头语言，这就是说，在讲解词创作中要注意多用口语词汇和浅显易懂的书面语词汇，要避免难懂和音节拗口的书面语词汇。多用短句，以便讲起来顺口、听起来轻松。同时，强调口语化并不意味着忽视导游语言的规范化和品味。

1.3.4.3 突出趣味性

为了突出讲解词的趣味性，必须注意以下 6 个方面的问题：

(1)编织故事情节。讲解一个动物，要不失时机的穿插趣味盎然的传说和民间故事，以激起游客的兴趣和好奇心理。但是，选用的传说故事必须是健康的、真实的，并与该种动物密切相连。

(2)语言生动形象，用词丰富多变。丰富、形象的语言能将游客导入意境，加深感受，给他们留下深刻的印象。

(3)恰当地运用修辞方法。讲解词中，恰当地运用比喻、比拟、夸张、象征等手法，可使静止的景观深化为生动鲜活的画面，揭示出事物的内在美，使游客沉浸陶醉。

(4)幽默风趣的韵味。幽默风趣是讲解词艺术性的重要体现，可使其锦上添花，气氛轻松。

(5)情感亲切。讲解词语言应是文明、友好和富有人情味的语言，应言之有情，让游客赏心悦耳、倍感亲切温暖。

(6)随机应变，临场发挥。讲解词创作成功与否，不仅表现其知识渊博，也反映出讲解技能技巧。

1.3.4.4 突出重点

每类动物都有代表性的特征、形态以及文化价值，讲解词必须在照顾全面的情况下突出重点。面面俱到、没有主题的讲解词是不成功的。

1.3.4.5 要有针对性

讲解词不是以一代百、千篇一律的。它必须是从实际以发，因人、因时而异，要有的放矢，即根据不同的游客细分以及当时的情绪、周围的环境、游客的心理需求等，选择恰当的专题内容进行讲解。切忌不顾游客千差万别，而讲解词仅一篇的现象。编写讲解词一般应有假设受众，这样才能有针对性。

1.3.4.6 重视品位

创作讲解词必须注意提高品位，一要强调思想品位，因为，弘扬爱国主义精神是讲解员义不容辞的职责；二要讲究文学品位，讲解词的语言应该是规范的，文字是准确的，结构是严谨的，内容层次是符合逻辑的，这是对一篇讲解词的基本要求。如果再在关键之外适当的引经据典，得体地运用诗词名句和名人警句，就会使得讲解词的文学品位更为提高。

1.3.4.7 要宣传动物保护教育

作为一名生态导游员，在对游客讲解动物知识的同时，一定要向游客强调动物保护的重要性。一方面引导游客关心动物、爱护动物；另一方面要正确引导游客如何正确地游览动物生态旅游景区，以及游览注意事项等。呼吁更多地游客用科学的方法欣赏动物、关爱动物、与动物和谐发展。

1.3.5 有关动物的法律、法规

多年来，国家为保护珍贵野生动物，维护生态平衡，颁布出台了一系列法律、法规、规章。具体包括：

1988 年，国家颁布了《中华人民共和国野生动物保护法》。

1989 年，根据《野生动物保护法》的规定，林业部和农业部共同发布了《国家重点保护野生动物名录》，列出了 96 种国家一级重点保护野生动物（如大熊猫、金丝猴、长臂猿、白鳍豚、中华鲟等）和 160 种国家二级重点保护野生动物（如猕猴、黑熊、金猫、马鹿、黄羊、天鹅、玳瑁、文昌鱼等）。

1992 年，林业部发布了《中华人民共和国陆生野生动物保护实施条例》。

1993 年，农业部发布了《中华人民共和国水生野生动物保护实施条例》。

2000 年，国家林业局发布了《国家保护的有益的或者有重要经济、科学研究价值的陆生野生动物名录》，共计 1591 种，其中包括兽类 88 种，鸟类 707 种，两栖类 291 种，爬行类 395 种，昆虫类 110 种。

2005 年，国家林业局发布了《引进陆生野生动物外来物种种类及数量审批管理办法》。

2006 年，国家颁布了《中华人民共和国濒危野生动植物进出口管理条例》。

这些重要法律、法规、规章的颁布实施，有效保护了我国的野生动物资源，维护了生物多样性和生态平衡。

探索实践

1. 学生分组，以某种动物为例，根据动物的观赏价值、观赏方式等，小组交流动物讲解词，并轮流讲解。其他同学和老师点评。

2. 按照动物讲解词的编写要求和方法，撰写一篇讲解词。

边学边练

一、填空题

1. ____________门是动物界中最复杂、最高等的一门，是与人类关系最密切的动物类群。

2. 从世界范围看，动物区系可以分为____________和____________两个动物区系。

3. 动物分类系统，由大而小有________、________、________、________、______、________、________ 等几个重要的分类等级。

4. 目前统一采用的物种命名法是________法，它规定每一种动物都应有一个学名。

5. 世界大陆的脊椎动物地理区划分为 6 个界，分别称为__________、___________、________、________、________和澳洲界。我国动物区系属于世界动物区系的________和________两大区系。从生态动物地理角度，我国的动物分布可分为三大生态地理动物群，即________________________、____________________和青藏高原耐寒动物群。

二、简答题

1. 什么是动物的栖息地和分布区？

2. 动物分类中有哪几个主要的分类阶元？

3. 什么叫“双名法”？它是怎样给物种命名的？

项目 2　水族馆旅游

教学目标

☞ 知识目标　1. 鱼类的主要特征；
2. 鱼类的生态习性；
3. 观赏鱼的分类与养殖；
4. 鱼类文化；
5. 水族馆常见动物讲解。

☞ 能力目标　1. 鱼类生态习性常识；
2. 能够鉴别淡水鱼、海水鱼，并能讲解；
3. 能讲解水族馆常见动物。

☞ 素质目标　1. 具有鉴赏鱼类、保护鱼类的意识；
2. 具有讲解员的基本素质。

教学重点和难点

1. 识记常见温带淡水观赏鱼；
2. 识记常见热带淡水观赏鱼；
3. 识记常见热带海水观赏鱼。

任务 2.1　鱼类认知

【任务导入】

案例一：茉莉雅岛位于南太平洋法属波利尼西亚社会群岛的向风群岛当中，它的外面由一整圈珊瑚礁包围，里面是柔软洁白的沙滩海底，水深仅有1~2m。这里离大溪地岛仅有半小时的船程，又有着丰富多样的海洋生物种群，因此成为很多人游泳、潜水的第一选择。在这些种类繁多的海洋生物中，最受欢迎的非鲨鱼、魔鬼鱼莫属了。因此，驾驶双体船出海与它们同游，也成了最受游客们欢迎的一项运动。

案例二：潜水被认为是夏季最受欢迎的运动之一，无论是在景色宜人的海滨度假胜地，还是在蔚蓝色大海里景色优美的小岛上，你都可以穿上专业的潜水服，佩戴上专业的潜水装备，去感受水下的世界。潜水最大的乐趣莫过于观赏、认识千奇百怪的海洋生物。

案例三：近几年，我国许多旅游景区出现一种用奶瓶给金鱼喂食的娱乐项目(图 2-1)，吸引众多游客参与。奶瓶喂鱼是将鱼食制成液体装入奶瓶内喂食金鱼。景区通过这种新奇有趣的喂食方法，吸引众多游客、家长及孩子参与。令不少游客感叹“真会玩”。

图 2-1　景区里的吃奶鱼

【任务分析】

鱼类是我们日常生活中常见的动物，与人类的关系十分密切，具有很高的观赏价值。无论是旅游，还是日常生活，我们都需要对鱼类的生物学特性、观赏、文化、养殖等进行学习了解。了解观赏鱼类的分类、养殖，了解鱼文化，一方面丰富自身知识面，同时也可提炼精华为游客做有效讲解。

知识卡片

2.1.1　鱼类的结构特征

鱼类属于脊索动物门脊椎动物亚门，其发展经历了泥盆纪(距今 4.1 亿 ~ 3.55 亿年前)的初生时代、中生代的中兴时代，到新生代达到全盛时代，分布在全世界各个水域中，是脊椎动物中种类最多的一个类群，约 24 000 种，超过其他各纲脊椎动物种数的总和。鱼类终生生活在水中，其中生活在海洋里的鱼类约占全部总数的 58.2%，生活在淡水中的鱼类约占 41.2%。中国有 2500 多种，绝大多数生活在海水中，海水鱼有 1700 多种，淡水鱼仅 800 种左右。鱼类生存的水温适应幅度较广，既有栖息于 52℃ 山间温泉的花鳉，也有可以忍受北极地区水温在 2℃ 以下的黑鱼。世界上最大的鱼是 1954 年于南海广东省沿岸捕获的鲸鲨，长达 20m，重量超过 5t。最小的鱼是生活在菲律宾淡水湖内的邦达克虎鱼成鱼体长仅 12mm，不及鲸鲨的 1/1600，也是世界上最小的脊椎动物。

2.1.1.1　鱼的结构特征

鱼类终生生活在水中，体分头、躯干、尾三部分，头部有眼无睑，因此”死不瞑目”。有口，我们常见到鱼的口一张一合，其实它是在呼吸。无颈。身体被鳞片，体表分泌黏液。大都具有适于游泳的体形和鳍，用鳃呼吸，以上下颌捕食，体内有鳔(内充气体)，皮肤不透水。有脑子，鱼是一种相当古老的生物，脑子其实是延髓，充其量与哺乳动物的小脑下端接近，主管身体的动作，无思考能力，鱼能趋利避害完全是本能。有内耳，用于收听声音和维持身体平衡。鱼是冷血动物，一些鲔鱼(金枪鱼)及鲨鱼(特别是鼠鲨科的鲨鱼)体内的温度比周围环境的温度高，黑鲔鱼是唯一恒温的鱼。

1. 体型

鱼类的体型(图 2-2)多为流线型或纺锤型，以减少水中运动的阻力，可快速而持久的游泳。其他体型还包括，侧扁型（如蝴蝶鱼等）、平扁型（如鳐鱼等）、棍棒型（如黄鳝等）等。一般来说，在水中快游的鱼身体细长，而慢游或在水底生活的鱼比较扁平。还有一些其他特殊体型：如海马等。

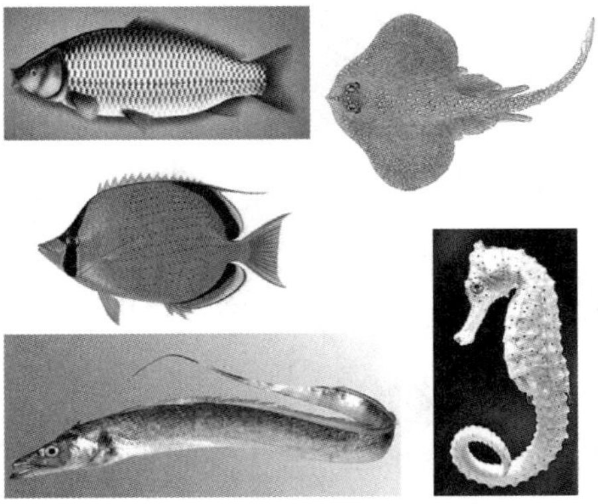

图 2-2　鱼的体型

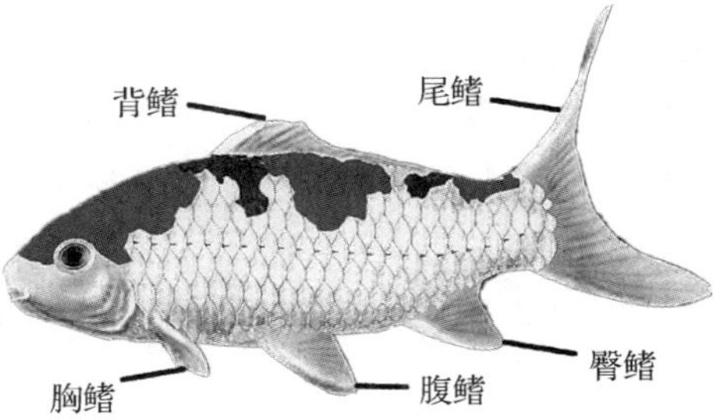

图 2-3　鱼的鳍

2. 鳍

鳍（图 2-3）是鱼类运动和维持身体平衡的重要器官。分为奇鳍和偶鳍，其中，属于奇鳍的有背鳍、臀鳍、尾鳍（软骨鱼歪型尾，硬骨鱼正型尾），属于偶鳍的有胸鳍和腹鳍。鱼的尾鳍是控制鱼的速度与平衡的器官，其形状更是左右上述功能的所在，一般而言，剪刀状的尾鳍，游速是最快的，如：金枪鱼及剑鱼，因为剪刀状的尾鳍面积较小，与水摩擦也相形变小；相反像金鱼或孔雀鱼等，尾鳍太过庞大，因而造成其游速变慢，动作也显著笨拙。

3. 鱼鳔

鱼鳔是鱼体内一个充气的囊状器官，主要用处不是呼吸，鱼靠鱼鳔来调节它们的比重，鱼借由鱼鳔可以不用运动就缓慢上升或下降，大部分硬骨鱼类皆有鱼鳔这个调节浮力的器官。鱼鳔是肠的一个扩充，有些鱼（如鲤鱼）的鱼鳔还和它的肠相连，其他的鱼（如鲈鱼）的鱼鳔已经和肠完全分开了。假如一条鱼要减轻它的比重，就将血液中溶解的气体释放到鱼鳔中去，有些鱼使用鱼鳔中一个血管很多的地方来充气，其他鱼通过肠和一个连接肠和鱼鳔的管道。通过同样的方式鱼也可以将气体重新溶入血液中来加大它们的比重。鳔也可以作为发声共鸣的器官。软骨鱼、一些在水底生活的鱼和专长快游的硬骨鱼没有鱼鳔，它们若不运动就会沉到水底。

4. 皮肤和鳞片

鱼有两层皮肤，即表皮和真皮，表皮内含有能够分泌黏液的腺，真皮内有许多连接组织，鳞和色素细胞也在这一层里。外层的黏液帮助鱼减轻其游泳时的阻力。软骨鱼没有黏液，但它们皮肤上细小的、牙齿般的突起有类似的作用。鱼类的鳞片分盾鳞（软骨鱼特有）、硬鳞、骨鳞（分圆鳞和栉鳞），后两种为硬骨鱼特有。

5. 骨骼

鱼的骨骼是由软骨（软骨鱼）或硬骨（硬骨鱼）构成的，在头骨的两边有 4~7 片鳃，其中最前面的一片演化成了下劲骨。鱼的脊椎骨是与头骨连在一起的，在胸部有肋骨与脊椎相连，在背部，尾部和腹部有从脊椎伸出的长的刺。硬骨鱼在肌肉内常有硬化的胫所构成的鱼刺。鱼使用鳍来控制它的方位和运动。大多数鱼的鳍内有骨质的刺来加强。胸鳍和腹鳍是成对的，并通过肩和髋的肌肉相连。背、尾和肛鳍与脊椎相连。有些鱼背和尾之间的鳍内没有刺，但可以硬化成角质得以加强。鱼运动时主要依靠身体的摆动和尾鳍。中轴骨：头骨、脊柱、肋骨(硬骨鱼较发达)；附肢骨：带骨(肩带、腰带)、奇鳍骨(背鳍、臀鳍、尾鳍)、偶鳍骨(胸鳍、腹鳍)。

6. 血液循环与呼吸系统

鱼的血液循环是封闭的，其心脏比较简单，位于鳃附近，由一个心房和一个心室组成。鱼的鳃由许多有毛细血管的小叶组成。通过它巨大的面积将水中溶解的氧吸收到血液中。鱼鳃的功率非常高(有些鱼可以利用70%的水溶解的氧)，这可能说明鱼的红细胞的功率很高。

硬骨鱼的鳃外有一块角质的盖，鱼在呼吸时同时张嘴和将鳃盖打开，这样将水吸入口中，鳃盖上的膜防止水从这个方向流入。合嘴时可以通过嘴前部的一个机构将水从鳃缝中挤出去。软骨鱼没有鳃盖，它们必须不停地张着嘴游动，来让水通过它们的鳃流过。一些硬骨鱼(如鳗鱼)的鳃缝非常小，它们的鳃在陆地上也可以保持一段时间潮湿，这样它们可以在陆地上呼吸一段时间。一些其他多多少少可以两栖的鱼还有其他的呼吸器官：有些鱼可以通过皮肤直接呼吸空气中的氧，有些鱼可以将空气吸入肠内，其流畅良好的肠壁可以吸收空气中的氧。有些鱼身上有突出器官可以作为呼吸器官使用，一些鱼的鱼鳔与它们的肠相连，它们的鱼泡也可以用来辅助呼吸空气中的氧。肺鱼的肠的突出物已经演化为肺了。

7. 神经系统和感官

鱼的神经系统比较简单，脑比较小，没有大脑上皮。鱼的嗅觉非常好，它们的鼻和口腔不相连。鱼耳由封闭的液泡构成，一些鱼的鱼耳通过可动的骨头与它们的鱼鳔相连。鱼眼睛里的水晶体是不可调节的，它们只能看清近的东西。它们能够感受紫外线。生活在水底的鱼触觉非常好，尤其唇和触须的上皮上有感受触觉的细胞。鱼拥有一种特别的可以感受水流的器官——体侧线，它们的身体侧面中部有一条由皮肤中的小坑组成的线，在小坑中有可以感觉到水流变化的细胞和毛。鱼可能缺乏痛觉，因为他们缺乏必要的大脑系统和感受器。

8. 生殖系统

鱼的生殖器官位于身体侧部肠的上方。大多数鱼是体外交配，雄鱼和雌鱼同时将它们的生殖细胞排泄到水中。鱼卵的数量可以相差很大，鲟鱼每次产子可达上百万，而刺鱼每次产子不超过一百。大多数情况下公鱼照管后代。有些鱼没有固定的性别，它们的性别随其伴侣而变化，甚至可以在一生中多次更改。也有的鱼进行体内受精，这些鱼大多数直接生小鱼，而不产卵。

2.1.1.2 鱼的分类

鱼类在长期的进化过程中，演变成种类繁多、千姿百态、色彩绚丽、生活方式迥异的各种鱼类，已演化出棘鱼类、盾皮鱼类、软骨鱼类和硬骨鱼类4类。

1. 棘鱼类

棘鱼类是原始有颌动物，因鳍前端有硬棘而得名。个体不大，歪型尾；胸鳍和腹鳍之间有“额外”的偶鳍，或附加鳍；体被细小菱形鳞片。代表动物为栅鱼(或称梯棘鱼)。最早出现于志留纪(距今4.38亿~4.1亿年前)，泥盆纪较繁盛，之后逐渐衰落直至早二叠纪(距今2.9亿~2.5亿年前)时灭绝。

2. 盾皮鱼类

盾皮鱼类体被盾甲，具偶鳍、歪型尾和软骨性骨骼，可能是最原始的颌口类。它们初见于志留纪，至泥盆纪则称霸水域，泥盆纪之所以被称为鱼类的时代，就是由于此类动物之盛产。当时软骨鱼类仅见端倪。泥盆纪结束，盾皮鱼类大部分灭亡。古生代结束后，便不再有此类动物存在。

3. 软骨鱼类

盾皮鱼类逐渐灭绝前，软骨鱼类和硬骨鱼类就兴起了，最早发现的古软骨鱼类化石是裂口鲨，已具有盾鳞、歪型尾等许多现代软骨鱼类的特征。最古老的硬骨鱼是古鳕类，并由此演化出现代硬骨鱼类主体种类——辐鳍鱼类。以前把软骨鱼类和硬骨鱼类作为两个系统，共同隶属于鱼纲。但由于软骨鱼和硬骨鱼从有化石记录开始，就在两个轨道上发展，2013年较新的材料已经将这两类升为两个独立的纲，即软骨鱼纲和硬骨鱼纲。

软骨鱼纲，脊椎动物亚门的一纲。软骨鱼内骨骼完全由软骨组成，常钙化，但无任何真正的骨骼；外骨骼不发达或退化，体常被盾鳞。脑颅为原颅，上颌由腭方软骨，下颌由梅氏软骨组成。鳃孔每侧5~7个，分别开口于体外；或鳃孔1对，被以皮膜。雄鱼腹鳍里侧鳍脚为交配器。无鳔。泄殖腔或有或无。体内受精。卵生、卵胎生或胎生。

软骨鱼类，世界上有13目49科158属约837种，中国有13目40科90属约202种。软骨鱼纲下分板鳃亚纲和全头亚纲。板鳃亚纲分2个总目12目，全头亚纲只有银鲛目1目。代表种类是鲨鱼、鳐鱼。表2-1为软骨鱼的分类。

表2-1 软骨鱼分类表

纲	亚纲	总目	目
软骨鱼纲	板鳃亚纲	侧孔总目(鲨形总目)	六鳃鲨目、虎鲨目、鼠鲨目(鲭鲨目)、须鲨目、真鲨目、角鲨目、扁鲨目、锯鲨目
		下孔总目(鳐形总目)	锯鳐目、鳐形目、鲼形目、电鳐目
	全头亚纲		银鲛目

4. 硬骨鱼类

硬骨鱼纲，脊椎动物亚门的一纲，占鱼类总数的95%左右。最早出现于中泥盆世纪，它们骨骼中的一部分或者全部骨化成硬骨质。硬骨鱼是水域中高度发展的脊椎动物，以其广泛的辐射适应分布于海洋、河流、湖泊各处。其类型之复杂、种类之繁多可为脊椎动物之首。本纲的主要特点即在于骨骼的高度骨化，头骨、脊柱、附肢骨等内骨骼骨化。头骨有骨缝。牙齿常与骨骼愈合。鳍条常有源于皮层的节。每侧常有2鼻孔。上颌咬缘常由膜骨类的前颌骨与上颌骨形成。硬骨鱼的鳃裂被鳃盖骨掩盖，不单独外露。喷水孔缩小，甚至消失。大多数有鳔，少数有肺。原始的类群为歪型尾，进步的类群为正型尾。身体被骨化硬鳞、圆鳞或栉鳞，有时裸露无鳞；雄鱼一般没有交配器，都是体外受精，体外发育，卵生，卵小，少数为卵胎生，成活率低，但产卵量大。我们通常所讲的鱼类都属于硬骨鱼。泥盆纪中期，硬骨鱼类分化成不同进化道路的两大分支：辐鳍鱼类(亚纲)和肉鳍鱼类(亚纲)。表2-2为硬骨鱼的分类。

表 2-2 硬骨鱼分类表

纲	亚纲	总目	目
硬骨鱼纲	辐鳍亚纲（真口亚纲）	硬鳞总目	多鳍鱼目、鲟形目、弓鳍鱼目、雀鳝目
		鲱形总目	海鲢目、鼠鱚目、鲱形目、鲑形目、灯笼鱼目
		鳗鲡总目	鲸口鱼目、鳗鲡目、背棘鱼目
		骨舌总目	骨舌鱼目
		鲤形总目	鲤形目、鲇形目
		银汉鱼总目	鳉形目、银汉鱼目、颌针鱼目
		鲑鲈总目	鲑鲈目、鳕形目、
		鲈形总目	金眼鲷目、海鲂目、月鱼目、刺鱼目、鲻形目、合鳃鱼目、鲈形目、鲉形目、鲽形目、鲀形目
		蟾鱼总目	蟾鱼目、海蛾鱼目、喉盘鱼目、鮟鱇目
	肉鳍亚纲	肺鱼总目	单鳔肺鱼目、双鳔肺鱼目
		总鳍总目	腔棘目

2.1.1.3 鱼类鉴别

现实生活中，有不少人对鱼类的概念存有误解，看到在水中生活而外形像鱼，或者名字中有个“鱼”字的动物便以为属于鱼类，如鲸鱼（哺乳动物）、墨鱼（软体动物）、鲍鱼（软体动物）、甲鱼（爬行动物）、娃娃鱼（两栖动物）、鳄鱼（爬行动物）等。一般而言，一种动物必须同时符合以下几个特征才能算是鱼：

（1）必须是终生生活在水中的脊椎动物，少部分鱼能短时间待在陆地上。

（2）通过尾部和躯干部的摆动以及鳍的协调作用运动。

（3）靠鳃呼吸。

（4）以鳔和脂肪调节水的浮力。

（5）变温动物。

（6）体表常有鳞片覆盖。淡水鱼类中有一些种类是无鳞的，如鲶鱼、黄颡鱼和黄鳝等。常见的中华鲟的鳞片为硬鳞，绝大多数硬骨鱼的鳞片为圆鳞，有一些鱼类鳞片为栉鳞，如青鱼和赤眼鳟等。

（7）体色。绝大多数鱼类的腹部银白色，背部深灰，但也有不少鱼类体表具有各种花纹，是识别鱼类的一项特征。体表花纹一般为 3 种：图案式花纹，条纹状花纹，斑点或块状花纹。观赏鱼通常会有美丽的花纹，通过这些花纹可以初步鉴别一些鱼种。

（8）口须的有无、对数以及生长部位，也是识别鱼类的特征之一。鳅科鱼类的体型很相似，有时不易识别，但从口须多少，则较易分辨，如泥鳅有须 5 对，花鳅 4 对，黄沙鳅 3 对。

实践过程中，为了在较短时间内准确识别鱼类，一般可先根据目标动物的体型、体色、鳍的形状位置和数目、口须的有无和生长位置、腹棱及鳞的形状等，并根据所学的分类知识，对是否属于鱼类、属于什么鱼类进行初步判断。

2.1.1.4 鱼类洄游

鱼类洄游是鱼类因生理要求、遗传和外界环境因素等影响，引起周期性的定向往返移动。是鱼类在系统发生过程中形成的一种特征，是鱼类对环境的一种长期适应，它能使种群获得更有利的生存条件，更好地繁衍后代。鱼类的洄游是鱼类运动的一种特殊形式，它与一般运动截然不同。一般的运动都是条件反射运动，常是由外界的刺激所引起。洄游则是一些鱼类的主动、定期、定向、集群，具有种群特点的水平移动。洄游是一种周期性运动，随着鱼类生命周期各个环节的推移，每年重复进行。通过洄游，更换各生活时期的生活水域，以满足不同生活时期对生活条件的需要，完成生活史中各重要生命活动。洄游的距离随种类而异，有些种类为了寻找适宜的外界条件和特定的产卵场所要远游几千千米的距离。研究并掌握鱼类洄游规律，对于探测渔业资源量及其群体组成的变化状况，预报汛期、渔场，制定鱼类繁殖保护条例，提高渔业生产和资源保护管理的效果及放流增殖等具有重要意义。其他水生动物(如对虾等)也有洄游习性。

鱼类洄游的分类方法很多。

1. 按鱼类生活不同阶段分为成鱼洄游和幼鱼洄游

2. 按鱼类所处生态环境不同分类

(1)海洋鱼类的洄游。完全在海洋中生活和洄游，同种鱼往往分成若干种群，每一种群有各自的洄游路线，彼此不相混合，各海区的鱼群有不同的变异特征，每个海区都分布有它自己的洄游群体。如中国东海、黄海的小黄鱼可分为4个种群，分别有其自己的越冬、产卵和索饵的洄游路线。

(2)溯河性鱼类的洄游。溯河性鱼类生活在海洋，繁殖期间溯至江河(包括河口)产卵，这些鱼类一生之中要经历两次重大变化，一次是幼鱼时期从淡水区域转移至海洋，一次是成年时期从海洋洄游至淡水区域。这类鱼对栖息地的生态条件，特别是水中的盐度有严格的适应性。如北太平洋的大马哈鱼溯河后即不摄食，每天顶着时速几十千米的水流上溯数十千米，在洄游过程中体力消耗很大，到达产卵场时，生殖后亲体即相继死亡。幼鱼在当年或第二年入海。还有些生活在河口附近的浅海鱼类，生殖时只洄游到河口，如长江口的凤鲚等，溯河洄游的距离较短；又如我国一级重点保护野生动物——中华鲟也是一种大型的溯河洄游性鱼类，它是古老的珍稀鱼类，是世界现存鱼类中最原始的种类之一，是我国特有的珍稀种类，有“水中大熊猫”之称。现今仅在我国长江流域尚有分布，其他江河中均已绝迹，具有很高的科研和观赏价值。夏秋两季，生活在长江口外浅海域的中华鲟回游到长江，历经3000多千米的溯流搏击，才回到金沙江一带产卵繁殖。产后待幼鱼长大到15 cm左右，又携带它们旅居外海。就这样世世代代在江河上游出生，在大海里生长。外国人曾希望将中华鲟移居自己的江河内繁衍后代，但中华鲟总是恋着自己的故乡，即使有些被移居海外，也要千里寻根，洄游到故乡的江河里生儿育女。在洄游途中，它们表现了惊人的耐饥、耐劳、识途和辨别方向的能力，所以人们给它冠以“中华”二字。

(3)降海性鱼类的洄游。降海性鱼类绝大部分时间生活在淡水里，洄游时，则会洄游至海中进行繁殖。鳗鲡就是这类洄游的典型例子。欧洲鳗鲡和美洲鳗鲡降海后不摄食，分别洄游到数千千米海域后产卵，生殖后亲鱼全部死亡。其幼鱼回到各自大陆淡水水域的时间不同，欧洲鳗鲡需3年，美洲鳗鲡只需1年。中国的鳗鲡、松江鲈等的洄游也属于这一类型。

(4)淡水鱼类的洄游。淡水鱼类完全在内陆水域中生活和洄游，其洄游距离较短，洄游情况多样。有的鱼生活于流水中，产卵时到静水处；有的则在静水中生活，产卵到流水中去。中国的青鱼、草鱼、鲢鱼、鳙鱼、鲤鱼等通常在湖中育肥，秋末到江河的中下游越冬，次年春再溯江至中上游产卵。(注：海洋和江河的盐度不同，渗透压也有差异，因此作溯河或降海洄游的鱼类，在经过河口时往往需要在咸淡水区停留一段时间，以适应这种生理机能的转变。)

3. 按不同的生理需求分类

(1)生殖洄游。生殖洄游是鱼类生命过程中规律性最强的洄游。当鱼类生殖腺成熟时，脑垂体分泌的激素对鱼产生了生理上的刺激，为了产卵，鱼类会集合在一起，在一定时期内沿一定路线向一定方向作急速的洄游，距离可长可短。可以是由外海向浅海或近岸洄游，由海洋向江河(包括河口)的溯河洄游，由江河下游、支流向江河中上游的溯河洄游，由江河向河口、海洋的降海洄游等。代表鱼类有鳗鲡、鲥鱼、大马哈鱼、青鱼、草鱼、鲢鱼、鳙鱼等。

(2)索饵洄游。鱼类以追索食物为主而进行的集群洄游称为索饵洄游。一般从产卵场、越冬场向肥育场洄游。因为作为食物饵料的生物会发生变动，索饵洄游的路线、方向和时期远没有生殖洄游那样固定。

(3)越冬洄游。越冬洄游又称季节洄游，主要见于暖水性鱼类。鱼类在越冬洄游中主要目的是寻找适合的水温水域。鱼类对水温非常敏感，水温越低，游速越快；水温越温，游速越慢。例如白姑鱼，从9月开始从鸭绿江口向黄海南部洄游越冬。

上述3种类型的洄游，虽然因为各自特点被人为区分开来，但在自然界中，这3种洄游在同一鱼类生活中可能会密切相关并有不同程度的交叉。如小黄鱼每年春季进行生殖洄游，产卵完毕后紧接着进行索饵洄游，秋后随着温度下降，又进行越冬洄游。

2.1.2 观赏鱼的分类与养殖

观赏鱼是指具有观赏价值的，有鲜艳色彩或奇特形状的鱼类。自然界的鱼类可供观赏的大约有2000多种，实际普遍饲养和常见的观赏鱼类只有500种左右。它们有的生活在淡水中，有的生活在海水中，有少部分鱼类在生命周期的不同阶段，会在淡水与海水之间洄游，有的来自温带地区，有的来自热带地区，有的以色彩绚丽著称，有的以形状怪异称奇，有的以稀少名贵闻名。目前世界观赏鱼市场通常由三大品系组成：即温带淡水观赏鱼、热带淡水观赏鱼和热带海水观赏鱼。

2.1.2.1 温带淡水观赏鱼

温带淡水观赏鱼主要有中国金鱼、红鲫鱼、日本锦鲤等，它们主要源于中国和日本。红鲫鱼的体形酷似食用鲫鱼，依据体色不同分为红鲫鱼、红白花鲫鱼、五花鲫鱼等。它们主要被放养在旅游景点的湖中或喷水池中，如杭州的“花港观鱼”等。

1. 中国金鱼

中国金鱼又名红鲫鱼或金鲫鱼，本属我国的“国粹”，但已在国外培育出许多新品种。中国金鱼的鼻祖是数百年前野生的红鲫鱼，它最初见于北宋初年浙江嘉兴的放生池中。公元1163年，南宋皇帝赵构在皇宫中大量蓄养金鲫鱼，后来逐渐从皇宫传到民间家化饲养。它是普通鲫鱼发生变异的红黄鲫鱼人工饲养而形成的一个品种，是金鱼最古老的一个品种，颜色有火红、红白相间等。金鱼主要以水藻类和小鱼小虾为食。由于饲养条件简单、成本低廉、生长快，故可用于初学者进行养殖技术的自我训练提高，是一个很受欢迎的养殖品种。金鱼的家化经历了池养和盆养两个阶段，经过数代民间艺人的精心挑选，由最初的单尾金鲫鱼，逐渐发展为双尾、三尾、四尾金鱼，颜色也由单一的红色，逐渐形成五花、黑色、红白花、蓝色、紫色等，体形也由狭长的纺锤形发展为椭圆形、皮球形等，品种也由单一的金鲫鱼，发展为今天丰富多彩的数十个品种，诸如龙睛、狮头、朝天龙、虎头、绒球、珍珠鳞、鹤顶红等。据史料记载，中国金鱼在明朝首次传入日本，并于1615—1623年再次传入日本。日本锦鲤的原始品种是红色鲤鱼，早期也是由中国传入日本的。经过日本人民的精心饲养，逐渐成为今天驰名世界的观赏鱼之一。

2. 日本锦鲤

日本锦鲤是红色鲤鱼的变种，外形与红鲫鱼相似，是一种名贵的大型观赏鱼，许多国家均有培育，但以日本产的品种最好。在日本被誉为“活的艺术品”“水中活宝石”和“观赏鱼之王”。日本锦鲤的品种主要有红白色、昭和三色、大正三色、秋翠等。日本锦鲤的寿命通常为60~70年，体长可达1~1.5m。这些锦鲤的美妙之处就在于，随着年龄和环境水温的变化，它们身上的花纹色泽和形态也会不断变化，就像你亲手画出的特殊的水墨画一样。上品锦鲤都是千里挑一，要看血统、骨架、色泽、花纹、泳姿等。颜色太杂的就淘汰掉，就跟选美差不多，这样才能养出名贵锦鲤。日本锦鲤和金鱼一样对水温、水质的要求并不严格，环境的适应力强，但对水温的剧烈变化则显得脆弱，尤其是温差猛烈变化4℃以上时，在体表面就会出现白膜，就是感冒症状。锦鲤是杂食性鱼类，植物碎片、红虫、蚯蚓、面包虫、蚕蛹、米饭、面包、水果均可作为食物。一般以植物性饲料占60%、动物性饵料占40%的比例最为恰当。

2.1.2.2 热带海水观赏鱼

热带海水观赏鱼主要来自印度洋、太平洋中珊瑚礁水域，常见产区有中国台湾和南海、菲律宾、日本、澳大利亚、夏威夷群岛、印度、红海、非洲东海岸等。它们颜色特别鲜艳，体表花纹丰富。许多品种都有自我保护的本性，有的尾柄生有利刃、有些体表生有假眼、有的体内可分泌毒汁、有的棘条坚硬有毒、有的体色可任意变化、有的体形善于模仿，林林总总，千奇百怪，善于藏匿，具有一种原始古朴神秘的自然美，充分展现了大自然的神奇魅力。如：蝶鱼、海葵鱼、黄尾蓝魔、狐面鱼、太平洋蓝吊、额斑刺蝶鱼等。热带海水鱼分布极广，生活在广阔无垠的海洋中，许多海域人迹罕至，至今还有许多未被人类发现的品种，是全世界最具发展潜力和前途的观赏鱼类，代表了未来观赏鱼的发展方向。

1. 海葵鱼

海葵鱼又名小丑鱼，在水族爱好者中特别受欢迎，与海葵（有毒的无脊椎腔肠动物）共生。体色鲜艳夺目，通体橘黄色，身上由3条镶着黑边的白斑纹环绕，头短而粗，鳍为圆形，轮廓和眼睛都为黑色。海葵鱼和海葵的关系是相互依赖共存的关系，海葵的触手上密布着有毒的刺细胞，可以使其他鱼类中毒瘫痪，成为海葵的猎物。但海葵鱼身上的黏液使海葵误认为海葵鱼是同类，因此不放射毒液，使得海葵鱼可以自由的穿进穿出。海葵鱼没有锋利牙齿来自卫，当有敌来袭时它们会躲入海葵触手间隐藏。而海葵鱼可以给海葵带来食物。海葵鱼是最易人工喂养的鱼种。它们能容忍亚硝酸盐稍高的劣质水质。饲养海葵鱼的水温控制在26℃，海水比重为1.022，可以喂它们虾等肉食及安全的人工饲料。需要注意的是，家庭养殖中海葵鱼并不是必须与海葵一起饲养，在没有海葵的水族箱里海葵鱼也生长的很好，而当放入海葵后，海葵鱼也并未表现出欢快的立即投入海葵怀抱的样子，一般隔几天甚至更长时间才能在一起，由此可见海葵鱼和海葵的关系不是不可分离的。

2. 蝶鱼

蝶鱼是色彩最艳丽的海水鱼之一。它们是典型的珊瑚礁鱼类，有着侧面压缩的体形和稍微突出的吻部。蝶鱼科鱼类种类繁多，色彩艳丽，姿态高雅，是海水观赏鱼类中最主要的成员。由于蝶鱼是终身单一配偶，因此经常看到蝶鱼是两条在一起。两条蝶鱼面对面很像一只色彩斑斓的蝴蝶，所以称为蝶鱼。蝶鱼的养殖比较复杂，不适用于初学爱好者。蝶鱼对水质要求比较高，水温要保持在26~29℃(个别品种除外)，温差不可多于2℃；酸碱度(pH值)应保持在8.0~8.4，过酸或过碱也会影响蝶鱼健康；硝酸盐含量要尽量低，过高的话会影响蝶鱼食欲，同时也会缩短蝶鱼寿命。饲养蝶鱼要尽量投喂多种食饵，避免使用单一饲料。初学饲养者和工作忙碌的人，不适宜饲养体型大小不一的蝶鱼。因为小型蝶鱼口小，进食缓慢，食饵往往会被大鱼或吃食快的鱼抢去。3cm以下的小蝶鱼，一天必须喂食数次细饵料。有些体型大的蝶鱼，往往无法立刻适应由海中移至水族箱的环境，尤其是无法适应食饵的改变。此时饲养者需要极有耐心地对鱼进行诱饵和驯饵。

2.1.2.3 热带淡水观赏鱼

热带淡水观赏鱼主要来自于热带和亚热带地区的河流、湖泊中。它们分布地域极广，品种繁多，大小不等，体形特性各异，颜色五彩斑斓，非常美丽。主要来自于3个不同的原始栖息地：一是南美洲的亚马孙河流域的许多国家和地区，如哥伦比亚、巴西、阿根廷、巴拉圭、圭亚那、墨西哥等地；二是东南亚的许多国家和地区，如泰国、印度、马来西亚、斯里兰卡等地；三是非洲的三大湖区，即维多利亚湖、马拉维湖和坦干伊克湖。

热带淡水观赏鱼较著名的有三大品种系列。一是灯类品种，如红绿灯、蓝三角、头尾灯、红莲灯、黑莲灯等，它们小巧玲珑、美妙俏丽、若隐若现，非常受欢迎；二是神仙鱼系列，如红七彩、蓝七彩、条纹蓝绿七彩、黑神仙、鸳鸯神仙、芝麻神仙、红眼钻石神仙等，它们潇洒飘逸、温文尔雅，大有陆上神仙的风范，非常美丽；三是龙鱼系列，如金龙鱼(图2-4)、银龙鱼、红龙鱼、黑龙鱼等，它们素有“活化石”美称，名贵美丽，广受欢迎。具体将在下面详细介绍。

图2-4 金龙鱼

相对来说，热带淡水观赏鱼对养殖条件要求较低，比热带海水观赏鱼更容易推广，是目前观赏鱼市场的主力，较常见的有：花鳉科、慈鲷科、脂鲤科、攀鲈科、沼口鱼科、丝足鲈科等。

1. 花鳉科

花鳉科又叫胎鳉科，是鳉形目中的一个科，它包含200多个种和亚种。各种各样的花鳉科热带鱼在世界各地都有分布，它们拥有美丽的色彩和有趣的生活习性，极具魅力。这种花鳉科鱼类在亚洲也有分布，并早已为人熟知，作为观赏鱼的历史已经相当悠久。花鳉科中的鱼都比较小，大多数生活在淡水中，只有少数几种生活在咸水中。最大的花鳉科的鱼是鲟鳉，达15cm，一般花鳉科的鱼只到10cm。该科是以孔雀鱼为代表的卵胎生鱼类，常见种类有：剑尾鱼、孔雀鱼、玛丽等。

2. 慈鲷科

慈鲷科，热带淡水鱼类，原产于热带中南美洲、非洲及西印度群岛，现已遍布全球热带与亚热带地区。习性为肉食、杂食或草食。大多为卵生口孵，有部分系在巢穴底床孵卵而由亲鱼共同护卫，也有孵化后将仔鱼含在口中保护者。因为有严密的护幼行为，所以被称为“慈鲷”。慈鲷科外表共同特征不多，但它们在喉部却都有一组称为“咽颌”的构造，加上牙齿形态的分化，方便捕食并咀嚼各类不同食物，因此在淡水水域中极尽优势，也演化出许多不同的鱼种。例如非洲的马拉维湖约有500种以上的慈鲷，维多利亚湖至少有400种，坦干伊克湖约有300种以上，而且有99%都是这些湖泊的特有种。慈鲷科种类及外观上都有许多特色，即使同科种类，也有很大差别。通常我们在观赏鱼市场上见到的地图鱼、七彩鱼、神仙鱼、鹦鹉鱼、罗汉鱼等，都是属于慈鲷科。

3. 脂鲤科

脂鲤科是热带鱼类中种类最多的一个科，此科鱼类的尾柄上都生有一个小小的脂鳍，绝大多数品种躯体小型、美丽，性情温顺，只有极少数是肉食性大型凶猛鱼类。此类鱼主要产于非洲、南美洲、中美洲与北美洲。主要特征是第二背鳍为脂鳍(无鳍条的小鳍)。另一特征是口中具有牙齿。此科鱼体质强健，容易饲养，外形美丽，价格低廉，是极受欢迎的热带观赏鱼。此种鱼种类繁多，以小型而美丽的鱼类为主，如：宝莲灯鱼、红绿灯、刚果扯旗、三角灯鱼等。灯科鱼性情温和，可与斗鱼、孔雀、七彩混养。宜弱酸性的软水水质，pH值6~7之间，一般的自来水就可养殖，一般灯科鱼适合的水温为22~28℃，大多有群生的习性。所以，在饲养时，同一水族箱中应减少鱼的种类，增加同一种类的尾数更好。这类鱼大多数喜好动物性饲料，且多在水面附近摄食，很少在缸底觅食。

4. 攀鲈科

攀鲈科属于鲈形目攀鲈亚目，为一群淡水至咸淡水的中至小型鱼类，成员广布于非洲及南亚热带及亚热带。在中国观赏鱼市场上的攀鲈科鱼类并不常见。包含攀鲈属、非洲攀鲈属、细梳攀鲈属、圆鳞攀鲈属4个属，已确认的约有36种。攀鲈科在1831年由波拿巴建立。攀鲈科鱼类在鳃内部上方具有辅助呼吸器官，称为鳃上器或迷路器，能纳入空气进行呼吸，在缺氧的滞水里也能生存。

5. 沼口鱼科

沼口鱼科仅1属1种，即吻鲈(接吻鱼)，热带淡水鱼，又叫吻鱼、桃花鱼、亲嘴鱼、吻嘴鱼、香吻鱼、接吻斗鱼等，以鱼喜相互“接吻”而闻名。体色银白，略带粉红色，吻部淡红色，体卵形，侧扁，体长一般为3~5cm。接吻鱼有十分奇怪的行动，常用有锯齿的嘴亲吻同伴，这并非是爱情，可能是一种较量。接吻鱼喜欢栖息于热带河流中，在原产地常被作为一种食用鱼。它对水质的要求不严，群居性不太明显，游动起来十分缓慢，显得雍容大方，具有迷人的魅力和观赏价值。平时性情极为温顺、活泼，接吻鱼因此不宜同喜欢安静的热带鱼混养。它在水的各层都喜欢游动，但休息时常常停在鱼缸的底部。接吻鱼的食性较杂，虽然是大型鱼种，但一般对大型水蚤并不感兴趣，而经常是长时间地张开大嘴去“喝”一些小型水蚤才能吃饱，这也是热带鱼的一种特殊的取食方式。在饲养时还喜欢用厚嘴唇吸吮食箱壁和水草上的青苔，所以在养鱼时，常常每箱放一尾接吻鱼做“清道夫”。

6. 丝足鲈科

丝足鲈科，热带淡水鱼类，主要分布于巴基斯坦、印度至东南亚、中国及日本等地的淡水域及河口域。体呈椭圆或稍延长，极侧扁，头小而吻短。体被栉鳞；侧线完全或在相对于背鳍硬棘部后端之下方间断。背鳍及臀鳍具硬棘；腹鳍之第一根软条延伸为丝状。第一鳃弧上部变形为迷路器，可以直接呼吸空气。主要栖息于低海拔的平原缓流区或湖沼、池塘及稻田等静水域中，能耐低溶氧环境。杂食性，以浮游动物、水生昆虫幼虫或藻类等为食物。代表观赏鱼种有：泰国斗鱼等。

2.1.2.4 家居观赏鱼的养殖

欣赏和养殖观赏鱼是当今人类一项极富情趣的休闲活动。在许多旅游景点、商厦、宾馆、娱乐和展览场所，都可以看到它们的倩影。它给我们展现了鱼类世界的种种奇观，有的似湖光山色、有的似峰峦丛林，有时还会借助于光影作用，变得更加晶莹剔透，富丽绚烂，令人目眩神迷，遐想无限。在许多家庭中，同样也养着各种不同类型的金鱼、神仙鱼及其他各种热带鱼、海水观赏鱼，成为庭院或厅室一景，高雅别致，赏心悦目。但饲养观赏鱼是一项技术性较强的工作，需要科学方法的指导，才能应付自如，把鱼养好，满足自己观赏娱乐的需要。除了上面提到一些名贵观赏鱼的特殊养殖要求外，一般的家居养殖过程要按照以下的方法和步骤进行：

(1)购买时要先辨别。健康的鱼在水体的中下层游动(上层鱼除外)、争抢食物，游姿自然、悠闲，尾鳍清澈透明、飘逸，眼珠清晰，个体大。如果发生沉底、浮头、游动现挣扎状，有外伤、白毛、白点，尾鳍肥厚、混浊、严重血丝、体色灰暗、眼珠混浊、单身独处，拒食的或以身体擦缸等现象的都属于病鱼，不建议购买。购买时，盛装性格生猛的鱼、大中型鱼的塑料袋不仅要充气保氧，外层还要再遮光，减少外界对鱼产生干扰。冬天时还要注意保温。装鱼的塑料袋一定要厚实可靠，特别是那些有硬鳍的鱼更应注意。

(2)热带鱼买回家后不要急于入缸，要先将装鱼的塑料袋浸入鱼缸 10~20min 后再打开，让缸里的水分几次倒流入袋里，同袋里原先的水逐步混合，以使鱼儿逐步适应水温、水质。如有灯光照射，应将灯光关掉，在黑暗中鱼儿比较安静，不易受惊。如果准备将几个不同品种的鱼混养在一个缸里，就要照顾到不同种鱼之间的相容性，凶猛的鱼和温和的鱼不能共养；个体差异太多的不能混养(温和鱼种可以考虑)；水质要求不同的不能混养等。

(3)热带鱼最适宜在 24~28℃生活，夏天达 32℃能正常生活，但是如果突然温度变化过大，热带鱼就无法适应。所以，在购鱼前不仅要调好自家水族箱的水温，还要注意到水族店的水温和你家鱼缸的水温偏差不宜大，一般不超过 4℃。要注意鱼的投放密度。热带鱼喜欢大的活动空间，通常应以 1L 水养 1cm 长的鱼为基准，如果您的鱼缸容纳了 100L 水，那么最多可喂养 10cm 长的热带鱼 10 条左右才比较安全，在较大的空间内，鱼比较活跃，体质强壮，色彩鲜艳。养得过多、密度过大，水中缺氧、水质恶化，是导致热带鱼生病死亡的主要原因。

(4)鱼缸不能一次换水过多，那样会导致水质不适症发生。热带鱼已适应了在原来的水质中生活，如果全部换水，突然改变了水质，它们就无法适应，使体质下降而得病。如需要彻底洗缸时，也应留好大部分旧水，洗完缸后将留下的水回到缸内后再加新水。

(5)观赏鱼缸最要注意控制投食。以每天 1~2 次，3~5 min 内吃完为宜。阴雨天少喂食，晚间不喂。鱼在消化食物的过程需要消耗更多的氧，阴雨天、晚间气压较低，水中的溶氧也就低，如此时喂鱼将可能导致水中严重缺氧而死鱼。死鱼大都发生在夜间，水中严重缺氧是主要原因之一。饵料一定要清洁。喂食了不洁鱼饵，极易导致鱼病发生，如血红虫、丰年虾等。水蚯蚓、水红虫等活虫虽然是热带鱼最喜欢的食物，但活虫都生长在污染的水环境中，容易发生死亡、腐败，所以，投放活食要慎重。

(6)要保持水的清洁。热带鱼进食后，会消耗大量氧气及排出大量废物，对水产生污染、滋生病菌。为了保持水的清洁，必须安装效能高的过滤器。如果是裸缸养鱼，每天还要利用从缸底部抽除排析物的同时换去1/10或略多一些旧水，特别是夏天一定不能忽视。鱼和水草共养的生态缸，只要每周一次更换1/4~1/3水就可以了。过滤器可以采用带充气设计的，这样过滤和充气可以同时进行，既使水得以净化，又补充了氧气。值得注意的是，水草缸不宜充气。不能将油脂及洗涤剂等带入水中。油污会浮在水面将空气隔绝，使水中的氧得不到补充，会导致热带鱼缺氧死亡。投食肉类，甚至手上涂抹过护手霜操作，都会将油脂带入水中，应该仔细避免。据此，鱼缸更应远离有油气产生的地方。

拓展阅读

濒临灭绝的中华鲟

中华鲟又称鳇鱼，国家一级保护动物，主要分布于中国长江流域，是世界上最古老的脊椎动物之一，为中国所独有，被誉为“活化石”“水中的大熊猫”。中华鲟体型修长，体纺锤形，一条成年的中华鲟可以长到4m长、1000kg重，寿命可达100多岁。中华鲟属于典型的江河洄游性鱼类，每年10~11月，成年中华鲟经过3000km之多的长途跋涉，从大海洄游到长江上游江段产卵，孵化后的幼鱼，经过长达5~6月的漫漫旅程，游入大海，并在海洋里生长15年左右直至成熟，才会回到长江口，从这里踏上回乡之路。由于长期受水污染、航运业、渔业捕捞、水利设施建设等因素的影响，中华鲟的繁衍和生存都受到极大威胁。据估计，目前中国长江中野生中华鲟已不足3000尾，而且仍在以惊人的速度锐减。我们每一个人都应该珍惜和爱护中华鲟。

探索实践

1. 学生分组通过网络和书籍查阅有关鱼的饮食文化。
2. 学生分组通过网络和书籍查阅鱼的营养价值。
3. 学生分组通过网络和书籍查阅吃鱼注意事项。

任务2.2 鱼类文化及旅游应用

【任务导入】

水族馆旅游起源于西方，近20年来在我国也有了十分迅速的发展，是旅游的好去处之一。水族馆讲解员是大型水族馆必备的工作人员之一。通过专业讲解员的生动介绍，让游客仿佛置身于浩瀚的海洋，身临其境，与各类鱼群徜徉嬉戏，享受的同时，还可以了解更多鱼类知识，增强爱护鱼类、保护鱼类的愿望。

【任务分析】

每一种动物进入水族馆，都需要工作人员进行大量的技术和学术方面的研究，确保动物们以接近自然的方式在这里生活。水族馆往往也起着保护动物的作用。随着环境的变化，类似厄尔尼诺现象对许多动物造成了毁灭性的影响，以汉堡企鹅为例，季节性鱼类洄游，足够造成大批小企鹅死亡。水族馆存在的意义之一，就是希望通过人类的关怀，让他们繁衍下来。随着时代的进步，人们越来越重视和动物之间的沟通，观众对生物的了解、文明的程度都在逐年提高。作为水族馆的一名工作人员，不仅需要熟练掌握各种常见鱼类的生态习性、观赏价值、文化价值，热爱鱼类，最希望的就是能对游客进行正面引导，鼓励人们真正做到“关爱动物、保护环境”。

水族馆讲解员工作职责：

(1)负责对游客进行游览的讲解工作，回答游客询问。

(2)维持馆内游客秩序及安全，礼貌耐心地规劝和制止游客的不文明行为。

(3)配合和督促有关部门共同保护游客人身财产安全。

(4)协助维护馆内游览秩序与卫生环境。

(5)掌握消防知识，熟悉各个安全通道，遇到紧急事项迅速疏散游客。

(6)妥善解决突发事件，并及时向上级反馈。

知识卡片

2.2.1 鱼文化

从远古狩猎、采集时代开始，鱼一直与人类生活密切相关。在长期的历史发展中，人类赋予鱼以丰厚的文化内涵，形成了一个独特的文化门类——鱼文化。中国是渔业大国，更有着悠久的捕鱼史，中华民族在长期的渔业劳动中所形成的鱼文化，伴随着灿烂的传统文化一起发展，成为中国传统文化宝库中的一颗明珠，也为中国文化史挥就了浓墨重彩的一笔。

2.2.1.1 民间盛行鱼的祈福习俗

最为经典的传承，就是每年除夕，家家户户的餐桌上必然有鱼，图个“年年有余”，这是采用了“余”与“鱼”的谐音。这种风俗，民间称之为“讨口彩”。不仅在我国，就是在中国文化波及的国家和地区，“讨口彩”习俗也非常盛行。

图 2-5　年年有余年画

在我国的民俗文化中，鲤鱼一直是吉祥物和吉祥语、吉祥图案的内容，鲤鱼很早就被赋予了更加特殊、更加丰富的文化色彩。我国民间习俗常把鲤鱼视为“财神”，这种习俗在群众喜闻乐见的年画里多有体现。民间艺术家们用象征手法描绘的《年年有余》年画(图 2-5)，也多是绘出大鲤鱼的形象。此外，因“鲤”与“利”谐音，“鱼”与“余”谐音，吉祥图案“渔翁得利”“富贵有余”“吉庆有余”等中的纹图也都是鲤鱼。在中国人民银行 1997 年发行的贵金属纪念币中，就有三枚“吉庆有余”的纪念币，其图案都是娃娃抱大鲤鱼的我国传统“吉庆有余”的图案。另外，民间有“鲤鱼跃龙门”的传说。“鱼跃龙门”为仕途得意、飞黄腾达的祝福语。

近年来的许多地方，公司、酒楼开张，乔迁之喜等都习惯恭敬、端庄地摆上一缸锦鲤。每群锦鲤里，必然有一至数尾全身乌黑、肚皮金黄被称为“铁包金”的，锦鲤有“进利”之意，“铁包金”自然是肚里有黄金，即意味着财富滚滚来。

2.2.1.2 鱼曾被作为崇拜对象和身份象征

西安半坡遗址出土的鱼纹盆以及人面鱼盆，反映的是一种古老的鱼崇拜现象。在我们现代人看来，这些鱼纹只是一些很简单的线条，勾勒出并不很形象具体的鱼形，因此也称不上什么美感。但是对于那个时代的人来说，这和他们的生活是息息相关的，因为他们当时是临水而居，鱼是他们的食物和生活的保障，没有鱼就意味着死亡。因此这种感觉决定了他们对鱼的崇拜，把它作为美的象征。这是对鱼崇拜的一个原因。另一个主要原因是鱼多仔、繁殖能力强，在母系社会，人们的寿命普遍偏短，而大量繁衍是人类得以延续的重要方式，所以人们渴望多子多孙、人丁兴旺。

后来人们创造了新的崇拜对象——龙，但龙有鱼的特点，那就是全身布满了鳞片。在古代的故事中，鱼龙可以互相转化，鱼是龙的另一种形态。鱼龙并称，成为一个常用的名词，像张若虚的《春江花月夜》中就有“鱼龙潜跃水成文”的美妙诗句。

到唐代，鱼成为权利和身份的标志，唐代的皇帝姓“李”，谐音“鲤”，于是赐给臣子“鱼”符，君王将相佩饰中多有“鲤”佩，鱼符鲤佩分为不同的种类，有金质、银质、铜质3种，只有五品以上的官员才有资格佩带。另外，还出现了专门用来装鱼符的袋子，叫作鱼袋。而当时，朝廷有个规定，人们不能吃鲤鱼，若吃鲤鱼就要受罚，捕到鲤鱼必须放生。所以，民间就流传吃鲤鱼要生病的说法，实际是以此禁止人们偷吃鲤鱼的行为，从而表达对鲤鱼的敬畏之意。

2.2.1.3 鱼代表了人们的某些情感

1. 鱼水之情

古诗《江南》中有这样的句子：“江南可采莲，莲叶何田田，鱼戏莲叶间。”古人用莲象征爱情，用鱼代表女性。《乐府古题要解》说：“江南古词，盖美芳晨丽景，嬉游得时也。”同样用鱼儿嬉戏来表现男女相悦。人们用鱼代表爱情，主要因为鱼与水之间难以分开的关系。我们经常看到婚联上有这样的句子：鱼水千年合。恋人或夫妻之间如胶似漆、难舍难分，不就是因为夫妻关系就如鱼水关系吗？如今，这种鱼水深情放大到了更为广泛的范畴，只要是双方关系水乳交融，都可以谓之鱼水关系！我们常说的“军民鱼水情”就是鲜明的例子。

2. 鱼雁传书

古代常说鱼和大雁可传递书信。乐府《饮马长城窟行》云：“客从远方来，遗我双鲤鱼，呼儿烹鲤鱼，中有尺素书。”这就是鱼雁传书的来历。《西厢记》中有这样的一段唱：“你休忧文齐福不齐，我只怕你停妻再娶妻。休要一春鱼雁无消息！我这里青鸾有信频须寄，你却休金榜无名誓不归。”其中“一春鱼雁无消息”，就使用了“鱼雁传书“的典故，很好地表达了崔莺莺希望张生勤来书信，珍惜爱情的美好故事。

3. 渔夫与隐士

古代的文人墨客还把渔夫作为隐士的象征。如“白发渔樵江渚上，惯看秋月春风。一壶浊酒喜相逢，古今多少事，都付笑谈中”。他们看透世态，冷眼看红尘，得大自由、大自在。又如“吾与子渔樵于江渚上，侣鱼虾而友麋鹿。哀吾生之须臾，羡长江之无穷。”虽有人生苦短的感慨，但这种生活也是十分潇洒自在的。“千山鸟飞绝，万径人踪灭。孤舟蓑笠翁，独钓寒江雪。”柳宗元就是用渔翁的形象来表达自己高洁、不随流俗的品质的。

同样是钓鱼，有的人是为了鱼，有的人是为了渔，有的人是为了结果，有的人是为了过程。所以姜子牙渭水用直钩垂钓，非为钓鱼，而是钓仁君也。而唐代诗人孟浩然“坐观垂钓者，徒有羡鱼情”的诗句则充分表现了由于他的仕途不顺，而产生的无奈、失望和感慨。一样垂钓姿势，万般感情寄托，让人品味不尽。

2.2.2 水族馆旅游的发展及现状

2.2.2.1 观光渔业

介绍水族馆旅游之前，我们要先介绍一下观光渔业。观光渔业是生态旅游的重要组成部分，是一种广义的涉及鱼类的生态旅游方式，是近几年从传统渔业衍生而来的一项新兴萌芽产业，集休闲、娱乐、垂钓、养殖、旅游观光、渔业特色餐饮于一体，实现了第一产业与第三产业结合、资源开发和环境保护彼此相互协调的目标，是传统渔业功能和生态链延伸的一种表现形式。通过对渔业资源、环境资源和人力资源的优化配置和合理利用，把现代渔业与旅游、休闲、观光，以及海洋与渔业知识的传授有机地结合起来，实现一、二、三产业的相互结合和转移，从而创造出更大的经济效益和社会效益。主要包括以下几种类型。

(1)生产经营型。是指一些渔场以渔业生产为主，以垂钓为辅的生产经营方式。

(2)休闲垂钓型。是指一些专业垂钓园和设施较完备的垂钓场所以开展垂钓为主、集游乐、健身、餐饮为一体的休闲渔业。

(3)观光疗养型。是指一些地区结合周边旅游景点，综合开发水资源，“住水边、玩水面、食水鲜”，既有垂钓、餐饮，又能观景、休闲、度假、避暑。

(4)展示教育型。是指以展示海洋鱼类为主，集科普教育、观赏娱乐为一体的多功能场馆，即水族馆旅游。

2.2.2.2 水族馆旅游

水族馆旅游是观光渔业的重要内容之一。目前水族馆有 3 种不同的形式：第一种是展览水生生物和水族馆舍的传统形式；第二种是兼展示水生生物与两栖爬行动物于一体的水族馆；第三种是大型综合性的水族馆，大多叫作海洋公园、海底世界、海洋馆等。

1. 水族馆的发展历史

世界上最早的水族馆是 1789 年在法国建立的水族馆。1853 年英国在伦敦动物园内建造了海产动物水族馆。之后，在英国伦敦水族馆的影响下，德国、意大利、美国等国家相继建立了水族馆。我国第一座真正意义上的水族馆是 1932 年在青岛建立的，即青岛水族馆。

作为模拟水域生态环境的水族馆，其发展过程大致经历了 3 个阶段，进行了 3 次更新换代。目前大多已扩展成开放式的规模宏大的海洋公园。第一代水族馆是将活鱼养在火车厢式的玻璃水箱里，人们如在火车窗外行进，可一路观赏窗内的游鱼，即火车窗式。如 1929 年修建于美国芝加哥的约翰谢德水族馆，展示鱼类有 900 余种，此外还有企鹅、海牛、海豹、海龟等海洋生物，并设有一个中国金鱼展厅。这种博物馆式的水族馆，由于每个水族箱容积有限，展示鱼类品种单一，游人逐渐感到枯燥乏味。于是就产生了第二代水族馆。第二代水族馆是将原来的水族箱型的水族馆改建成连续环形，一箱可放养几百上千尾鱼类，多种混养，即洞游槽式。第三代水族馆是现代大型的综合式水族馆，加强娱乐性是第三代水族馆的趋势。常见的具有代表性的是人造海底隧道，它采用耐压强度高、透明的丙烯酸玻璃制成，它的两侧为透明鱼池，各种海洋生物在珊瑚、水藻中川流不息，呈现出一望无际的模拟海底景观，游人可在隧道中观赏水生动物。海洋公园是水族馆的发展方向。海洋公园是从室内走向露天，从单一功能的“活标本”扩展到水族表演、文娱欣赏、科技展示、体育运动、休闲度假等诸多功能，面积成十成百倍地扩大。海洋公园内以海洋馆为核心，兼有水族表演场、戏水场、动物园、园林等设施，有的甚至配置马戏团、体育场、电影院、商店、餐馆、酒吧、电缆车等，成为包罗万象的浏览娱乐中心。

我国近代水族馆经过70多年的发展，已经有了一定的规模。到目前为止，沿海地区水族馆发展迅速，几乎每个沿海省区都建有一座水族馆，有的省区还拥有不止一座水族馆。在沿海省区的带动下，我国内陆省区也在不断地建设水族馆，以满足人们了解海洋、求新求异的需要。水族馆旅游的兴起给旅游业带来了新的生机和活力，同时也带来了可观的经济效益、社会效益和科研收益。

2. 水族馆的类型

我国水族馆的类型比较丰富，可以分为以下3类。

(1)按水质条件划分。有淡水水族馆、海水水族馆和海淡水水族馆。淡水水族馆，如徐州云龙水上世界等；海水水族馆，如大连圣亚海洋世界、青岛海洋馆等；海淡水水族馆占大多数，如北京海洋馆等。

(2)按地区划分。有内陆城市型水族馆和海滨城市型水族馆。内陆城市型水族馆，如北京海洋馆、昆明水族馆、哈尔滨极地海洋馆等；海滨城市型水族馆，如大连极地海洋馆、深圳海底世界等。

(3)按目的划分。有以科学研究为主、以旅游观光为主、以科学教育为主的水族馆。以科研为主的水族馆，如中科院武汉水生所的白鳍豚馆、中科院青岛海洋研究所的水族楼等；其他多数水族馆都以旅游观光为主，兼具科学教育功能。

山西省地处内陆省份，经济条件也不发达，水族馆旅游还处在初级阶段，与其他省份相比，无论从数量上，还是从规模上都还有较大差距。目前，省内仅有一家大型水族馆——太原迎泽公园海底世界水族馆，属于以科普教育和海洋生物展示为主的内陆城市型、海淡水水族馆。

2.2.3 太原市海洋馆旅游

太原海洋馆位于太原市迎泽公园内，是山西省内首家以科普教育和海洋生物展示为主体的大型综合性海洋馆。2003年，被中国海洋学会批准为“中国海洋学会太原海洋科普教育基地”。2005年，又统一命名为“全国海洋科普教育基地”。海洋馆占地面积逾$5000m^2$，主要设有海洋生物、珍稀观赏鱼类、海狮海豹表演、海底隧道等多个景区，展示海洋生物和珍奇鱼类数千种，是华北地区展示面积较大，展示物种较多的海洋馆之一。

2.2.3.1 珍稀鱼类观赏墙

进入海洋馆，游客们首先可以看到走廊两侧的水箱中，游动着很多形态各异、色彩斑斓、自然灵动的观赏鱼类，美轮美奂的场景，珍贵稀有的物种，让游客身临其境，流连忘返。这些鱼类都来自于地球上海洋、河流、湖泊，但由于污染、过度捕杀等因素影响，它们正逐渐从我们身边消失。它们那么美丽可爱，而今却面临着绝种的危险，只能在鱼缸中欣赏到它们美丽的身影，这些都深刻教育着参观的游人，不关心、爱护环境，我们能给未来留下些什么？如果人类再不保护这些美丽的精灵，孩子们将来就只有在教科书中看到它们的照片或在展览馆中看到它们的化石。

2.2.3.2 海底隧道

穿过珍稀鱼类观赏墙后，游客们就来到了太原海洋馆最美妙的场景——海底隧道。太原海洋馆海域区容纳了数千吨海水，这些海水主要由人造海水素、海盐等元素及自来水人工配制而成，常年保持23~25℃，具有完整的生命系统，里面生活着数十条鲨鱼及成千上万的各种各样的海水鱼，其中包括鳐鱼、海葵鱼等，这些鱼类大部分来自中国南海，少部分来自美国、澳大利亚等国。海域区的海底隧道由亚克力玻璃制成，长逾30m，厚约11cm，是目前国内视觉效果最好、最逼真的隧道之一。宽阔的隧道不仅使游客可以顺利穿越，而且更有置身海底的切身感受。在海域表演区，游客们还可以欣赏到“人鲨共舞”的惊险刺激与“美人鱼”的精彩绝伦，可谓美不胜收。

1. 鲨鱼

鲨鱼生活在海洋中，是海洋中最凶猛的鱼类。鲨鱼早在恐龙出现前的3亿年前就已经存在地球上，至今已超过5亿年，它们在近1亿年来几乎没有改变。和大多数鱼类不同，鲨鱼属于软骨鱼纲。鲨鱼的骨架是由软骨构成，而不是由骨头构成。身体呈纺锤状，头两侧有腮裂。大部分种类的鲨鱼皮肤坚硬，呈暗灰色，牙齿状鳞片使皮肤显得粗糙。尾部强壮有力，不对称、上翘；鳍呈尖状；吻尖，前突，吻下有新月形嘴及三角形尖牙。鲨鱼和硬骨鱼类的不同之处是，它们没有鳔来控制浮潜。如果停止游泳，大部分的鲨鱼会往下沉。为了增大在水中的浮力，鲨鱼的肝内具有大量的油。鲨鱼的体型不一，身长小至18cm，大至18m。鲸鲨是海中最大的鲨鱼(同时也是世界最大的鱼类)，一般长成后身长可达12m。虽然鲸鲨的体型庞大，它的牙齿在鲨鱼中却是最小的。最小的鲨鱼是侏儒角鲨，小到可以放在手上。它长20~27cm，重量还不到500g。

鲨鱼嗅觉系统发达。它在海水中对气味，尤其对血腥味特别敏感，它能嗅出水中百万分之一浓度的血肉腥味来，其灵敏的嗅觉可嗅出数公里外的受伤人的存在和海洋动物的血腥味。鲨鱼的牙齿结构又是它的另一个独特生态之一。凡是熟悉鲨鱼的人都知道，它的牙齿像一把锋利的尖刀，能轻而易举地咬断像手指般粗的电缆。如魔鬼鲨，有着长而尖的鼻吻以及锐利的牙齿。不同种类的鲨鱼，它的牙齿大小、形状和功能几乎都不相同。因此，鱼类学家只要根据鲨鱼牙齿的形状和大小，就能判别出它是属于哪个目、属、科。

2. 鳐鱼

鳐鱼同鲨鱼一样，属于软骨鱼纲，是一类特化了的鲨类，体形扁平，呈圆或菱形，胸鳍扩大，与头部相连如翼状。背鳍与臀鳍缩小，尾鳍呈鞭状。眼睛背位，口和鳃裂均处腹位。牙齿扁平，便于压碎食物。就现在所知，全部鳐类鱼均为卵生，其卵又称“美人鱼的荷包”，常见于海滩，长方形，有革质壳保护。鳐鱼体型大小各异：小鳐成体仅50cm，大鳐可长达2.5m。鳐鱼无害，底栖，常常部分埋于水底沙中。游动时靠胸鳍作优美的波浪状摆动前进。以软体动物、甲壳类和鱼类为食，由上面突然下冲，扑捕猎物。1.8亿年前，鳐鱼是鲨鱼的同类，但为了适应海底生活，长期将身体藏在海底沙地里，便慢慢进化成现在这个模样。

2.2.3.3 海狮、海豹表演

走完海底隧道，游客们可以到表演区休息一下，在优美的旋律中欣赏海狮、海豹表演的水上芭蕾、顶球、套圈、滚桶等拿手绝活，感受海狮、海豹的机智灵巧和活泼可爱。海豹、海狮、海狗及海象关系很近，同属于哺乳纲鳍足目，都有适合于水中活动的流线型身体，腿部变成鳍状，肉食性动物。它们和其他哺乳动物最大的不同点是，鳍脚类大部分时间都在水中生活，只有休息及进行交配时才回到陆地上，有些种类甚至连交配都是在水中进行的，尽管如此，但是在快要生产小宝宝时，雌海狮还需回到陆地上生产。鳍足类的祖先，原是在数千万年前生活在陆地上的哺乳动物，由于环境变化，逐渐变成现在的样子。鳍足类动物可分为3科：第一类是外耳壳完全退化的海豹科，第二类是耳壳很小的海狮科，第三类是海象科，那怎么分辨它们呢?

1. 在陆地只能爬行的海豹

海豹的躯体呈流线型，前脚比后脚短，覆有毛的鳍脚皆有指甲，指甲为5趾。耳朵变得极小或退化成只剩下两个洞，游泳时可自由开闭。游泳时大都靠后脚，但后脚不能向前弯曲，脚跟已退化，与海狮及海狗等不同，不能行走。所以，当它在陆地上行走时，总是拖着累赘的后肢，将身体弯曲爬行，并在地面上留下一行扭曲的痕迹。海豹主要分布在北极、南极周围附近及温带或热带海洋中，目前所知10属19种。

2. 可在陆地上行走的海狮及海狗

海狮和海狗同属于海狮科，共有7属14种(5种海狮和8~9种海狗)，分布在世界各大洋多岩礁的海岸，两者外形大体相似。它们和海豹的差别为：海狮及海狗的鳍状后肢可朝向前方，所以能够在陆地上行走，而海豹则不能。此外，有如小指头般的耳朵也是海豹、海象所没有的特征。因雄性颈部密生漂亮的鬃毛，故名为海狮科。海狮易与人类亲近，记忆力不错，可以饲养学艺。海狮的毛粗硬无绒毛，能防湿，毛皮仅可作防水用具，没有什么价值。海狗很像海狮，全身覆有绒毛，脸很短是其特征。海狗与海狮不同，不会学艺。但因为它们的皮毛柔软、漂亮，往往招致猎人的捕杀以获取暴利，目前在严格的国际法令保护下，族群数目正逐渐恢复中。

3. 长牙的海象

海象科只含海象1属1种，生活在北极海域。海象最引人注目的是那一对巨大的长牙，雄雌皆很大，这是它和其他鳍脚类动物不同的地方。这对长牙其实是自上颚长出犬齿，如象牙般，一生都长得不停。如挖掘食物、攀登岩石或攻击敌人时，它的牙是不可或缺的工具或武器。海象的前脚很长，约占体长的1/4，后脚可向前折曲，故可以在陆地上行走。耳朵只是稍厚的皮肤，没有软骨支撑(与海豹相似)。硕大的身体(仅次于象鼻海豹)，一天到晚在冰上或海岸上睡懒觉，看着很笨重，但在水中却能很敏捷地活动。海象的分娩是在海中进行的。人类为了取用它们的长牙、油脂及肉，在大量捕杀下，现存数量已经非常少了。

2.2.3.4 珍稀海洋生物

太原海洋馆还有一些珍贵的海洋生物。如“鲎”。鲎(hòu)也称马蹄蟹。海生节肢动物，形似蟹，身体呈青褐色或暗褐色，包被硬质甲壳，有4只眼睛，其中2只是复眼，头胸甲前端有0.5mm的两只小眼睛，对紫外光最敏感，只用来感知亮度，头胸甲两侧有一

对大复眼。虽然鲎可以背朝下拍动鳃片以推进身体游泳，但通常将身体弯成弓形，钻入泥中，然后用尾剑和最后一对步足推动身体前进。鲎的祖先出现在地质历史时期古生代的泥盆纪，当时恐龙尚未崛起，原始鱼类刚刚问世，随着时间的推移，与它同时代的动物或进化或灭绝，而唯独只有鲎从4亿多年前问世至今仍保留其原始而古老的相貌，所以鲎有“活化石”之称。鲎与蝎、蜘蛛以及已绝灭的三叶虫有亲缘关系。鲎具有很高的药用价值。

拓展阅读

导游词结构

一篇完整的导游词，其结构一般包括习惯用语、概括介绍、重点讲解3个部分。

1. 习惯用语

习惯用语又分为两个部分——见面时的开头语和离别时的告别语。

开头语包括问候语、欢迎语、介绍语、游览注意事项和对游客的希望5个方面，放在导游词的最前面。

(1) 开头语

①介绍自己或旅行社。

②介绍司机和车型、车号。

③介绍旅游时间，地点和行程安排。

④表示欢迎。

(2) 告别语

①总结旅游情况。

②感谢游客配合。

③希望提出意见。

④表示依依惜别。

2. 概括介绍

概括介绍是用概述法介绍旅游景点的位置、范围、地位、意义、历史、现状和发展前景等，目的是帮助旅游者对景点先有个总体了解，引起游览兴趣，犹如“未成曲调先有情”。概括介绍应根据时间和游客情况，可长可短，可详可略(可根据需求所变)。

3. 重点讲解

重点讲解是对旅游线路上的重点景观从景点成因、历史传说、文化背景、审美功能等方面进行详细的讲解，使旅游者对旅游目的地有一个全面、正确的了解，同时要提醒旅游者注意自己携带的东西，保管好自己随身的物品，这是导游词最重要的组成部分。

探索实践

1. 将学生分3组，分别查找常见温带淡水观赏鱼、热带淡水观赏鱼、热带海水观赏鱼的图片和简介，并展示。

2. 观察海狮、海豹表演(视频)，并生动讲解。

3. 查阅目前海南省海底旅游业的发展情况。

边学边练

1. 鱼常常在黎明前浮头或者跳出水面，天亮以后停止浮头，请问原因是(　　)。
   A. 清晨水中含氧量最少，天亮以后氧气充足
   B. 在水中睡了一夜觉，清晨到水面寻食
   C. 清晨水面比较安全，天亮以后会被敌害发现
   D. 趁清晨空气清新，到水面嬉戏
2. 下列关于鱼尾鳍的作用，叙述正确的是(　　)。
   A. 产生前进的动力，控制前进的方向　　B. 维持鱼体的直立状态
   C. 帮助鱼体转换方向　　D. 维持鱼体的平衡
3. 有同学将黄鳝、鲫鱼、带鱼归为一类，把甲鱼、鳄鱼、蛇归为一类，分类的依据是(　　)。
   A. 体表有无鳞片　　B. 有无脊椎骨　　C. 用鳃或肺呼吸　　D. 体温是否恒定
4. 鱼在水中不停地喝水，其目的是(　　)。
   A. 解渴　　B. 呼吸和摄食
   C. 为了能使身体前进　　D. 调节身体平衡，不至于下沉
5. 下列动物中用鳃呼吸的是(　　)。
   A. 鳙鱼　　B. 鳄鱼　　C. 娃娃鱼　　D. 鲸鱼

项目 3　两栖馆旅游

教学目标

☞ 知识目标　1. 两栖动物的分类；
2. 两栖动物的主要特点；
3. 两栖动物的生态习性；
4. 青蛙和蟾蜍的异同；
5. 青蛙和蟾蜍的文化价值；
6. 大鲵的特征、习性和保护价值。

☞ 能力目标　1. 掌握青蛙和蟾蜍的异同；
2. 掌握青蛙和蟾蜍的文化价值；
3. 能讲解大鲵的特性。

☞ 素质目标　1. 具有爱护、保护两栖动物的意识；
2. 具有讲解员的基本素质。

教学重点和难点

1. 青蛙和蟾蜍的异同；
2. 青蛙文化价值；
3. 大鲵的讲解。

任务 3.1　两栖动物认知

【任务导入】

四川峨眉山世界珍稀动物“髭蟾蝌蚪”竟成盘中餐

2014 年 11 月，网上报道峨眉山景区报国寺附近一些餐馆里售卖约食指大小的“蛙鱼”“蝌蚪鱼”，风味独特受到许多游客的喜爱。此事在网上持续发酵后，峨眉山景区管委会林农水利局与峨眉山景区森林派出所联合行动，对景区报国寺区域的餐馆展开突击检查。经专家鉴定，其实“蛙鱼”不是鱼，是峨眉髭蟾的蝌蚪，是世界级的珍稀动物。调查查获了4家餐馆正在出售疑似峨眉髭蟾幼体，暂扣总量达数百条约3kg。随后，除选取10条留样进一步完善证据外，对其余蝌蚪进行了放生。执法人员对涉事餐馆负责人进行了批评教育和罚款，同时就野生动物保护法规和知识进行了宣传。中国科学院成都生物研究所两栖爬行动物保护协会从权威角度对峨眉髭蟾进行科普。

【任务分析】

峨眉髭蟾蝌蚪全长可达91mm，其中头部和身体约长31mm，是国内最大的蝌蚪之一，背部为深棕色，尾部为灰棕色，有深色斑，体尾交界处有浅色的“Y”形斑。每年11月上、中旬繁殖。而此时多数两栖动物早已进入冬眠，髭蟾的这种习性相当奇特。发情期时，上颌边缘都会长出8~11枚黑色角质刺，又叫胡子蛙、中国角怪、世界上长有最多胡子的蛙。动物学家刘承钊于1938年首次发现，并最终于1945年定名了峨眉髭蟾这一物种，称为“峨眉髭蟾”是因为峨眉山是髭蟾的科学发现地。它分布于四川、贵州、云南、湖南、广西等地，是我国特有的珍稀蟾类。髭蟾在山溪内才抱对、产卵，受精卵约经一个月孵出蝌蚪，发育缓慢，约3年才变态为幼蟾。由于其蝌蚪期长，易遭天敌吞食，成活率低，为此被定义为中国特有珍稀濒危两栖动物，于2000年列入国家林业局发布的保护名录，2005年被世界自然保护联盟红色名录列为濒危等级。

此事说明部分经营者和游客，在野生动物保护方面知识欠缺、意识淡薄，同时也说明我们的监管存在不足。两栖动物是内陆水域旅游中常见的动物物种，了解两栖动物的形态特征、生物学特性和文化价值等，有助于更好地保护动物资源。

知识卡片

3.1.1 两栖动物的结构特征

3.1.1.1 两栖动物的形态结构

两栖动物由鱼类进化而来，是脊椎动物从水栖到陆栖的过渡类型，是最早登陆的四足动物。长期的物种进化使两栖动物既能活跃在陆地上，又能游动于水中，故称为两栖，具有水生与陆生双重特征。身体分头、颈、躯干、尾4个部分。幼体在水中生活，以鳃呼吸，没有成对的附肢。成体有肺，有五趾型附肢，无爪。皮肤裸露无鳞，但是可以分泌黏液以保持身体的湿润。经变态发育后，成体皮肤富有血管，可以用来辅助呼吸。两栖动物虽然可以爬上陆地生活，因为其皮肤气孔会释放体内水分，所以不能一生离水。同时，两栖动物的皮肤中含有多种色素细胞，有助于其形成保护色，躲避天敌。心脏两心房一心室，动静脉血不能完全分开，为不完全双循环。多数两栖动物弹跳力发达，据统计，青蛙跳远的距离为自身体长的36倍，相当于一个孩子无助跑的情况下，从足球场一头跳到另一头。青蛙跳跃时通常会闭上眼睛，可能是为了安全起见。两栖动物的体温不恒定，属于变温动物，外界温度低于12℃时即进入泥土中冬眠。

1. 两栖动物初步适应陆地生活的特点

(1)发展出肺呼吸，用肺呼吸空气中的氧气；血液由单循环进化为不完善的双循环。

(2)皮肤初步角质化，一定程度上防止水分蒸发。

(3)发展出五趾型附肢，能支撑体重及推动身体爬行。

(4)发展出适应陆生的感官和神经系统，尤其是听觉系统，发展了中耳，大脑半球完全分开。

2. 两栖动物适应陆地生活的不完善方面

(1)皮肤角质化程度低，不能完全防止水分蒸发，所以还不能离开潮湿环境。

(2)不能陆地繁殖，必须回到水中生殖，卵子水中受精，幼体在水中发育和生活。

(3)五趾型附肢较原始，四肢不能将躯体抬离地面，运动能力不强。

(4)肺呼吸不够完善，还必须有皮肤辅助呼吸。

(5)体温随外界稳定的变化而变化，变温动物。

3.1.1.2　两栖动物的感觉系统

两栖动物的眼球角膜呈凸形，水晶体略呈扁形，这有助于将远处的物体聚焦。陆栖的蛙类有可活动的眼睑及泪腺，水栖种类无，只能看到黑白两色。大多数蛙类、蟾蜍和蝾螈都有良好的视力。洞穴蝾螈因长期生活在黑暗的环境中，逐渐丧失了眼睛的功用，但陆地生活的蝾螈都有良好的视力，用以发现行动缓慢的猎物。蛙类、蟾蜍的眼睛很大，能及时注意到危险或者发现猎物。许多两栖动物都有极灵敏的听力能帮助它们分辨求偶的鸣声和正在靠近的敌害发出的声音。

两栖动物还具有触觉、味觉和嗅觉系统，它们能感知紫外线和红外线，以及地球的磁场。通过触觉，它们能感知温度和痛楚，能对刺激作出反应。它们可以通过一种叫侧线的感觉系统感觉外界水压的变化，了解周围物体的动向。又如蝾螈，在头上有感觉触须，可以帮助它们嗅出和发现周围道路的情况。

3.1.1.3　两栖动物的繁殖与生长

两栖动物体外受精，受精过程称为抱对。卵生，卵没有卵壳，受精卵产于水中，繁殖时候需要在水中生殖和发育。卵孵化成蝌蚪后，经过 6 周左右时间长出后肢，再经 24 周左右时间长出前肢，再经 12 周左右，尾巴退化成为青蛙。还有种达尔文蛙将卵含在嘴里孵化直至成体。刚从卵里出来的幼体形态似鱼(如蝌蚪)用鳃呼吸，有侧线，依靠尾鳍游泳。然后经变态才能到陆地生活。一般来说，它们最后会离开水，但是并非所有两栖动物都是这样。有些两栖动物(如大鲵)虽然能在陆地上行走，但更喜欢生活在水中。

3.1.1.4　两栖动物的防卫机制

两栖动物拥有柔软的身体及薄的皮肤，既没有爪，也没有防御性的硬甲或刺状物，令它们产生没有防卫机制的错觉。但事实上它们却演化出不同的防卫机制去保护自己。蝾螈及青蛙的第一道防线为它们所制造的黏液分泌。这令它们的皮肤湿润并且难于捕捉。这些分泌物除了黏稠外，也有难吃的味道，甚至带有毒性。蛇在吞食非洲爪蟾时被逼张大嘴巴，从而让青蛙有逃走的机会。扁尾盲游蚓螈的毒素能杀死猎食它的鱼类。部分蝾螈的皮肤是有毒的。在北美洲生活的粗皮渍螈及其同属物种均能制造出强力的神经毒素——河豚毒素，这种为已知非蛋白质最毒的物质。鱼类、青蛙、爬虫类、鸟类及哺乳类动物均对其无招架之力。束带蛇是少数能抵受这种毒性的生物。部分青蛙与蟾蜍也是有毒的，而它们的藏毒腺体多在颈的两侧及背部的疣上。这些区域都是显而易见，以向攻击者表示警告。此外，这些分泌物也会带来特别的气味或引起不同的物理及神经方面的症状。

有毒两栖物种多以鲜艳的颜色去警告捕猎者。其他两栖动物则善用不同的伪装避免被发现。这些物种多有斑驳的棕色、灰色或橄榄色等以混合于背景中。另一为人所知的防卫机制为自割尾巴以便逃脱。一些两栖动物的尾巴有独特的结构，以便它们在危难时被移离身体。一般而言被自割的尾巴都能够再生，但所需的能量不菲。一些青蛙及蟾蜍则透过吸入大量空气令身体膨胀，使它们的外观变得巨大及凶猛，一些锄足蟾甚至会发出叫声并主动跳向攻击者。大鲵等物种都有尖锐的牙齿，并能在防制性的咬击中令对手流血受伤。金剑蛙是最毒的蛙，体黄色，一只金剑蛙身上的毒可以毒死100人。也有一些蛙主要采取躲避方式避敌，如沙漠中的蛙做壳来保持水分，可在里面待7年之久。

3.1.1.5　两栖动物的捕食行为

大部分两栖动物都能透过弹出口腔内可伸展的舌头去捕捉猎物，其带有黏性的舌尖能很好地黏着猎物并将其带回口中。一些物种会以惯性去协助它们吞咽，它们会反复将头部快速伸前以制造推力，从而令惯性将猎物吞进食道中。由于大部分的两栖动物都不会咀嚼猎物，而是整支的吞进食道中，因此它们多有一个特别大的胃部。两栖动物都是食肉动物，一般以蠕虫、蜘蛛和昆虫为食。较大一点的两栖动物还以小的爬行动物、哺乳动物甚至螃蟹为食物。

3.1.2　两栖动物的分类

与动物界中其他种类相比，地球上现存的两栖动物的物种较少，目前正式被确认的种类约有4350种，分无足目、有尾目和无尾目三目。两栖动物中90%都是青蛙和产出的近亲。

3.1.2.1　无足目

无足目又称蚓螈目。是现代两栖动物中最低等、最奇特、人们了解最少的一类。蚓螈完全没有四肢，是现存唯一完全没有四肢的两栖动物，带骨退化，也基本无尾或仅有极短的尾，身体细长且身上有很多环褶，看起来极似蚯蚓，多数蚓螈也像蚯蚓一样穴居，生活在湿润的土壤中。蚓螈虽然有眼睛，但是比较退化，有些隐藏于皮下或被薄骨覆盖，而在鼻和眼之间有可以伸缩的触突，可能起到嗅觉的作用。一些蚓螈背面的环褶间有小的骨质真皮鳞，这是比较原始的特征，也是现代两栖动物中唯一有鳞的代表。所有的蚓螈都是肉食性动物，主要捕食土壤中的蚯蚓和昆虫幼虫。不少蚓螈是卵胎生，但是也有一些是卵生。中国仅有1科1种，即云南西双版纳的版纳鱼螈，是我国无足目的唯一代表。1974年最早见于云南，后在广西、广东均有发现。

3.1.2.2　有尾目

有尾目是两栖动物中最不特化的一目，体型似蜥蜴，体长形，颈短，躯干长，终生有尾，尾侧扁，有四肢或仅有前肢，无眼睑或眼睑不能活动，舌一般不能自由伸出。幼体与成体比较近似，多数种类终生生活在水中，一部分种类经过变态后，离开水到潮湿的陆地上生活。幼体用鳃呼吸，成体用肺呼吸，也有一些种类终生有鳃而缺少肺。肉食性，多靠嗅觉捕食。分布在热带、温带地区，全世界有9科350种，我国有3科38种。大鲵科、小鲵科、蝾螈科都属于本目。有尾目成员中的个体差异是两栖动物中最大的，其中最大的中国大鲵身长可达1.8m，而最小的墨西哥的一些索里螈身长不到3cm。

蝾螈又称火蜥蜴，体形和蜥蜴相似，但体表没有鳞，大部分栖息在淡水和沼泽地区，喜欢潮湿环境，会冬眠。它与蛙类不同，一生都长着一条长尾巴。蝾螈有假死性。视觉较差，主要依靠嗅觉捕食，以蝌蚪、蛙、小鱼、水蚤等为食。求偶时，雄性蝾螈先咬住雌性蝾螈的脖子，同时注入一种类似春药的液体，使雌蝾螈一直跟着雄蝾螈直至排卵受精。

3.1.2.3 无尾目

无尾目包括现代两栖动物中绝大多数的种类，是现代两栖类中较为高等、种类最多、分布最广的一目。无尾目的成员体型大体相似，而与其他动物均相差甚远，仅从外形上就不会与其他动物混淆。无尾目幼体和成体则区别甚大，幼体即蝌蚪有尾无足，成体无尾而有发达的四肢，后肢强大，适于跳跃或游泳。幼体用鳃呼吸，经过变态，成体主要用肺呼吸，但多数皮肤也有部分呼吸功能。无尾目是生物从水中走上陆地的第一步，比其他两栖纲生物要先进，虽然多数已经可以离开水生活，但繁殖仍然离不开水，卵需要在水中经过变态才能成长，因此不如爬行纲动物先进，爬行纲动物已经可以完全离开水生活。无尾目的成员统称蛙和蟾蜍，蛙和蟾蜍这两个词并不是科学意义上的划分，从狭义上说两者分别指蛙科和蟾蜍科的成员，但是无尾目远不止这两个科，而其成员都冠以蛙和蟾蜍的称呼，一般来说，皮肤比较光滑、身体比较苗条而善于跳跃的称为蛙，而皮肤比较粗糙、身体比较臃肿而不善跳跃的称为蟾蜍，实际上有些科同时具有这两类成员，在描述无尾目的成员时，多数可以统称为蛙。中国常见的种类有黑斑蛙、金线蛙、林蛙(图 3-1)、雨蛙、树蛙、花背蟾蜍等。

图 3-1 林蛙

无尾目历史悠久，三叠纪便已经出现，直到现代仍然繁盛，除了两极、大洋和极端干旱的沙漠以外，世界各地都能见到，但在热带地区和南半球尤其是拉丁美洲最为丰富，其次是非洲。无尾目动物体型悬殊，最大的非洲巨蛙体长可达 33cm，最小的青蛙体长仅有 7.7mm(2012 年，美国科学家刚刚在大洋洲的巴布亚新几内亚的潮湿雨林中发现，同时，科学家也不排除会发现更小青蛙的可能)。此外，还有一部分无尾目动物有毒，个别品种如箭毒蛙还具有非常强的毒性，极具危险性。无尾目可分为始蛙亚目和新蛙亚目。

1. 始蛙亚目

始蛙亚目中的成员都有未与脊椎愈合的肋骨出现，是无尾目中比较原始的类型，包括滑跖蟾科、盘舌蟾科、负子蟾科、异舌蟾科、锄足蟾科、合附蟾科等。其中，滑跖蟾类被认为是最原始的无尾目动物，锄足蟾类被认为是处于原始类型和进步类型之间的过渡类型。

2. 新蛙亚目

新蛙亚目包括了无尾目中 96% 的种类，其分布遍及世界各地，甚至包括一些偏僻的岛屿，只是不出现在新西兰，在新西兰只有始蛙亚目而没有新蛙亚目。新蛙亚目的成员主要分布于热带地区和南半球，其中以拉丁美洲种类最为丰富，包括细趾蟾科、龟蟾科、塞舌蛙科、沼蟾科、雨蛙科、附蛙科、疣蛙科、短头蟾科、多指节蟾科、箭毒蛙科、蟾蜍科、蛙科、树蛙科、非洲树蛙科、节蛙科、姬蛙科等。

(1)非洲巨蛙。非洲巨蛙是世界上最大的无尾目动物，栖息于喀麦隆西南部和赤道几内亚北部炎热潮湿的原始森林和大河中，几乎不会离开水边生活。它的身体从鼻尖至肛门最大长度可达到 33cm，到脚尖可达 100cm，体重可达 3kg。以昆虫、蝎子、甲壳类或其他蛙类为食。这种巨蛙的生活环境十分特别，只有在年平均温度25~29℃之间的森林里才能生存。但是，近30年来，由于这些地区村民砍伐森林和开荒种田，致使巨蛙生活的环境遭到严重破坏，加上人类的大肆捕杀，非洲巨蛙正面临灭顶之灾。

(2)箭毒蛙。箭毒蛙是全球最美丽的青蛙，同时也是毒性最强的物种之一。它们的体型很小，最小的仅有1.5cm，个别种类也可达到6cm。箭毒蛙通身鲜明多彩，为黑与艳红、黄、橙、粉红、绿、蓝的结合，其中以柠檬黄最为耀眼和突出，这是对掠食者的一种警告。箭毒蛙主要分布在中美洲和南美洲的热带雨林中，因为当地部族将它们身上的毒素涂在箭上得名。它的食物以残翅果蝇、蚂蚁和蟋蟀为主。其毒性也主要来自它们的天然食物，如蜘蛛类，蜘蛛的毒性会被箭毒蛙吸收转化为自身的毒液。最毒的箭毒蛙是金色箭毒蛙，仅分布于南美洲哥伦比亚西北部，它比一般箭毒蛙强20倍。一只金色箭毒蛙所含有的生物碱毒素约2mg，此剂量可以杀死20 000只实验用的老鼠、20个人或者2头非洲雄象。

3.1.3 蛙与蟾蜍的异同

无尾目的成员统称蛙和蟾蜍，蛙和蟾蜍这两个词并不是科学意义上的划分，从狭义上说二者分别指蛙科和蟾蜍科的成员，无尾目的成员都冠以蛙和蟾蜍的称呼，无尾目的有些科就同时具有上述这两类成员。

3.1.3.1 相同之处

青蛙和蟾蜍形态相同，皆具有两栖纲形态基本特征。体表密布腺体，至于毒液，青蛙和蟾蜍都有，通过体表腺体中的一种(毒腺)分泌产生。但并非每一种蛙和蟾都有毒腺，分泌物的毒性大小也有区别。并且往往毒性越大的蛙和蟾颜色越鲜艳。

3.1.3.2 不同之处

一般来说，蛙的体形较苗条，头呈锐角三角形，体表光滑，后肢发达，脚趾很长，脚趾间有蹼，多善于游泳，善于跳跃；蟾蜍体型较粗短，头呈钝角三角形，皮肤多粗糙，后肢不发达，多在陆地生活，以爬行为主，不善于跳跃。在蟾蜍身上，适应于陆地干燥环境，腺体往往形成疙瘩状(因此称“癞”)，体表也没有黏液样的东西覆盖，通常身体色泽灰暗；而蛙类则体表光滑，腺体分泌的黏液均匀地覆盖在身体上(这样利于游泳)，且很多蛙身体色泽鲜艳(但也有些颜色和蟾蜍差不多)。但是无尾目动物中有些类型处于两者之间，很难明确说明到底是蛙还是蟾。

青蛙与蟾蜍不仅外形不同，内部结构、胚胎和生态方面也有许多重要区别：

(1)肩带的类型是两栖类分类上的重要依据，青蛙的肩带为固胸型(左右上乌喙骨合并而不重叠)，蟾蜍的肩带为弧胸型(左右上乌喙骨相互重叠成弧形弯曲)。

(2)青蛙上颌有齿，犁骨上有犁齿，舌端分叉；蟾蜍上下颌及犁骨上均无齿，舌端不分叉。

(3)青蛙的卵和蟾蜍的卵，外面都包有厚的胶膜，单个时不易区分。但蟾蜍的卵产出后，常由胶膜连成带状，带上的卵排成两行或三行。青蛙的卵产出后连成片状或块状。这种卵的不同连接方式，是由它们的不同产卵习性造成的。

(4)蝌蚪方面，青蛙的蝌蚪体色较浅，口在头的前端，下唇角质齿中第一排不连接，乳状突从口侧一直延续到下唇角质齿外围，喷水孔在头后左侧；蟾蜍的蝌蚪呈黑色，口在头的前端腹面，上唇上方有三排角质齿，下排的中断不连接，下唇下方三排角质齿均连接，乳状突仅生在口外侧，喷水孔在腹面中央处。

探索实践

1. 采用视频播放方式，让学生观看两栖动物的变态、生活习性、经济价值等内容。
2. 学生补充查阅青蛙和蟾蜍文化知识和典故。

任务 3.2 两栖动物文化及旅游应用

【任务导入】

俗话说“二条腿的人好找，三条腿的蛤蟆难求”，三脚金蟾是瑞祥之物，特别之处是它只有 3 条腿。相传，瑞蟾所到之处，那里的人都必定会富庶起来；瑞蟾到了哪宅，哪宅的人便会随着飞黄腾达。三脚蟾蜍的口会吐钱，因此蟾蜍面向屋内或店铺内，可将屋外的钱财送入屋内，使本宅的财运增强，并且兼具堆金积财的运气。因此，它是最常用、最有效的催财祈福用品。“凤凰非梧桐不栖，金蟾非财地不居”，三脚金蟾所居之地，都是聚财之宝地，宅内摆放金蟾，有吸财、吐财、聚财、镇财的作用，是经商最好最能旺财运的吉祥物。神兽嘴衔两串铜钱，所吐的钱便是旺财的，意为“招财进宝、一本万利”！摆放时嘴要向宅内，代表令家人的财运增加，若果把嘴向外，便会把家中的财送出去，所以在摆放的时候，嘴要向宅内，忌向宅外。

【任务分析】

蛙和蟾蜍的文化价值很高，可以通过网络和书籍，深入了解此类知识。了解蛙和蟾蜍的文化价值，能够更好地深入挖掘两栖动物的观赏价值，丰富知识储备，提高讲解能力。

1. 了解山西常见蛙和蟾蜍种类。
2. 了解大鲵的生态习性。

知识卡片

3.2.1 两栖动物文化

3.2.1.1 青蛙的文化价值

1. 蛙神崇拜

蛙神崇拜，是源于人类对洪水灾害的祈福。我们的祖先在远古时代，生存环境极其恶劣，因此，他们唯有在精神上皈依某种神灵。这个神灵，要具备他们所不具备，但又极其渴望具备的本领，那就是水陆两栖。不怕洪水，还有强大的生殖能力，而蛙就成了这个神灵的载体。人们模仿它、崇拜它，希望获得与它一样的能力。只有这样，原始先民在精神上才有了战胜灾难的勇气。随着原始先民宗教思想的不断发展，蛙在氏族部落中深入人心的神灵形象，就自然而然的大量出现在这个时代的彩陶纹饰之中。

2. 少数民族蛙文化

蛙崇拜是少数民族原始文化的一个重要组成部分，特别在壮族地区自古以来就存在着对蛙的崇拜。

(1)神话传说中的蛙崇拜

在壮族地区，流传着许多关于蛙与本民族息息相关的神话传说和从远古流传下来的歌谣。有些是关于蛙与生育神、祖先的创世神话；有些是关于蛙与上古习俗的传说；有些是关于蛙人婚媾的神话故事；有些是关于蛙与丰饶崇拜关系的歌谣和神话传说等。在这些传说中，最值得我们注意的当是那些通过蛙人婚媾形式来表现青蛙生殖力的。

广西隆林壮族地区流传着《青蛙仙子》的传说：作为人类代表的老三一家，正面临着绝种的严峻情况。这时，黑青蛙变成人形来到了他们家中，并与勤劳的老三成婚，繁衍下了后代，使这个家庭的生殖危机得到了解决。在广西百色壮族地区流传的故事《蛤蟆皇帝》，说的是有一位风水先生家的三媳妇生下了一只蛤蟆，蛤蟆长大成人后，想娶公主为妻，于是变成了一个英俊的小伙子，如愿娶到公主，并当上了一个把国家治理得很强大的皇帝。这些神话故事都揭示了这样一个道理：青蛙能变人以及与人婚媾后所具有的巨大、神奇的生殖力量。

除了蛙人婚媾的神话故事外，壮族地区至今仍流传着许多蛙与丰饶崇拜文化有关联的歌谣和神话故事。例如流传于广西大新县壮族地区的《会说话的青蛙》、广西东兰县大同乡里龙村流传的《蚂虫另歌》等，都是描述青蛙对于人类农业生产的神奇作用。在这些神话传说中，青蛙被赋予了非凡的智慧，并被视为民族的保护神，成为了人们崇敬与歌颂的对象。

(2)节日习俗中的蛙崇拜

蛙崇拜已经渗透到壮族人民生活的各个方面。至今在壮族地区仍流传着许多与蛙崇拜有关的节日与习俗。其中最为有名的是在红水河沿岸的广西东兰、巴马、凤山和天峨一带壮族地区流传着的一年一度的祭祀蚂虫另的盛会——“蛙婆节”。壮族一般称青蛙为“蚂虫另”，对祭祀盛典中的青蛙则尊称为“蛙婆”。“蛙婆”是吉祥的象征，是母神的化身，在蚂虫另中具有崇高地位。整个节日活动以祭祀“蛙婆”为主，一般从农历正月初一(或初二)开始，持续一个月之久。由于地域差异，各地的起止时间及活动仪式不完全一样，但整个过程大体包括找蛙婆、祭蛙婆、陪蛙婆出游、葬蛙婆4个部分。

①找蛙婆　正月初一清晨，全村的男青年就全体出动到田野里找青蛙，第一个找到青蛙的人，被认为今年运气好，他必须通报众人，放七声土炮，向雷神报喜，表示他与青蛙结婚，成了雷神的女婿，故称青蛙郎。

②祭蛙婆　一般有一个主祭人，可由青蛙郎充任主祭人，把青蛙放在一个精致的小棺材内，外罩一个彩纸扎的花轿，接着把青蛙抬到村寨的公共活动场所，悬于梁上，这时人们要击铜鼓，放鞭炮，围着青蛙唱《蚂虫另歌》。

③陪蛙婆出游　人们抬着青蛙游村串户，到各家去祝贺新年，每家都要向报喜的人们赠送米、钱，有些还送粽子、彩色鸡蛋。这些东西被认为是吉祥的东西，谓之“福寿品”，要全村人共食，据说有延年益寿、祛病强身的功能。男女青年为青蛙守灵，通宵达旦地唱山歌。

④葬蛙婆　这是蛙婆节的高潮，当天清早主祭人在歌场旁边竖起一根长的竹蒿，上扎红、蓝、白三色长幡，下支高架，悬吊铜鼓，不停地敲打。大家抬着青蛙的灵柩，唱着《青蛙歌》，绕着田地转一圈，然后抬到青蛙坟安葬。

就整个“蛙婆节”而言，作为主角的青蛙在人们的心中具有非常崇高的地位。在“蛙婆节”里，青蛙具有一定的独特性，不但具有神性，同时还被视为女性(这在远古时代常是生育神的化身)。同时，在“蛙婆节”活动中，很多的内容都是围绕祈求生殖、农作物的丰收、六畜兴旺以及人类生命的健壮和寿命的延长来展开。可以说，整个“蛙婆节”自始至终都在体现壮族人民对青蛙的生殖崇拜和对丰饶的祈求。

(3)民间艺术中的蛙崇拜

壮族的许多民间艺术中都出现青蛙的形象，最为有名的是蛙纹铜鼓以及花山壁画的蛙神崇拜。铜鼓是壮民族最具代表性的文化遗存之一。在壮族聚居地区出土的所有铜鼓雕像中，以青蛙的雕像最为广泛也最为典型。一般说来，铜鼓上的青蛙雕像多为偶数，每面有4、6、8只不等。其造型并不是生活中青蛙形状的完全写实，而多带象征意味。显然，青蛙塑像装饰的铜鼓与壮族传统文化有很大的联系。有不少学者从农耕文化的角度出发，认为蛙饰铜鼓与祈雨有关。此外还有学者认为，蛙饰铜鼓不仅与祈雨有关，还与壮族先民对生殖的祈求有关。铜鼓上有一类“累蹲蛙”雕像，指的是一只大青蛙(雄蛙)背上驮一只小青蛙(雌蛙)，雌雄抱对，象征着生命的繁衍。“累蹲蛙”的出现，把壮族先民渴求生殖繁衍的愿望表现得淋漓尽致。

花山壁画是中国最大的崖画群，绘于春秋战国至汉朝时期，主要分布于左江及其支流明江流域的宁明、凭祥、龙州、大新、崇左等七县，形成大约200km的画廊，画面磅礴宏大。画幅中有人像、兽像、物像等。多数人像在0.6~1.5m之间，双脚下蹲叉开，呈八字形，双手向上平举，与人头呈山字形。整个人像酷似青蛙在水中游泳的姿势。这些画像说明了这一时期壮族先民对蛙神的浓厚兴趣以及蛙崇拜的盛行。除了蛙饰铜鼓和花山壁画，许多壮族民间雕刻、刺绣、服装上也都出现青蛙的形象。可以说，青蛙形象已经深入壮族人民的心中，并对他们的生活产生了重大的影响。

3. 青蛙的成语、寓言故事

在成语和寓言故事中，青蛙一词常常被用来形容没有吸引力、相貌丑陋及没有才能的男子，或者用拟人的手法来说明一个道理。例如，成语“坐井观天”“井底之蛙”，俗语“癞蛤蟆想吃天鹅肉”，典故“温水煮青蛙”等，在西方有青蛙王子的童话故事等。

3.2.1.2　蟾蜍的文化价值

蟾蜍对于中国古人来说，同样具有很高的文化价值和内涵。

(1)代表着健康长寿。古人认为月亮中有嫦娥、桂树、吴刚、玉兔、蟾蜍。汉人张衡《灵宪》云：“羿请不死药于西王母，嫦娥窃之以奔月……嫦娥遂托身于月，是为蟾蜍”。因此，蟾蜍与嫦娥以及不死灵丹挂上了钩。《抱朴子内篇》介绍不死灵药有5种，称为“五芝”。其中“肉芝”就是“万岁蟾蜍”。据说万岁蟾蜍的神奇，来自头上的角，即“肉芝”，效力在灵芝以上，是长生不老的仙药。

(2)代表着避邪驱乱。蟾蜍原本号不雅，貌不扬，但它生命力强，有能承载相当于身体10倍、20倍的重压的“神力”，并且它还有灵性。古人将蟾蜍的“神力”与天上盈转缺又转盈的月亮联系起来。汉代月亮画像中就伏着一只蟾蜍，他们认为月亮中的蟾蜍和人世间的安危关系密切。

(3)代表着治病驱毒。蟾蜍有毒，中医讲究“以毒攻毒”，因此，中医把蟾蜍作为一种中药材。蟾蜍之药用主要是“蟾酥”，即蟾蜍分泌的特殊毒液。看到蟾蜍身上多癞疣却活的浑然无事，古代中国医家们用“取类比相”的观点断定蟾蜍治皮肤病一定有效。

(4)代表着招财进宝。神仙列传中有一位神仙叫刘海，他是八仙吕洞宾的入门弟子，他云游四海时，收伏了一只会变钱的三只脚的蟾蜍，由于刘道长最喜布施，这只会变钱的三只脚金蟾，刚好帮他变出钱来布施贫民。因此，民间将蟾蜍视为招财进宝的风水法器。

3.2.2　两栖动物与人类的关系

青蛙是国家禁止捕杀的保护动物，但在日常生活中有不少人把青蛙肉当作补品或美味佳肴，导致一些商贩大肆捕杀青蛙。青蛙是农民的好帮手，它能保护农田，保护庄稼。青蛙一天能吃几十只害虫，一年能吃几千只甚至几万只害虫。蝌蚪生活在池塘里，也吃掉水中的很多害虫。如果我们杀死一只青蛙的话，就会有几十万只害虫逃之夭夭。捕蛙必然会破坏生态平衡，导致害虫泛滥。同时，人们为保证农作物的产量，势必大量使用各种农药，青蛙吃了一些侥幸未死的害虫后，农药便在蛙体内蓄积下来。人吃了过量蛙肉后，容易引起食物中毒。这样会给人类健康带来危害。不仅如此，很多两栖类动物还具有较高的药用价值。例如，林蛙油有改善睡眠质量的功效，蟾蜍皮对很多癌症有比较显著的疗效，青蛙输卵管干部分，即哈士膜油，被称为“绿色保健软黄金”，青蛙皮肤腺、耳后腺干燥后即为蟾酥，是有名的中药材。

作为一名生态旅游导游员，不仅需要掌握山西省珍稀两栖动物的生态习性和观赏价值，更要向游客宣传保护蛙类的重要性。

3.2.3　山西省常见蛙和蟾蜍

山西省境内常见的两栖动物共有 13 种，以蛙类和蟾蜍为主，如中国林蛙、北方狭口蛙、无指盘臭蛙、棘腹蛙、饰纹姬蛙、黑斑蛙、金线蛙、花背蟾蜍、中华蟾蜍等。

中国林蛙，又叫哈士蟆，是欧洲林蛙的中国亚种。头体和四肢较细长，行动敏捷，跳跃力强，鼓膜部有三角形黑褐色斑。体背多为土黄色，一般在疣上散有深色斑。背侧褶在鼓膜上方向外侧弯曲。以陆栖为主，常在没有强烈光照、湿润凉爽的环境中生活。以多种昆虫为食。食物主要为鞘翅类昆虫，也有少数的蜘蛛类动物。哈士蟆可算是世界上吃得最快的动物，它一分钟就能咀嚼 4000 多次。

无指盘臭蛙，是中国的特有物种。体形较大，雌雄在体形大小上差异显著，雄性体长 7cm 左右，雌性可达 10cm 以上。捕捉时会发出难闻的气味。颜色随环境变异，一般为浅棕色，背面散有暗绿色网状斑纹，或“之”字花斑。腹面颜色浅黄、灰黄色或灰褐色。四肢腹面有灰褐色斑。白昼隐伏在岸边大石隙间及溪边草丛中，或在溪的岸边将头露出水面，受惊扰后跳入水中或潜入穴中。蝌蚪一般都栖息在山溪水流较缓或回水的绿藻下面或石块下。栖息于海拔 720~3200m 山中、小型山溪内，成蛙白昼隐伏在岸边大石隙间或溪边草丛中，有时栖于岸边仅露出头部，夜间在岩石上或溪流岸边土坎上常可发现。

3.2.4　珍稀两栖动物——大鲵

除了常见的青蛙和蟾蜍之外，山西省还分布有国家二级保护两栖野生动物——大鲵

(图3-2)。

图3-2 大鲵

3.2.4.1 大鲵的分布区

大鲵，是世界上现存最大的也是最珍贵的两栖动物。它的叫声很像幼儿哭声，因此又叫它“娃娃鱼”。大鲵是国家二级保护两栖野生动物，是农业产业化和特色农业重点开发及野生动物基因保护品种。中国大鲵除西藏、内蒙古、台湾未见报道外，其余省份均有分布，主要产于长江、黄河及珠江中上游支流的山涧溪流中。运城市垣曲县是山西省境内野生大鲵的主要分布地。

3.2.4.2 大鲵的形态特征

大鲵，是两栖动物中体形最大的一种，全长可达1m及以上，体重最重的可超百斤。外形有点类似蜥蜴，只是相比之下更肥壮扁平。大鲵头部扁平、钝圆，口大，眼不发达，无眼睑。身体前部扁平，至尾部逐渐转为侧扁。体两侧有明显的肤褶，四肢短扁，前肢4指，后肢5趾，具微蹼。尾圆形，尾上下有鳍状物。水中用鳃呼吸，水外用肺兼皮肤呼吸。体色可随不同的环境而变化，但一般多呈灰褐色。体表光滑无鳞，但有各种斑纹，布满黏液，身体腹面颜色浅淡。现存最大的3种大鲵：中国大鲵身长可达1.8m，日本大鲵身长可达1.5m，隐鳃鲵身长可达0.75m。

3.2.4.3 大鲵的习性

大鲵生性凶猛，肉食性，以水生昆虫、鱼、蟹、虾、蛙、蛇、鳖、鼠、鸟等为食。捕食方式为“守株待兔”。它的牙齿不能咀嚼，只是张口将食物囫囵吞下，然后在胃中慢慢消化。一般都匿居在山溪的石隙间，洞穴位于水面以下。夜间静守在滩口石堆中，一旦发现猎物经过时，便进行突然袭击，因它口中的牙齿又尖又密，猎物进入口内后很难逃掉。大鲵有很强的耐饥本领，饲养在清凉的水中二三年不进食也不会饿死。它同时也能暴食，饱餐一顿可增加体重的1/5。食物缺乏时，还会出现同类相残的现象，甚至以卵充饥。平时躲躲藏藏，喜欢躲在和自己身体的颜色一致的石子周围，免得天敌发现它。

3.2.4.4 大鲵的繁殖

雌鲵每年7~8月间产卵，卵产于岩石洞内，每尾产卵300枚以上，剩下的抚育任务就交给了雄鲵。雄鲵把身体曲成半圆状，将卵围住，以免被水冲走或遭受敌害，直至2~3周后孵化出幼鲵，15~40d后，小“娃娃鱼”分散生活，雄鲵才肯离去。大鲵的寿命在两栖动物中也是最长的，在人工饲养的条件下，能活130年之久。

3.2.4.5 大鲵的价值

1. 观赏价值

大鲵的背部色彩斑斓，前肢四指似人手，后肢五趾如人足，嘴边特大且叫声洪亮，酷似婴儿。大鲵的寿命在两栖动物中是较长的，可存活上百年，有的可达130年之久，故也有人叫他“寿星鱼”。大鲵作为观赏动物历来为人民所喜爱，可使公园、动物园和游览区增加新奇的景观。2013年，张家界为一条大鲵“笨笨”申报吉尼斯世界纪录。这条取名“笨笨”的中国大鲵，2005年曾在张家界国际森林保护节上与公众见面，当时展出时长约

180cm，重约65kg。随着大鲵“笨笨”年老体弱，怕光怕人，“笨笨”被放回张家界国家大鲵自然保护区内的纯天然溶洞里生活。目前，娃娃鱼“笨笨”已近130岁的高龄，体长近2m，是迄今为止国内发现的最大大鲵。

2. 科研价值

大鲵是3亿年前与恐龙同一时代生存并延续下来的珍稀物种，也是现存最大的两栖类动物，被称为“活化石”。大鲵的心脏构造特殊，已经出现了一些爬行类的特征，具有重要的研究价值。

3. 经济价值

大鲵不仅具有较高的观赏价值和研究价值，而且具有较高的药用和食用价值。大鲵是一种传统名贵药用动物，其肌肉、内脏、骨骼、表皮及其分泌物均可入药，在历代方石中多有记载。如《本草纲目》中有“鳞目、四部、大鲵……以痴疾”。《本草经集注》《本草拾遗》等药典中也有“治痴疾、治牛、治斑疾”的描述，表明了大鲵入药在提高智力、美容、益肤方面有显著功能。中医认为，大鲵性甘平味淡，有补气、养血、益智、滋补、强壮之功效，主治神经衰弱、贫血、痢疾、疟疾等，用于病后、产后身体虚弱，肾虚阴亏，肺痨咯血，久痢脱肛等。现代医学认为，大鲵体内含有50多种天然活性物，能够促进人体生理活性，改善人体生理代谢水平，促进人体蛋白质合成，提高人体免疫功能，增强抗病能力。大鲵被专家誉为“水中人参”“软黄金”，在中国香港、台湾及东南亚市场上被视为珍稀补品。

这里要郑重说明一点的是，大鲵是国家二级保护两栖野生动物，严禁捕杀和食用，否则将是违法行为，会受到法律严惩。根据《中华人民共和国野生动物保护法》和《中华人民共和国水生野生动物保护实施条例》的规定，“驯养繁殖国家重点保护野生动物的，应当持有许可证”，因此，养殖大鲵前必须事先向有关部门申请获取养殖许可证。只有经过政府部门批准成立的大鲵养殖中心所人工饲养繁殖的子二代大鲵才可以买卖和食用。

拓展阅读

大陆首次人工繁育历山野生大鲵

2015年，运城市垣曲县大鲵繁育基地经过3年的培育，成功繁育出国家二级保护动物历山野生大鲵1040尾，实现了历山野生大鲵在我省人工繁育的历史性突破。历山大鲵种群资源比较古老，但是近年来由于环境变化、人为破坏等因素，历山大鲵正在不断减少。为避免这一具有地标意义的古老水生物种走向绝迹，山西省水利厅先后投资70万元，扶持历山大鲵的保护和繁育。2011年，山西历山旅游投资有限公司开始对历山大鲵的繁殖、驯养、保护进行专项研究，其繁育基地就建在大鲵主要栖息地之一的白寺沟河的中下游，引入河水，采用历山野生大鲵为种鱼，用仿生态繁育池饲养。据垣曲历山大鲵繁育基地工作人员介绍，娃娃鱼为体外受精卵生，其寿命可达100年，但繁育期只有10年左右，即5~15年的成年鱼。每只成年娃娃鱼最大繁殖力为每年1次，每次最多500~800尾。此次成功繁育出的1040尾历山大鲵鱼苗，实现了历山野生大鲵在我省人工繁育的历史性突破。据悉，2015年，垣曲大鲵繁育基地将实现人工繁育大鲵育苗的野外放流，以逐步扩大历山野生大鲵种群。

探索实践

1. 通过观看视频和图片，了解大鲵的生态习性和观赏价值。
2. 撰写大鲵的讲解词。
3. 撰写蛙和蟾蜍的讲解词。

边学边练

一、选择题

1. 辛弃疾的词中写到“稻花香里说丰年，听取蛙声一片”这里的蛙声实际上是指(　)。

   A. 雌蛙的鸣叫　　B. 雄蛙的鸣叫

   C. 雌蛙和雄蛙的鸣叫　　D. 蝌蚪的鸣叫

2. 蜥蜴自动断尾的行为是一种(　　　)。

   A. 再生　　B. 对陆生生活的适应

   C. 保护性反应　　D. 繁殖新个体的方式

3. 冷血动物的体温能随环境温度的变化而变化，下列属于冷血动物的是(　)。

   A. 蝙蝠　　B. 麻雀　　C. 青蛙　　D. 猫

二、简答题

1. 写出有关蛙和蟾蜍的 10 个成语。
2. 写出有关蛙和蟾蜍的 1 个典故。

项目 4　爬行馆旅游

教学目标

☞ **知识目标**　1. 爬行动物的主要特征；
2. 爬行动物的分类；
3. 鳄鱼文化；
4. 龟鳖文化；
5. 毒蛇的识别与防治；
6. 恐龙知识。

☞ **能力目标**　1. 区别有毒、无毒蛇的能力；
2. 蛇伤简单救护的能力；
3. 恐龙讲解词的撰写能力。

☞ **素质目标**　1. 团队合作意识；
2. 爱护、保护动物的意识；
3. 讲解员的基本素质。

教学重点和难点

1. 有毒、无毒蛇的识别；
2. 野外蛇伤救护；
3. 恐龙知识。

任务 4.1　爬行动物认知

【任务导入】

蛇是最令人爱恨交加的动物之一，几乎在世界上所有的文明里都有蛇文化的存在，在西方文明里它是邪恶与权力的化身；在印度教里蛇是三大主神之一；在玛雅文明里它是法力无边的神灵；在以色列这个神奇的国度，推出了“蛇式按摩”的独特服务，据说，蛇爬在身上的感觉让人很舒服；马来西亚槟城有一座蛇庙，有无数条青蛇爬进庙内居住，尤其是当清水祖师宝诞时，更有无数的青蛇从后山林子里涌入庙内，从不伤人；西藏的四大圣泉之一德宗温泉，水中及四周墙内在气温较高的时候会出现许多药蛇，药蛇增加水的治病功能，但千年来从未伤过一人。在那里，你会发现蛇其实并没有那么可怕。

【任务分析】

爬行动物是第一批真正摆脱水生环境，完全适应陆地生活的变温脊椎动物。了解爬行动物生物生态学特性及其文化知识，有助于拓展生态旅游工作者知识面，提高其能力和水平。

1. 区别爬行动物和两栖动物的异同。
2. 掌握常见两栖动物的特性。

知识卡片

4.1.1 爬行动物的演化

爬行纲属脊椎动物亚门。最早期的爬行动物，出现于约3.2亿~3.1亿年前的石炭纪晚期。早期爬行动物出现后不久，根据爬行动物的头骨侧面、眼眶之后的颞颥孔之有无，数目的多少和位置的不同，出现了3个演化分支，即无孔亚纲、双孔亚纲、下孔亚纲(见表4-1)。

表4-1 爬行动物演化表

<table>
<tr><th>项目</th><th>分类</th><th colspan="2">基本情况</th></tr>
<tr><td rowspan="4">早期爬行动物</td><td>无孔亚纲</td><td colspan="2">出现于石炭纪晚期，繁盛于二叠纪，灭绝于二叠纪至三叠纪的第三次物种大灭绝事件中，仅余龟鳖类</td></tr>
<tr><td rowspan="2">双孔亚纲</td><td>主龙类</td><td>出现于石炭纪晚期，繁盛于三叠纪后期到白垩纪末期，灭绝于白垩纪至古近纪的第四次物种大灭绝事件中，仅余鳄鱼以及由主龙类兽脚亚目恐龙演化出的鸟类存活</td></tr>
<tr><td>鳞龙类</td><td>演化出调孔类海生爬行动物，以及多种陆栖小型爬行动物，如喙头蜥、蜥蜴、蛇、蚓蜥等，其中，调孔类爬行动物与恐龙同期灭绝，小型爬行动物则大部分存活</td></tr>
<tr><td>下孔亚纲</td><td>似哺乳类</td><td>出现于石炭纪末期，在二叠纪至三叠纪的第三次物种大灭绝事件中大部分死亡。下孔类兽孔目在侏罗纪晚期演化出哺乳动物，最终存活下来</td></tr>
</table>

4.1.1.1 无孔亚纲(或缺弓亚纲)

无孔亚纲是最原始的爬行动物。拥有坚硬的头颅骨，头骨侧面没有没有颞颥孔，仅有与鼻孔、眼睛、脊椎相对应的洞孔；无孔类爬行动物出现于石炭纪晚期，繁盛于二叠纪。大部分无孔类爬行动物在二叠纪至三叠纪第三次物种大灭绝事件中灭亡，龟鳖类可能是唯一幸存的无孔类爬行动物。

4.1.1.2 双孔亚纲

双孔亚纲动物的头颅骨上有两个颞颥孔，位于眼睛后方，眶后骨和鳞骨位于两孔之间。双孔类爬行动物同样出现于石炭纪晚期，在二叠纪时期，双孔类爬行动物并不繁盛、体型普遍较小。但在二叠纪末期演化出两个演化支：鳞龙形次亚纲和主龙形次亚纲。鳞龙类包含现代蜥蜴、蛇、喙头蜥，可能还有中生代已灭绝的海生爬行动物；主龙类包含现代鳄鱼、原始鸟类，以及已灭绝的翼龙目和恐龙。

4.1.1.3　下孔亚纲(或单弓亚纲)

下孔亚纲动物的头骨侧面有一个下位的颞颥孔，眶后骨和鳞骨为其上界。眼睛后方有一对窝孔，可减轻头颅骨重量，并提供颌部肌肉附着点，增加咬合力。下孔亚纲最后演化为哺乳类，因此被称为似哺乳爬行动物。下孔亚纲包括盘龙目和兽孔目。在石炭纪末期，爬行类动物成为陆地优势动物。下孔类盘龙目首先演化至较大的体型，例如基龙与异齿龙。在二叠纪中期，气候多次变迁，造成生态系统的改变，下孔类兽孔目取代盘龙目，成为陆地优势动物。

4.1.2　爬行动物的结构特征

爬行纲动物前承两栖纲的构型，后开鸟、兽两纲的发展，首次征服陆地，是第一批真正摆脱水生环境、完全适应陆生生活的变温脊椎类群。身体分头、颈、躯干、尾、四肢5部分，五趾、有爪。外形分为蜥蜴型、蛇型、龟鳖型3种类型。机体机构和机能进一步完善，鳃和侧线都已消失，呼吸用肺。初现外耳。颈部出现，头部可以灵活转动。胸部有胸廓，腹部也有腹膜肋，并连接剑胸骨或剑胸突，成为保护体腔内脏的框架。原始分节现象消失，躯干肌与四肢肌较复杂，具有陆栖动物特有肋间肌与皮肤肌。

4.1.2.1　羊膜卵

羊膜卵(图4-1)，即具有羊膜结构的卵，是爬行类、鸟类、卵生哺乳动物所产的卵。羊膜卵的特点是，在胚胎发育过程中，发生三层胚膜包围胚胎：外层称绒毛膜，内层称羊膜，另有尿囊膜。羊膜卵的出现是脊椎动物演化史上的一个飞跃。它的出现，解除了脊椎动物个体发育中对水的依赖，使脊椎动物完全陆生成为可能。

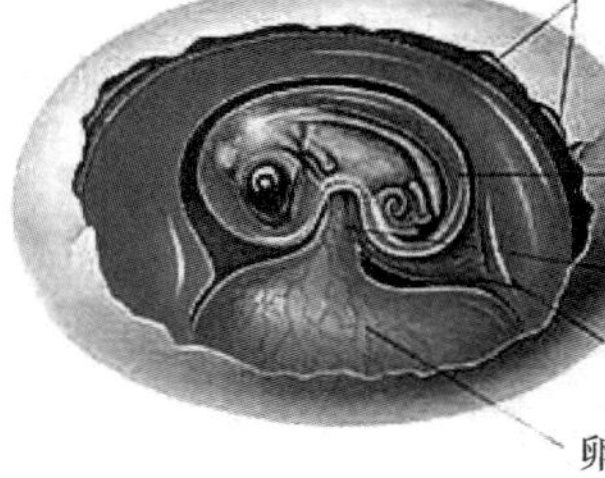

图4-1　羊膜卵

4.1.2.2　皮肤

爬行动物通常没有毛发或羽毛，皮肤干燥角质化，缺皮肤腺，除了少数的龟鳖目以外，所有的爬行动物都覆盖有一层角质鳞片(蛇、蜥蜴)或骨板(龟、鳖)，表皮厚，可以防止体内水分蒸发，因此不需要一直栖息生活在水边。皮肤无呼吸功能，主要通过扩大胸腔，完善肺功能来完成呼吸。蜥蜴和蛇有双层角质鳞，有蜕皮现象。

4.1.2.3　生殖

大部分的爬行动物都是雌雄异体，有交接器，体内受精，卵生或卵胎生，在陆地发育。它们的胚胎由羊膜所包覆，羊膜水保护幼体完全脱离水域发育生长。幼体从富含卵黄、具羊膜、有韧皮或钙质外壳的受精卵孵出。某些有鳞目动物能够用卵胎生或胎生的方式，直接生下后代。这些胎生爬行动物有更高级的抚养行为，用类似哺乳动物的方式，借由不同形式的胎盘给幼崽提供养分。

4.1.2.4　变温动物

虽然爬行动物在各方面有了明显的发展，但与哺乳动物相比，仍然是低等的羊膜动物，血液循环仍是不完全的双循环，体温调节能力弱，不能产生足够的热量以保持体温，属于体温不恒定的变温动物(棱皮龟可能是个例外)。

变温动物也称为冷血动物或外温动物，是没有体内调温系统的动物。它们主要依靠环境来吸收或散发内部的热量，如在向阳处与阴暗处之间移动，或借由循环系统把温暖的血液流动至身体内部，把较冷的血液流动至身体表层，从而维持体温的恒定。蛇、鳄鱼等较大的变温动物早上需要晒太阳以使体温升高，这样他们才能活动，因此它们几乎都是白天活动，夜间休息。因为变温动物不需要用自己的能量来取暖或降温，相比哺乳动物等温血动物，同样重量的变温动物只需要 1/10~1/3 的能量过活，只需要很少的食物就能维持生命。尽管同样的环境可以供养 10 倍于温血动物的变温动物，但这并不代表变温动物比温血动物更高级、更能适应大自然。恰恰相反，因为温血动物能够有效保持体温恒定，它们的活动时间更长，活动范围更广，从而可以找到更多的食物，存活几率变得更大。

4.1.3 爬行动物的分类

爬行纲是完全陆生动物。现代的爬行动物栖息于除了南极洲以外的每个大陆，主要分布于热带与副热带地区。现存 4 个目 6700 多种，即有喙头目、有鳞目、龟鳖目和鳄目。

4.1.3.1 喙头目

喙头目现仅存一个物种喙头蜥。喙头蜥，又名楔齿蜥，外形很像蜥蜴，其差别为有锄骨齿。喙头蜥是三叠纪初期(距今 2.5 亿年前)出现的喙头类残留下来的唯一代表，鸟头、长尾、眼睑可活动，有活化石之称。目前仅残存于新西兰北部沿海的少数小岛上，濒临绝灭边缘。

4.1.3.2 有鳞目

有鳞目是现今爬行动物中最大的目，包括蜥蜴、蛇、蚓蜥 3 类。

1. 蜥蜴

蜥蜴，俗称“四脚蛇”，是爬行纲动物中种类最多的一个类群，多数为中、小型爬行动物。一般种类四肢发达，指、趾 5 枚，末端有爪，适于爬行和挖掘。少数种类四肢退化或缺失，具长尾。有肩带及胸骨，眼睑可动。舌发达，扁平形，能伸缩，但无舌鞘。周身覆盖以表皮衍生的角质鳞片，泄殖肛孔都是一横裂，雄性都有一对交接器，都是卵生(或有部分卵胎生种类)，方骨可以活动。一些种类的尾遇敌害时常自断，断裂后可活动一段时间，以转移敌人注意力并逃脱；尾可再生，再生尾与原尾外形有异。多以昆虫或其他节肢动物、蠕虫等为食。卵生或卵胎生陆栖，也有树栖、半水栖或穴居种类。蜥蜴目动物约 3750 种，分属于 16 科，除南极洲外，广泛分布于全球。中国已知约 9 科 150 多种。

2. 蛇

蛇是无足的爬行动物的总称。所有蛇类都是肉食性动物。全身布满鳞片，身体细长，体形变长不是靠脊椎骨的延长，而是靠脊椎骨数目的增多，多达 141~435 枚。四肢退化，无可活动的眼睑，无耳孔，无四肢，无前肢带。口可以张得很大，又兼下颌部皮肤松弛，因而可吞吃大物。没有胸骨，腹部肌肉有节奏的收缩，可使吞下咽部的整体大型食物移向胃内。雄蛇尾基部两侧有 1 对交接器，交配时自内向外经泄殖肛孔两侧翻出，每次交配只用其一。卵生或卵胎生。目前全球共有 3000 多种蛇类，主要分布于热带和亚热带，树栖、穴居、淡水和海水中均有，部分有毒，但大多数无毒。中国约有 200 种。图 4-2 为中介蝮蛇。

3. 蚓蜥

蚓蜥与蜥蜴近缘，以前曾并入蜥蜴类，有24属近160种。主要分布于南美洲和非洲热带地区，少数分布于北美洲、中东和欧洲。体长圆柱形，具浅沟。无外耳，眼退化。均无后肢，多数无前肢。穴居，头顶具大型坚硬鳞片，用以钻洞。蚓蜥既可生活于湿润的土壤中，也可生活在干燥的沙质中。有很多种蚓蜥拥有深红色身体，外表看起来非常像蚯蚓和蚓螈。

图4-2 中介蝮蛇

4.1.3.3 龟鳖目

龟鳖目动物是现存最古老的爬行动物，遍布各大洋。起源无孔类爬行动物。特征为身上长有非常坚固的甲壳，受袭击时龟可以把头、尾及四肢缩回龟壳内。陆栖龟类大多为草食性，鳖类大多为肉食性，其他种类也有杂食的。温带种类冬季蛰伏(冬眠)，热带种类炎热时期蛰伏(夏眠)。龟是通常可以在陆上及水中生活，也有长时间在海中生活的海龟。龟是长寿的动物，自然环境中有超过百年寿命的海龟。龟鳖目现存2亚目约220种。

龟与鳖虽然外形很相似，但实际上的区别很大：龟和鳖同纲同目不同科。龟和鳖都属于爬行纲龟鳖目，而龟属于龟科，鳖属于鳖科；鳖的爪子上有脚蹼，龟的爪子上没有脚蹼；龟壳很硬，而鳖壳比较软；把龟或鳖翻转过来，背面呈现白色者是鳖；龟的头部呈圆形，而鳖的头部呈尖形；鳖不能长期待在水下，而要不断把头伸出水面换气，龟却不是这样；鳖有牙齿，龟没有牙齿；龟大多性情温和，不主动攻击其他动物，而鳖性情凶猛，常常咬人或攻击其他动物；龟的四肢、头尾都可以缩入壳内，鳖的四肢不能缩入壳内；鳖只在淡水中生活，没有咸水鳖，龟却不同，既有淡水龟，又有咸水龟；龟壳有十三瓣花纹，头及四肢也有花纹，而鳖壳、头及四肢没有花纹；龟的头、尾和四肢都有鳞，鳖的头、尾和四肢都没有鳞；鳖的颈部可以伸得很长，而龟的颈部不能伸得很长。

4.1.3.4 鳄目

鳄目动物，又称为鳄鱼，体长大，躯干、四肢被大型角质鳞片或骨板，笨重，外貌大致似蜥蜴，头扁平，头部皮肤紧贴头骨，颅骨坚固连结不能活动，具顶孔，眼小而微突，吻部都较长，鼻孔在吻端背面，外鼻孔和外耳孔各有活瓣司开闭。腭强大，齿锥形，着生于槽中，为槽生齿，锥形齿很多，肉食性。舌短而平扁，不能外伸。四肢粗短，指5，趾4(第5趾常缺)，有爪，趾间具蹼。尾侧扁，长而粗壮。心脏有两房(左心房、右心房)和两室(左心室、右心室)，是脊椎动物中首次出现的左右心室完全分隔(两栖动物和除鳄鱼以外的爬行动物都只有一个心室，或没有完全分隔的左右心室，只有鳄鱼、鸟类、哺乳动物有左右心室完全分隔的心脏)。有颈肋、腹膜肋。无膀胱。阴茎单枚，肛孔内通泄殖腔，孔侧各有1个麝腺；下颌内侧也各有1个较小的麝腺。为双颞窝类。

鳄鱼水陆两栖，分布于南、北两个半球热带、亚热带的大河与内地湖泊，有极少数入海。美国的密河鳄、中国的扬子鳄和北美的美洲鳄为生存于非热带地区的3种。鳄科的种类分布于撒哈拉沙漠以南的非洲大部地区，马达加斯加、东南亚、印度、斯里兰卡、东印度群岛、中美、北澳大利亚、墨西哥、西印度群岛以及南美洲的大部地区。凯门鳄仅产于南美。长吻鳄(或食鱼鳄)仅产于印度。

鳄鱼的平均寿命长达150年，是爬行动物寿命最长的，是最高等的爬行动物。以前尼罗鳄和海湾鳄的体长约达9m，但现今所获标本很少超过6m，有些种类的体长只有1.7m。鳄鱼是一种曾经和恐龙同时存在的动物，超强的适应力保证它存活至今，是史前期恐龙类唯一剩下的活线索，与鸟类是最近亲。现在有些国家已经通过法律将鳄类作为保护对象。现存约3科7属21种。

拓展阅读

毒蛇的识别

全世界约有3000种蛇，有毒的约有600种，而对人类有致命危险的约有200种。毒蛇虽说是少数，可它对人和其他动物的危害却很大，所以应保持高度的警惕。蛇一般生活在温暖、潮湿的热带密林里，尤其是毒蛇，多在夜间活动。而在天气较冷的地方毒蛇较少，有的地方甚至没有。那么怎样才能分辨出蛇有毒无毒呢？

鉴别毒蛇的方法很多，最保险的方法是看它有没有毒牙和毒腺。毒牙有的长在嘴的前面，有的长在嘴的下面。毒牙很长，像钩子一样。中间有一条细管，当蛇闭嘴时，毒牙还能够收缩到牙床的后面去，咬到猎物时再伸出来。毒蛇的毒腺在蛇嘴的上前方，用来分泌毒液，毒腺与毒牙相通，当毒牙咬到猎物后，毒腺分泌的毒液就顺着毒牙里的那条细管注入猎物体内从而致伤或致死猎物。而无毒蛇的牙齿大小相等，也不带钩。

这种方法能很准确地判断毒蛇，但是在危险情况下简单从外部形态也可以大致分辨是否是毒蛇，一般毒蛇全身的花纹不太鲜艳，另外毒蛇的头小呈三角形，并且它的尾巴比较短，从肛门后突然变细。

目前陆地上最毒的蛇是澳大利亚西部的细鳞太攀蛇(内陆盾尖吻蛇)，每次分泌出的0.109g的毒液，就足以使21.8万只老鼠当场一命呜呼！其毒性是眼镜王蛇的200倍。而世界上最毒的蛇是贝尔彻海蛇，它生活在澳大利亚西北部的阿什莫尔群岛的暗礁周围，毒性比细鳞太攀蛇的毒液厉害100倍。我国常见的毒蛇有眼镜蛇、金环蛇、五步蛇、竹叶青蛇、蝮蛇，其中蝮蛇分布较普遍，其他多分布在华南地区。

被蛇咬伤后，判断是否为毒蛇？一看牙痕形状，二看伤口症状，三看患者全身症状。

①牙痕形状　毒蛇咬伤的牙痕深、大，一般为2个，有一定间距，呈“八”字形或倒“八”字形对称排列，而无毒蛇咬伤的牙痕浅、小，个数较多，间距甚密，如锯齿状呈弧形排列。

②伤口症状　被毒蛇咬伤的患者，伤口有麻木或剧痛感，并逐渐加剧，伤肢迅速肿胀(金环蛇、银环蛇伤后则无明显的伤口局部症状)。也有伤口出血少许或出血不止，有的还出现水泡、血泡和淤斑，形成溃疡、坏死。无毒蛇咬伤后，伤口无麻木感，虽有疼痛，但数分钟后疼痛逐渐减轻或消失，伤口周围不肿或轻度肿胀，出血不多。

③全身症状　凡被毒蛇咬伤的患者，均头昏、眼花、胸闷、心悸、畏寒，甚至出现昏迷、抽搐等症。严重时，可发生休克，心、肾机能衰竭，呼吸肌麻痹等危重症。而被无毒蛇咬伤的患者，除有时因为精神过度紧张、恐惧而发生虚脱外，则无其他明显症状。

毒蛇的防治

如果鉴别不清，要按毒蛇咬伤进行现场紧急救护。

①被毒蛇咬伤后，要马上坐下来，不要动，因为活动会促进毒液扩散，加重中毒。如果旁边有人，救护措施要由旁边的人进行。若现场只有自己一个人，应迅速自救，若还需要走路求救时，也要慢慢走，因为走得越快，血液循环越快，毒液扩散也越快。绝对不能喝酒，因为酒能加快血液循环，使毒液扩散加快。

②要迅速用布条、手帕、领带等物在伤肢近端2~10cm处扎紧，以防止蛇毒延淋巴和浅静脉回流扩散，最好在咬伤后2min内进行。并注意每隔30min放松1~2min，直至应用有效蛇药30min后，或注射抗蛇毒血清后方可去除，防止肢体坏死。

③立即用清水、肥皂水冲洗伤口，去除其周围黏附的毒液，如有过氧化氢或1∶5000的高锰酸钾溶液冲洗更好。不要随便用草药覆盖伤口，以免加重局部感染。用火烤伤口也可以破坏蛇毒，但要注意避免烧伤。

④可用消过毒的刀在两个牙痕之间划开一个长1cm、深0.5cm左右的刀口，使毒液流出，并注意将残留的毒牙取出；也可用拔火罐法或口吮吸法将蛇毒吸出，注意口腔黏膜应无破损，避免间接中毒。然后再用蛇药加水调成糊状敷在伤口。但被蝰蛇和蝮蛇咬伤不应切皮排毒，防止出血不止。

⑤抗蛇毒血清是毒蛇咬伤后抢救的特效药，其疗效与用药时间密切相关，应在咬伤后6h内使用，越早效果越好。

这里顺便提一下，被蜈蚣、蝎子、蜂、毒蜘蛛等毒虫咬蜇伤时，人也会像被毒蛇咬伤那样引起中毒以致死亡。所以，也要及时自救或及时送往医院救治。其救护措施与被毒蛇咬伤的救护措施类似。

探索实践

1. 爬行动物的主要特征有哪些？
2. 播放视频或图片，帮助学生更好地认知爬行动物及分类。

任务4.2 爬行动物文化及旅游应用

【任务导入】

恐龙最早出现在距今2.3亿年前的三叠纪，灭亡于约6500万年前的白垩纪晚期，曾支配全球陆地生态系统超过1.6亿年之久。恐龙化石博物馆采用场景式展示、拟人化组合，辅之以声、光、电及多媒体等手段，展开了一幅蔚为壮观、神奇瑰丽史前画卷，再现了由恐龙及许多早已消失的物种构成的神秘多姿的侏罗纪时代。掌握恐龙知识，有助于生态旅游工作者带领游客更加深入了解这一物种。

【任务分析】

作为一名讲解员，需要对爬行动物的发展、演变等知识进行全面了解和掌握，烂熟于心，才能在讲解中融会贯通、声情并茂。

知识卡片

4.2.1 龟鳖文化

我国自古以来对龟类崇拜有加，龟文化源远流长，与龙、凤、麟合称“四灵”，在“四灵”之中，龙、凤、麟都非现实存在的神话动物，而龟却是唯一现实存在的爬行动物。龟堪称位尊身高，龟被人们看作是吉祥如意、先知先行的动物，与鹤同为长寿的象征，也常以“龟龄鹤寿”来喻长寿，民间做寿，必须制作“红龟”，分赠亲友和邻居庆贺一番，叫作“作龟寿”。上百岁的老人，叫作“龟龄”。“龟鹤齐龄”图案是经常使用的传统吉祥装饰图案。唐人白居易诗《效陶潜体》中有“松柏与龟鹤，其寿皆千年”的诗句，李商隐《祭张书记文》中有“神道甚微，天理根究，桂蠹兰败，龟年鹤寿”的诗句。

4.2.1.1 龟卜与甲骨文

古时因为人们认为龟有预测吉凶的灵性，还被看作是人与神之间的媒介。古时候，在举行重大活动之前，巫师都要烧龟甲，根据龟甲上爆裂的纹路来占卜吉凶。在商代甚至还专门设有问卜的机构，由“卜官”来掌管“占卜”之事，上至“国家大事”，下至私人生活细节，如祭祀、出入、征伐、田猎、风雨、年成、疾病等都要用甲骨占卜吉凶。《左传》中也有“龟兆告吉”的记载，所以龟有“灵龟”“神龟”之称。

殷商时期，人们将占卦的内容刻于龟甲（以龟腹甲为常见）或兽骨（以牛肩胛骨为常见）上，从而留下“甲骨文”。清朝光绪年间，甲骨文在殷代都城遗址（今河南安阳小屯）被发现，是中国已发现的古代文字中时代最早、体系较为完整的文字。迄今为止，历史学家还根据甲骨文来认识上古的故事。截至2015年年底，已经发现有大约15万片甲骨，4500多个单字。这些甲骨文所记载的内容极为丰富，涉及商代社会生活的诸多方面，不仅包括政治、军事、文化、社会习俗等内容，而且涉及天文、历法、医药等科学技术。从已识别的约2500个单字来看，它已具备了“象形、会意、形声、指事、转注、假借”的造字方法，展现了中国文字的独特魅力。

4.2.1.2 龟与阴阳五行

龟类在我国古代哲学中也占有一席之地。从战国始，阴阳五行学说兴起，它最早把宇宙物质概括为金、木、水、火、土5种基本元素。龟不但代表着元素中的“水”，还表示着颜色中的“黑”，占据着方位上的“北”，象征着品德中的“智”。古天文学家曾把星星划分为二十八宿，东西南北分属青龙、朱雀、白虎、玄武，而玄武就是乌龟。

4.2.1.3 龟贝

我国古代认为龟类是稀有贵重的，因此以龟贝为货币。《史记·平准书》记载：“虞夏之币，金为三品，或黄，或白，或赤；或钱，或布，或刀，或龟贝。”贝币至秦朝而废。后王莽建立政权复做龟贝之品，有元龟、公龟、侯龟、子龟、大贝、壮贝、幺贝、小贝等（见《汉书·食货志》）。《汉书·食货志》还记载：汉武帝时造龙文、马文、龟文之币，龟文者直三百。可见，当时龟贝的珍贵。

4.2.1.4 金龟婿

这个美称出自唐代诗人李商隐的《为有》诗："为有云屏无限娇，凤城寒尽怕春宵。无端嫁得金龟婿，辜负香衾事早朝。"写一贵族女子在冬去春来之时，埋怨身居高官的丈夫因为要赴早朝而辜负了一刻千金的春宵。将丈夫称为"金龟婿"，与唐代官员的佩饰有关。唐初，内外官五品以上，皆佩鱼符、鱼袋，以"明贵贱，应召命"。武则天时期改鱼符为龟符，鱼袋为龟袋。并规定三品以上龟袋用金饰，四品用银饰，五品用铜饰。可见，金龟既可指用金制成的龟符，还可指以金作饰的龟袋。但无论所指为何，均是亲王或三品以上官员。后世遂以金龟婿代指身份高贵的女婿。还有一种民间说法：按照过去的规矩，新姑爷第一次进门的时候，要送给老丈人一个金龟，表示希望岳父长寿。真金的、瓷的皆可，上面涂一层金粉也可以，所以，夸姑爷有钱、有地位，就称其"金龟婿"。

4.2.2 鳄文化

对于"鳄鱼"名称的最早正式记载，可见于《礼记·月令》中的"季夏之月，……命渔师伐蛟取鼍"，鼍(tuó)者，扬子鳄也，俗名土龙、猪婆龙，是中国特有的一种鳄鱼，是世界上体型最细小的鳄鱼品种之一，成年体长仅有 2m 左右。扬子鳄是国家一级保护动物。唐代大诗人韩愈曾经因为鳄鱼在江边为患，于是便作一篇《祭鳄鱼文》劝诫鳄鱼搬迁，为民祈福。明为鳄鱼，暗中也有谴责鞭笞当时祸国殃民的藩镇大帅，贪官污吏之意。这篇文章气雄势深、义正词严，如讨贼文，一时传为佳话。在清代小说家蒲松龄的《聊斋志异》中也专门有一篇文章描述鳄鱼："猪婆龙，产于西江。形似龙而短，能横飞；常出沿江岸扑食鹅鸭。"

4.2.2.1 龙与鳄

龙是中华民族的精神图腾，是一种不存在的神物。事实上，在史前时代，确实有"龙"这样一种真实存在的动物。据先秦文献记载，中国在舜虞和夏时期都曾养过龙。如《左传》中记载："古者畜龙，故国有豢龙氏，有御龙氏"。据说舜帝的时候，董父非常喜欢龙，他把龙集中饲养，训练它们为舜帝的祭祀活动服务，舜帝于是赐封董父为豢龙氏；到了夏朝的第十二代国君孔甲时，又有一位陶唐氏的后人名叫刘累，他因为向豢龙氏学习过驯龙术，专门为国君孔甲饲养龙，孔甲后来嘉奖他，赐封他为御龙氏。

从现藏于日本的一件战国时期的豢龙纹青铜卣上，就可以看到中国古人驯养"龙"的情景，仔细观察青铜卣上的"龙"，不难发现它的形象非常像鳄鱼；而我省石楼县桃花庄出土的一件中国商代龙形铜觥上，所铸的龙纹图案，跟鳄鱼也非常相像。

1987 年出土于河南省濮阳西水坡仰韶文化遗址的蚌壳龙，同样以鳄鱼为原型。它距今已有 6000 多年的历史，被称为"中华第一龙"。蚌壳龙的龙身长 1.78m，高 0.67m，以蚌壳精心摆塑而成。

专家分析，在这些中国早期"龙"的形象中，可以看出很多鳄鱼的特征。史书记载的御龙氏驯养的"龙"，应该就是鳄鱼。那时候，鳄鱼的名称，应该叫"龙"。

中国古人为什么要把"鳄鱼"视为神物呢？原来，远古时期，中华大地上到处都是沼泽，沼泽中生活着大量性情凶猛的鳄鱼，经常攻击人类。人们看到鳄鱼狰狞的相貌，了解到它能在水中和陆地两栖生活的奇特习性，以及经常半潜在水中似隐似现的诡秘行踪，就对它产生了既恐惧又敬畏的心理。

经过长期观察，古人发现鳄鱼 6 月交配、7 月产蛋，雄鳄通过叫声寻找雌鳄。而每年的这个时候正是黄河流域多雨夏季的开始，于是人们把鳄鱼响亮的叫声和风雨的来临联系在一起，把鳄鱼视为雷雨之神，认定它可以呼风唤雨，能够主宰水神，并为它起名为“龙”。

此后，鳄鱼被人们视为能够带来丰收和祥瑞的神物，被豢龙氏这样的专业人员驯养起来，成为供王室祭祀的神兽。后来，由于黄河流域气候的变化，鳄鱼的数量逐渐减少、消失，并渐渐淡出了人们的生活和记忆，只留下祖先们创造的称为“龙”的鳄鱼的形象。后世，历代艺术家以鳄鱼的形象为基础，经过想象和加工，加入了蛇、牛、马等动物的形象，逐渐创造出人们现在所看到的龙。

4.2.2.2 鳄鱼的眼泪

西方有一句有名的谚语“鳄鱼的眼泪”。古代西方传说，鳄鱼既有凶猛残忍的一面，又有狡猾奸诈的一面。当它窥视着人、畜、兽、鱼等捕食对象时，往往会先流眼泪，做悲天悯人状，使你被假象麻痹而对它的突然进攻失去警惕，在毫无防范的状态下被它凶暴地吞噬。另一说，是鳄鱼将猎物抓捕到手之后，在贪婪地吞食的同时，会假惺惺地流泪不止。此语是喻指虚假的眼泪，伪装的同情。而后约定俗成地引申为专门讽刺那些一面伤害别人、一面装出悲悯善良之态的阴险狡诈之徒。

4.2.2.3 应用价值

鳄鱼还极具药用和实用价值。明代李时珍在《本草纲目》中将鳄鱼归入药性，“鳞部”第四十三卷详细地记载了“鼍龙”，对鼍甲、肉、脂、肝的功用有明确的描述。近代，人们更是用鳄鱼皮革制作成奢侈品来使用，鳄鱼皮革制品一时成为了上流社会的代名词。

4.2.3 蛇文化

4.2.3.1 先祖图腾

蛇在古代曾经是一种受到褒扬、膜拜的圣物。中国最大的“神物”——龙，就是象形一条大蛇。“黄土做人”的伏羲、女娲在远古人的信念中，都是“蛇身之神”。古籍《拾遗记》卷二载：“蛇身之神，即羲皇(伏羲)也。”《路史·后记》“天帝的女儿(九河神女)在华胥之渊游玩，感蛇而孕，经十二年生伏羲。”郭璞传注《山海经》说：“女娲是古时神女，她是人的脸面、蛇的身子，一天当中有七十次变化。”在传世的汉代石刻画像和砖画中，也常有人面蛇身的伏羲、女娲交尾像。在中国上古神话传说中，有许多“神”也是“人首蛇身”。闻一多先生的“将山海经里所见的人面蛇身的神列一总表”，指出伏羲是以大蛇为图腾的氏族首领，他统辖的神有所谓钧长龙氏、潜龙氏、上龙氏、水龙氏……，也是一大群龙蛇之神。《山海经》中还有神通瑰奇的共工、相柳、楔窳、贰负等，都是“蛇身之神”。

我国南方丘陵山区多蛇，生活中，人们时时处处与蛇打交道。因而，那里的古人对蛇产生了由害怕到依赖、信仰和崇拜的心理，认为自己的氏族与蛇有某些亲缘关系，于是奉蛇为图腾族徽。福建闽族就是蛇图腾。闽族演变到后来，主要是畲族和高山族，“畲”与“蛇”近音，不无渊源。《说文解字》说：“闽：东南越，蛇种。从虫，门声。”这里的“蛇种”就是“蛇族”，即信仰蛇神的氏族。“闽”字的“虫”通“蛇”解，即意谓家里供奉蛇的氏族。

4.2.3.2 王权护神

在古埃及，蛇是一种代表王权的动物。所有法老形象的头部王冠都是类似于眼镜蛇处于攻击状态下竖起的扁平脖颈的一种装饰物；法老王的手杖上也总是盘踞着一条蛇。因为在埃及，蛇象征所罗门的智慧，眼镜蛇神是古埃及君主的保护神。眼镜蛇那鼓鼓的三角形脑袋堂而皇之地嵌镶在皇冠上，成了最高权力的徽号。金字塔文1146节中颂扬蛇："我出自浩浩巨浸所汇成之太古洪流，万物万汇之性情皆禀自我逶迤盘虬，天书之恢恢古今均由我执笔记录。"更有人考证后提出，狮身人面像其实应该是蛇身人面，因为在狮身人面像的背后发现了一条隐藏的沟壑，在这条沟壑中发现了类似于蛇纹的碎片。古老而神秘的玛雅人，崇拜带羽毛的蛇神——"库库尔坎"。他们在南美尤卡坦半岛古都智琼的圣井旁，建筑了宏伟的金字塔庙，庙内供奉"库库尔坎"的神像。国王和酋长们定期来这里膜拜。

4.2.3.3 智慧创富

并不是所有关于蛇的联想都是让人恐惧的，在南亚和南美，蛇都被视为创造神、水神和富饶神。在印度教的神话中，眼镜蛇形的"纳卡"就是水神、富饶之神和生殖之神。在众多的青铜、石雕和绘画作品中，我们经常可以发现"纳卡"的形象。在印度教神话《搅拌浊海》中，纳卡那巨大的蛇身被两端的众神和恶魔拉扯着，象征善与恶、创造和破坏、富饶和贫困等对立势力的抗衡。在神秘消失的南美洲玛雅古文明的神系中，主神"坎查卡特尔"也是一条蛇，不过和南亚的纳卡不同的是，这位掌管雨水、农业和文化的创造神是一条响尾蛇。玛雅人及其后来出现的阿斯特克人(900—1521年)都不遗余力地在金字塔神殿、壁画、雕刻品和象形文字中表现着"坎查卡特尔神"，企图通过对它的祭祀来达到风调雨顺和富国强兵的目的。在《旧约全书》"始祖被诱惑"一节中，"蛇对女人说：因为神知道，你们吃的日子眼睛就明亮了，你们便如神能知道善恶"。事实证明蛇讲的是真理，"他们二人的眼睛就明亮了，才知道自己是赤身裸体，便拿无花果树的叶子，为自己编做裙子。"(《创世纪・违背生命》)从此，人类不再是愚顽不化的了，开始思考，开始自省，开始面对未来。

4.2.3.4 诱惑与生殖

在欧美许多国家，蛇向来是恶毒、诱惑的象征，最古老的依据是《圣经・创世纪》中的记载，蛇引诱夏娃偷吃了禁果，进而殃及亚当，使这两位全人类的父母被逐出伊甸园，人类从此失去了富饶的家园，开始了苦难的行旅。美杜萨是希腊神话里一个著名的女妖怪，她原来是位美丽的少女，因触犯智慧女神雅典娜，头发变成了无数条毒蛇，成为一个谁看她一眼就化成石头的魔鬼，这才叫作致命的诱惑。好在，她最后被英雄珀耳修斯杀死。独一无二的白蛇吐信的意象总是会触动人类心中一些非常私密的欲望。徐克的电影《青蛇》中，张曼玉和王祖贤那富有想象力的"蛇步"，还有那种慵懒的眼神，为这个流传很久的爱情故事的女主角横添了几分妖媚。在南美洲的传说中，有一种著名的淫蛇，喜欢追逐女人，当女人被捕捉住以后，它就用身体缠绕束缚住女人，并快乐地钻入女人，然后羽化为一种长着翅膀能够飞翔的怪物。羽蛇的意象在以写作情爱色欲著名的作家劳伦斯的作品中频繁出现。中华民族是一个有着特殊象征主义思维的民族，如果朋友送你一幅"蛇盘兔"的剪纸，按照谐音，"蛇盘兔，子必富。"图个多子多福皆大欢喜。学者们研究认为，蛇能蜕皮而求得再生，因此，它又是一种"福禄寿"的象征。而兔多子，因此"蛇盘兔"的图案成为一种生殖崇拜的符号，喻示着生命的延伸与再生。

西非沿海的维达人信奉蟒蛇为幸福生育的守护神，善男信女要经常去蛇神庙瞻仰，但必须献上丰厚的供品方可膜拜和问卜。印度人对蛇也很崇拜，这种传统根源于印度教典仪中对蛇神的信仰。各地不但有蛇庙，不少邦还有奉养蛇的圣井。每年各地居民都要在附近的蛇井前顶礼膜拜，并且向井中投入各种蛇饵。患病的人、贫穷的人、失意的人，时常到蛇井前祈求幸福。尤其是妇女，她们信仰眼镜蛇是“生命之神”，如果对着眼镜蛇跪拜祈祷，就可以生儿育儿。

4.2.3.5 生死巫蛊

埃及艳后克莉奥佩特拉七世，曾以其盖世的美貌和匪夷的心计使罗马帝国的恺撒大帝和执政官安东尼先后拜倒在她的石榴裙下。公元前31年，屋大维率罗马大军同安东尼及克莉奥佩特拉决战于希腊阿克兴海角时，克莉奥佩特拉和安东尼弃战逃回埃及的亚历山大里亚，不久自杀，导致托勒密王朝灭亡，埃及入罗马版图。关于克莉奥佩特拉自杀的传说与毒蛇有关，有人认为是用毒蛇刺咬手腕致死的，也有人认为是蛇牙戳破左乳房而送命的，不少艺术家便选用后者来作为描绘的题材。骷髅、毒蛇、蝎子这种意象的组合常常具有一种令人毛骨悚然的效果。中国的《封神演义》中商纣王命人将数千宫女推入蛇坑，是商纣王发明的群蛇啃噬的刑法，不难想象人在蛇的缠绕下苦苦挣扎时恐惧和绝望的表情，不仅仅只是肉体的直接感受，精神上的极端恐惧才是最大的摧残。

在巫蛊的意象方面，用蛇的毒汁调配毒药和致幻剂是古代巫师一种普遍的做法。非洲丛林中的土著武士抓住毒蛇之后，取其毒汁用来浸蘸矛锋和箭镝，成为致命的武器。在一些崇尚巫蛊和降头术的民族，毒蛇常用来帮助施法，这种威慑力甚至可以超越时间和空间作用于被施者的身上。在伊斯兰世界很多神秘的占星术里，也有很多以蛇作为表现星象图形的例子，在土耳其切斯塔比迪图书馆收藏的16、17世纪的占星书中，有用环状的蛇来象征无限天际和用蛇形表示星座的手抄本插图。

4.2.3.6 新艺术运动

19世纪末20世纪初，欧美掀起了一场“新艺术运动”，那种豪华、艳丽的色彩效果、个性细腻的表现形式、动感强烈的曲线造型和新颖多变的装饰技法让许多人痴迷不已。法国玻璃艺术家拉利克在这场运动中成功地制造出一件蛇形的玻璃装饰品，弯曲翠绿的蛇身展现了当时流行的蔓草纹的曲线美。除了装饰品外，世界各地的人们还热衷于把蛇制作成各式各样的日常用品：菲律宾有蛇形储蓄罐、巴基斯坦有蛇形灯具、斯里兰卡有蛇形面具、坦桑尼亚有蛇形餐具、日本有蛇形陶铃……至于玩具，更是举不胜举。另外，世界各地发行了无数印有蛇纹的邮票，真可谓丰富多彩、琳琅满目、应有尽有。这也是蛇文化中的一条独特而亮丽的风景线。

4.2.4 恐龙文化

恐龙，出自日本生物学家对英文“恐怖的蜥蜴”（恐蜴）的翻译。它是出现于中生代多样化优势陆栖脊椎动物，曾支配全球陆地生态系统超过1.6亿年之久。恐龙最早出现在2.5亿年前的三叠纪，绝灭于约6500万年前的白垩纪晚期所发生的白垩纪末灭绝事件中。恐龙是中生代的优势陆栖脊椎动物，尤其是在侏罗纪与白垩纪，几乎所有身长超过1m的陆地动物皆为恐龙，同时代的其他动物因此受到体型发展与生态位的限制。以哺乳类为例，它们的体型多接近现代的啮齿动物，不超过猫的大小，食性为肉食性，以小型动物为生。生存在白垩纪的三椎齿兽目的巨型爬兽是个少数例外，巨型爬兽体重 12~14kg，会以幼年鹦鹉嘴龙等小型恐龙为食。

恐龙家族极为庞大、多样性，化石记录中曾出现的属总数约为 1850 个，当中有 75% 已被发现化石，已确定的超过 500 属 1047 个种。恐龙有草食性动物，也有肉食性、杂食性动物。有些恐龙以双足行走，或四足行走，或在双足和四足间自由转换。许多恐龙的身上具有鳞甲，或是头部长有角或头冠。尽管恐龙以其巨大体型而著称，但许多恐龙的体型只有人类大小，甚至更小。恐龙对陆地生活的适应性堪称卓越，但它们在海生以及飞行动物方面没有明显优势。同时期，在海洋和天空中，有许多其他种类的爬行动物与恐龙并存，例如：鱼龙目、翼龙目、沧龙科、蛇颈龙目以及盘龙目，许多大众媒体常将它们也归类于恐龙，但它们在科学分类上并不属于恐龙。鱼龙类、沧龙类、蛇颈龙类属于海生爬行动物，并不生存于陆地上，不是恐龙；翼龙类属于主龙类，是在三叠纪时期与恐龙分开演化，但并非陆栖动物，同样不是恐龙：盘龙类生存于二叠纪，亲缘关系较接近于哺乳类。

4.2.4.1 恐龙分类

恐龙与现代鸟类、鳄鱼都属于主龙类。主龙类的颅骨拥有两个洞孔，称为颞颥孔，以提供颚部肌肉附着处，眼窝前方则有眶前孔。大部分的爬行动物与鸟类，都属于双孔动物；哺乳类与似哺乳爬行动物拥有一个颞颥孔，合称下孔动物；乌龟与早期的副爬行动物，没有颞颥孔，则属于无孔动物。恐龙与其他主龙类拥有许多生理构造上的相似特征，例如：牙齿位于齿槽中，而非直接从颚部骨头延伸。在主龙类中，恐龙的最显著特征是它们的步态。恐龙的后肢直立于身体下方，而蜥蜴与鳄鱼的四肢则是往两侧摊开。

恐龙常被认为是总目，或是未定位的演化支。恐龙总目以下以其骨盆结构来区分为两大目：蜥臀目和鸟臀目。蜥臀目意为“蜥蜴的髋关节”，骨盆形态比较接近早期的祖先，耻骨朝前。数个演化支的耻骨个别演化成朝向后方，例如：艾雷拉龙下目、镰刀龙超科、驰龙科以及其后代鸟类。蜥臀目主要包括两个亚目：二足、大部分是肉食性的兽脚亚目。长颈部、四足、草食性的蜥脚形亚目。某些蜥臀目大约在侏罗纪时期演变成为鸟类的祖先；鸟臀目意为“鸟类的髋关节”，拥有类似鸟类的骨盆结构，趾骨朝向后方，但这是趋同演化的结果。与鸟类不同的是，鸟臀目的耻骨有个朝前的突出部分。鸟臀目包含多样性的草食性动物，与三角龙具有最近共同祖先。代表性恐龙有：腕龙、迷惑龙(雷龙)、霸王龙、美颌龙、剑龙、三角龙、禽龙等。

1. 腕龙

腕龙是蜥臀目蜥脚形亚目腕龙科的一属恐龙，体长 23~30m，高 12m，体重 40~50t，四足草食性恐龙，是曾经生活在陆地上的最大的动物之一。生存于 1.56 亿~1.45 亿年前的侏罗纪晚期。腕龙的身体结构像长颈鹿，小脑袋，有个长脖子、颈部高举，有着长前肢和一条短粗的尾巴。走路时四脚着地。腕龙的前腿比后腿长。每只脚有五个脚趾头。每只前脚中的一个脚趾和每只后脚中的三个脚趾上有爪子。腕龙的牙平直而锋利。腕龙的鼻孔长在头顶上。吃东西时，腕龙不咀嚼就将食物整块吞下。腕龙脑袋非常小，因此不太聪明。它们成群居住并且一块外出。腕龙不照看自己的孩子，生小恐龙时不做窝，而是一边走一边生，于是这些恐龙蛋就形成了长长的一条线，形成一道独特的景观。

2. 迷惑龙(雷龙)

迷惑龙原称雷龙，蜥臀目蜥脚形亚目梁龙科的一属恐龙，生活于约 1.5 亿年前的侏罗纪晚期。它们同样是巨型草食性恐龙，在侏罗纪时期，地球上的气候温暖而潮湿，到处都有青葱的森林，因为这些丰富的植物性食物，带来了草食性恐龙的繁荣，迷惑龙在这个时期主要活跃于现在北美洲的平原上。迷惑龙的体重在30~40t，体长23m左右，它那粗壮的腿，有如树干一样；长长的脖子，直立起来有五、六层楼房那样高。迷惑龙的身体虽然大得惊人，性情却很温和，平时以温带森林中的植物为食，有时会走入沼泽里，由于水具有浮力，可以减轻它身体的沉重负担，同时也能躲避像异特龙般凶暴的肉食性恐龙的攻击。迷惑龙一定要花大量的时间来吃东西，而且还很狼吞虎咽。食物从长长的食管一直滑落到胃里，在那儿，这些食物会被它不时吞下的鹅卵石磨碎。

迷惑龙可能是所有恐龙中最受宠的一群，曾经广为人知的名字是雷龙，今天它失掉这个熟悉的名字，主要因为古生物学家在命名上的严谨。迷惑龙的得名是因发现一个非常大的恐龙胫骨，令研究者十分迷惑，而于1877年命名为迷惑龙。之后，1883年另一群研究者发现几个零碎的恐龙骨骼化石，推测这个恐龙体型巨大，行进时可能如雷声隆隆，故取名雷龙。然而根据后续发现的其他化石说明，迷惑龙与雷龙是同一种生物。依据古生物学的命名优先权，迷惑龙命名在先，故取消雷龙的命名以迷惑龙称之。迷惑龙喜欢群体活动，当一大群雷龙从远处走来时，一定是尘土蔽日、响声如雷——这就是它以前的名称“雷龙”的由来。

3. 霸王龙

霸王龙(图4-3)为“残暴蜥蜴之王”，蜥臀目兽脚亚目暴龙科的一属恐龙，是史上最庞大的肉食性动物和最著名的恐龙之一。它是恐龙中生存年代最晚(约6500万年前白垩纪晚期)的种类之一，也是最强的食肉恐龙。体长11.5~14.6m，最长15m。平均臀部高度3.6m，最高6m。平均体重8~12t，最重14.85t。身体很强壮，头部巨大，长约1.5m，最大1.75m。牙齿粗大，形状类似香蕉，齿冠长度可达15cm，整个牙齿长达逾30cm，被称为“致命的香蕉”。霸王龙的头骨也是暴龙类中最强壮的，头上的空相对较小，使头骨更加坚实；下颌特别强壮，咬力很强，据推算为12~19t。咬合力居陆地生物和食肉恐龙第一，这么大的力量足以咬碎骨头；霸王龙的口可以算作碎骨极机器，三角龙的盆骨上就曾发现过它的咬痕。科学家根据骨头上的咬痕推测霸王龙进食时先用力咬入猎物体内，再利用强壮的颈部连肉带骨一起拖下一大块，一起吞下；这一过程称作“穿刺和拖拉”。一些科学家认为霸王龙奔跑不够迅速，前肢太小，怀疑其捕食能力，认为霸王龙是以腐食为主。但大多数的科学家并不怀疑霸王龙的猎食能力：霸王龙的食物角龙类和鸭嘴龙类同样不能快速奔跑；霸王龙猎食并不需要用前肢，只用嘴巴就可解决问题；霸王龙嗅觉很好，还具有立体视觉，能够辅助捕猎。生存于距今约6850万~6550万年前的白垩纪最末期，是白垩纪——古近纪灭绝事件前最后的非鸟类恐龙种类之一。霸王龙分布很广，其骨骼化石在北美西部北及阿尔伯塔，南及新墨西哥均有发现。

图4-3 霸王龙

4. 美颌龙

美颌龙是蜥臀目兽脚亚目虚骨龙类的一属恐龙。它约有火鸡的大小，约1m长，体重

0.83~3.5kg，是最小型的双足肉食性恐龙之一。生存于约1.5亿年前侏罗纪晚期的欧洲。古生物学家已发现两个保存良好的化石，一个于1850年代在德国发现，长约89cm，另一个是在将近一个世纪后于法国发现，长约125cm。几十年来，美颌龙都被描述为最小型的恐龙。第一个发现的美颌龙标本只有约1m长。但是之后发现的小型恐龙，如亚洲近颌龙、小盗龙及小驰龙的体型更小型。美颌龙是几类确知其食性的恐龙之一，在两个标本的体内都有小型的蜥蜴化石。美颌龙是始祖鸟的近亲。始祖鸟生活于侏罗纪时期，距今约1.55亿~1.5亿年前。它的化石分布在德国南部，其德文名字意指“原鸟”或“首先的鸟”，被认为是现代鸟类的祖先。

5. 剑龙

剑龙是鸟臀目装甲亚目剑龙下目剑龙科的一属恐龙。生存于1.56亿~1.45亿年前的侏罗纪晚期和白垩纪早期。剑龙是典型的食草恐龙。剑龙体型较大，大约12m长，约4t重。如果算上骨板的高度，身高可达7m。剑龙背上有两排17块三角形骨板，尾部还有4个钉状脊。这些刺有1m多长，宛如一把把插着的尖刀，来防御掠食者的攻击。最初，科学家们估计这些骨板是像护盖一样平铺在恐龙身上的，后来，经过仔细的研究，最终确定骨板是竖立的。当气温降低时，剑龙就会张开骨板，吸收阳光的热量，气温升高时，又会将骨板转一下，利用凉风散热。剑龙是完全用四足行走的恐龙，后脚比前脚更长也更强壮，使它的姿态变得前低后高。尾部明显高于地面许多，而头部则相对地较为贴近地面，离地不超过1m，只能用来观察低矮的植物，并且以这些植物为食。

1880年获得一具保存完善的剑龙颅骨显示出剑龙的脑容量非常小，只有核桃那么大，相当于狗的脑容量，与整个身体相比之下便显得更加的渺小，并且可能是所有恐龙中最小的一个。事实上，当动物的体重大于4.5t时，其脑部重量将不会超过80g。这个现象使过去的人们认为恐龙是相当愚笨的动物，不过这种想法已经被广泛地否定。

剑龙属草食性恐龙，长着像鸟一样的尖喙，喙里没有牙齿，但嘴里的两侧有些三角形小牙，这也显示了它们的食性。不过剑龙的进食策略与其他草食性鸟臀目恐龙有所不同。其他的鸟臀目恐龙拥有能够辗磨植物的牙齿，以及水平运动的下颚。而剑龙的牙齿缺乏平面，使牙齿与牙齿之间无法闭合，它们的下颚也无法水平地运动。剑龙在侏罗纪晚期物种丰富且在地理上分布广泛，古生物学家认为它们所吃的食物包括了苔藓、蕨类、木贼、苏铁、松柏与一些果实。同时由于缺乏咀嚼能力，因此它们也会吞下胃石，以帮助肠胃处理食物，这种行为也出现在现代鸟类及鳄鱼当中。剑龙并不像现代草食性哺乳类一样以地面上低矮的禾本科植物（如草）为食，因为这类植物是在白垩纪晚期才演化出来，那时剑龙早已灭绝许久。研究认为剑龙居住在平原上，并以群体游牧的方式和其他（如迷惑龙）食草动物一同生活。

6. 三角龙

三角龙是鸟臀目角足亚目角龙下目角龙科的一属恐龙，生存于约6800万~6500万年前白垩纪晚期的北美洲平原上。它和霸王龙生活在一个时期，同一个地方，是最晚出现的恐龙之一，经常被作为晚白垩纪的代表物种。三角龙是一种中等大小的四足草食性恐龙，全长大约有7.9~10m，臀部高度为2.9~3m，一般体重4~6t。三角龙最显著的特征是它们的大型头颅，是所有陆地动物中最大之一。它们的头盾可长至超过2.5m，可以达到整个动物身长的1/3。虽然没有发现过三角龙的完整骨骸，它们仍因大量从1887年起发现的大量部分骨骸标本而著名。长久以来，关于它们三根角以及头盾的功能处于争论中。传统上，这些结构被认为是用来抵抗掠食者的武器，但如今的理论认为这些结构可能用在求偶，以及展示支配地位，如同现代驯鹿、山羊、独角仙的角状物。三角龙的头盾和三根角状物，不禁令人联想起现代犀牛，但事实上，三角龙的角和犀牛的角完全不同，犀牛的角是由皮肤构成，而三角龙的角则是实心的骨头，有着强大的破坏力。三角龙已经演化出坦克一般的形态，是白垩纪最强的鸟臀目草食恐龙之一，暴龙也不敢轻易捕食它们，一只成年三角龙完全有能力战胜一只成年矮暴龙。

7. 禽龙

禽龙是鸟臀目角足亚目鸟脚下目禽龙科的一属恐龙，生存于白垩纪早期，约 1.4 亿~1.2 亿年前。禽龙是一种中型草食性动物，身长约 10m，高 3~4m，可以用四足或两足行走。禽龙后肢很发达，长而粗的尾起平衡作用。前肢也较发达，具异常的前掌，朝上生长硬如尖钉的拇指与掌的其余部分成直角，可能用来抵抗掠食动物，或是协助进食。牙有锯齿状刃口。该属恐龙是世界上最早被发现和研究的恐龙之一，过去曾有许多的种被归类于禽龙属。在欧洲的比利时、英国、德国，北美洲，亚洲内蒙古以及北非等地区都已找到许多完整个体的化石，有些成群被发现，表明他们曾成群行走。另外，还有人提出它具有部分水生的习性，当受到威胁时，进入河或湖中避难。

4.2.4.2 恐龙化石

化石是指保存在岩层中地质历史时期的古生物遗物和生活遗迹以及生物成因的残留有机分子。在漫长的地质年代里，地球上曾经生活过无数的生物，这些生物死亡后的遗体或是生活时遗留下来的痕迹，许多被当时的泥沙掩埋起来。在随后的岁月中，这些生物遗体中的有机物质分解殆尽，坚硬的部分如外壳、骨骼等与包围在周围的沉积物一起经过石化变成了石头，但是它们原来的形态、结构(甚至一些细微的内部构造)依然保留着。同样，那些生物生活时留下来的痕迹也可以这样保留下来。我们把这些石化的生物遗体、遗迹就称为化石。一般来说，恐龙化石包括体躯化石和生痕化石两种。恐龙死后，骨骼(包括牙齿)等硬体组织形成的化石，我们称之为体躯化石；恐龙的遗迹(包括足迹、巢穴、粪便或觅食痕迹)也有可能形成化石保存下来，这些化石则被称为生痕化石。

恐龙化石的形成是一个十分复杂多变、有着严苛条件的演变过程。需要大量死亡的恐龙个体，只有数量上的优势才能为恐龙化石的产生、留存、发现等创造有利条件。当然这种死亡既可以是偶然突发的事件，也可以是自然情况下的死亡。如约 6500 万年前的白垩纪晚期所发生的恐龙灭绝事件中，大批量的恐龙尸体就生成了形形色色、数量庞大的恐龙化石。再次要经过“石化过程”。当恐龙死去并很快地被沉积物或水下泥沙所覆盖时，恐龙尸体的石化过程就开始了。这些沉积物中含有细小的颗粒，会在尸体表面形成一层松软的覆盖层。这条“毯子”可保护动物尸体免受食腐动物的侵袭，也可隔绝氧气，抑制微生物的分解。此时，恐龙的肌肉、内脏等柔软部分就会逐渐腐蚀殆尽，其他如骨骼、牙齿等坚硬部分就会被周围沉积物的矿物质所渗入取代，重新结晶，变得更加坚硬。随着上面沉积物的不断增厚，遗体越埋越深，最终变成了化石。石化过程是一个极其缓慢的过程，最少需要几万年的时间。形成了化石，并不代表这些化石可以完整的保存下来，还要经过最后一个步骤——回归地表。随着地壳的运动。许多化石会逐渐回归地表。在这一过程中，会有许多危险发生，如化石周围的岩石可能会弯曲变形，把这些化石破坏。此外，地壳内部的高温也有可能让化石熔化。逃过这些劫难后，我们还必须赶在化石从周围岩层中剥离前，找到它们，否则就容易碎裂消失。

人类发现恐龙化石的历史由来已久。早在17世纪以前，欧洲人就已经知道地下埋藏有许多奇形怪状的巨大骨骼化石。直到1822年3月，英国人曼特尔把恐龙同鬣蜥进行了对比后，科学界才初步确定这是一群类似于蜥蜴却早已灭绝的爬行动物，它的中文名称则被译为禽龙。因此，禽龙是科学史上最早记载的恐龙。目前来说，只有少数相当特殊的地质环境能够将化石保存完好，最常见的是质地细致的沉积岩。海洋动物的遗体之所以通常都能变成化石，就是因为海洋动物死亡后沉在海底，被软泥覆盖。软泥在后来的地质时代中就会变成页岩或石灰岩。由于恐龙是陆栖生物，所以恐龙化石的形成地点较少，现今发现的恐龙化石集中埋藏地主要有：德国的索伦候芬、美国怀俄明州的科摩断崖、阿根廷西部的月谷、蒙古戈壁沙漠的火焰崖、中国云南的禄丰县、中国山东诸城的龙骨涧等。

4.2.4.3　恐龙化石的研究

由于恐龙统治地球长达1.6亿年之后，又在距今6500万年前突然神秘消失，其从产生到繁盛、从衰落到绝灭的整个过程充满传奇和神秘色彩。恐龙化石已经成为研究地球生物起源和发展进化的重要科学依据，它不同于文物，是重要的地质遗迹，是地球历史的见证，是全人类宝贵的、不可再生的自然遗产，具有不可估量的综合价值。

1. 恐龙种群研究

恐龙化石对于恐龙种群研究来说，具有决定性的意义。我们关于恐龙的所有知识，都是对这些化石的假设、推测、重构而来。而在现实中，只有很小比例的恐龙最后会演化成化石保存下来，这些化石绝大部分仍然埋藏于地底。同样，发现的恐龙化石中，只有极少数的样本保留有完整的骨骼，而其中保存有皮肤和其他软组织痕迹的则更为稀有。借由比较不同骨头的大小与形态，来重建一副完整的骨架，是一个复杂的过程，而重塑肌肉和器官则更为困难。因此，对恐龙的认识，总会随着恐龙化石的不断发现而不断进行的变化。如今，随着科学技术的不断进步，古生物学家已经能够通过先进仪器不用破坏化石就可以看到其内部，而且也可以看到过去不可能检视的内部细微构造。这可以让人们了解恐龙的生活方式、食物、成长和行动方式等，并且得知恐龙的进化谱系。

尽管目前证据不全，恐龙整体而言的体型很大，蜥脚形亚目是其中的巨无霸。在漫长的恐龙时代，即使是体型最小的蜥脚类恐龙也要比它们栖息地内的其他动物要大，而最大的蜥脚类则比任何出现在地表的动物都要大出几个等级。巨型史前哺乳动物，如巨犀和猛犸，在巨型蜥脚类动物前不值一提，仅有少数的现代海洋生物的体型接近或超过大型蜥脚类恐龙。从现有的状况较好的恐龙化石骨架来看，最高和最重的恐龙是长颈巨龙，原名布氏腕龙。长颈巨龙的化石在1907—1912年间发现于坦桑尼亚，现正展示于柏林洪堡博物馆，该模型高12m，长22.5m，预期活体的重量在30~60t。最长的恐龙是27m长的梁龙，是在1907年发现于美国怀俄明州，现正展示于宾州匹兹堡的卡内基自然历史博物馆。另外，从一些不完整的恐龙化石，可能会推测出一些更为庞大的恐龙。如20世纪70年代后被发现的一些阿根廷龙化石显示，其体重估计在80~100t；还有一种更罕为人知的巨体龙，它的体重据推测可能达到175~220t。蜥脚类恐龙的巨大体型，可能具有几项优势，例如防御掠食动物、减低能量的使用、长寿，其中最重要的因素应为消化食物。与小型动物相比，大型动物的消化作用更具效率，因为食物在它们的消化系统中待更多的时间。基于此原因，大型动物可用较低营养价值的食物维持生存。蜥脚类恐龙的化石，大部分发现于过去为干旱或季节性干旱的地层中，它们可以以大量且低营养价值的植物为食，以便在这些环境中维持生存。

与蜥脚类恐龙相比，其他种类的恐龙则要小得多。现有的证据表明，大部分兽脚类恐龙的体重在 100~1000kg，而此时的哺乳动物体重平均值多在 2~5kg。不计现代鸟类(如：吸蜜蜂鸟)的话，目前发现最小的恐龙体型相当于鸽子。兽脚亚目的近鸟龙和耀龙体长都在 35cm 以下。目前已知最小型的成年恐龙标本属于近鸟龙，体重估计为 110g 左右。而已知最小型的草食性恐龙则是微角龙与皖南龙，身长约 60cm。

当然，恐龙化石也有做不到的地方。恐龙的体型、生活形态等可以通过发现的化石而进行复原和推断，但恐龙的皮肤的颜色，无法找到化石的依据，所以只能根据对现有动物的认识来推测。根据古生物学家推测，大型恐龙可能会有斑纹或斑点作为保护色，颜色也会更鲜艳一些。交配期间，雄性恐龙的头部与皮肤的部分区域可能会像现代鸟类一样显现出艳丽的色彩，这样更容易获得异性的青睐。

2. 生物进化研究

通过研究恐龙化石，科学家不仅能够判断恐龙的种类、体型、重量等，也发现了一些生物进化证据。1861 年，人们在德国南部发现“有羽毛恐龙”——始祖鸟化石。这些始祖鸟化石具有明显的现代爬行类和鸟类的中间特征，第一次有力地证明了达尔文的物种进化论学说。随着一百多年来更多小型兽脚类恐龙与早期鸟类的被发现，鸟类演化自兽脚类恐龙这个理论得到了生物学界更多、更广泛的支持。

3. 古生态环境研究

恐龙化石的研究还对研究古生物的生活环境和类别提供了重要依据，比如恐龙足印，其形成的环境条件比较特殊，而恐龙足印化石的形态、排列方式和组合特征能够真实地反映恐龙相当一部分生理特征和生活习性。一般来说，能够保留足印化石的环境应该是裸露于湖面之上的含有一定泥沙的湖滩，由于其裸露于地表，逐渐脱水，处于一种半湿半干的状态，当恐龙行走时，留下的足印能够成形。体积大、重量大，留下的痕迹就深，反之，就小就浅。如果当时地表泥沙太稀，所留下的足印就不可能成形；如果太干，就不可能留下足印。化石中呈现的龟裂构造可以证明当时是这样一种环境。因此，恐龙化石不仅为研究恐龙生活环境和古生物类别提供了重要依据，也为研究古生物学、古生态学、古地理学、古气象学等学科，提供了弥足珍贵的实物资料。而且，由于发现恐龙化石的地区通常有剧烈的地质变化过程，因此经常可能伴生着煤炭、石油等资源，对寻找这些资源也具有重要的指导意义。

4.2.4.4 观赏价值

自从 19 世纪早期，第一批恐龙化石被科学方法鉴定后，重建的恐龙骨架已成为全球各地博物馆的主要展览品。研究和观赏恐龙化石已经成为社会文化生活的一部分。直到现在，各类新闻媒体还经常报道有关恐龙化石的研究进展和新发现。无论儿童或者成年人均对这种神秘的史前动物有很高的兴致。同时，恐龙往往也是热门书籍与电影的重要题材，如 1993 年上映的美国科幻冒险电影《侏罗纪公园》在全世界引起巨大轰动，恐龙一时成为了很多人关注的热点。人们纷纷涌入恐龙化石博物馆去观赏这种曾经称霸地球的史前动物化石，欣赏它的独特，感受它的庞大，体会生物演化的沧桑与厚重。游览恐龙化石博物馆已经成为一种旅游新时尚。

拓展阅读

恐龙灭绝的原因

据科学家推测，恐龙灭绝的时间是在距今6500万年前。在那个时候，不仅统治了地球达1亿多年的各种恐龙全部绝灭了，同样悲惨的命运还同时降临到了地球上的陆地、海洋和天空中生活的其他物种。这就是著名的第五次物种大灭绝。在这次灾难中，绝灭的有蛇颈龙等海洋爬行动物，有翼龙等会飞的爬行动物，有彩蜥等恐龙的陆生爬行动物亲戚，有菊石、箭石等海洋无脊椎动物。并且，海洋中的微型浮游动植物，钙质浮游有孔虫和钙质微型浮游植物也几乎被一扫而光。经过这场大劫难，当时地球上大约50%的生物属和几乎75%的生物种从地球上永远地消失了。这就是著名的第五次物种大灭绝，白垩纪——古近纪灭绝事件。大绝灭的结果使得在距今6500万年这个时间的前后，地球上生物世界的面貌发生了根本性的巨变。这场大绝灭标志着中生代的结束，地球的地质历史从此进入了一个新的时代——新生代。

白垩纪末期的恐龙为什么会绝灭，仍然是生物历史上的一个谜，自从20世纪70年代以来，科学家提出了一个又一个的理论来试图解释其原因，但是至今没有一个让所有人都能够接受的定论。每一种解释都能有人支持，也有人反对。

1. 陨石撞击说

因小行星撞击地球引发了生态灾难，从而导致恐龙的灭绝，是目前最受大多数科学家普遍支持的说法。之所以这样说，主要源于墨西哥的一个陨石坑。在墨西哥的尤卡坦半岛上有一个叫作希克苏鲁伯的陨石坑，陨石坑中有个岩石层非常有名，被地质学家称为K-T边界，意思是白垩纪——第三纪界限的标记线。在K-T边界的下层岩石中含有丰富的恐龙化石，但在K-T边界以上，恐龙化石却消失了。

K-T边界岩石中含有铱，铱是一种稀有金属，在地球中的平均含量只有十亿分之一。然而，这个岩层中的铱含量是正常含量的200倍。还能在哪里找到这么多的铱呢？太空中的铱含量比地球高出1000倍。人们还在这层白色岩石中找到了冲击石英的证据，只有小行星才会留下这样的标记。高含量的铱和冲击石英，出现在地球上许多地方的第三纪界限岩层里。这种全球性的痕迹，只可能来自最猛烈的撞击。撞击的地点就在墨西哥的犹卡坦半岛。

在2007年9月，美国科罗拉多州美国西南研究院的研究人员威廉·波特克与数位捷克籍的科学家，利用计算机计算出希克苏鲁伯撞击事件的可能肇事者。根据他们的模拟计算结果，该陨石坑有90%的可能性是由一个名为巴普提斯蒂娜的小行星所造成的，该小行星直径接近160km，目前运行于火星与木星之间；根据推论，在1.6亿年前，巴普提斯蒂娜小行星被一颗直径约55km的未命名小行星撞击后粉碎，主要的碎片形成巴普提斯蒂娜族小行星带，而某些碎片则闯入地球的公转轨道，其中一颗直径10km的碎片，在6500万年前撞击了墨西哥尤卡坦半岛，形成希克苏鲁伯陨石坑。另外，月球表面的第谷环形山形成于1.8亿年前，也可能是巴普提斯蒂娜族小行星带的撞击结果。

6500万年前的这次撞击非常猛烈，人类历史上的任何事件都没法和它比。那时撞上地球的小行星或彗星，宽度大约是10km。它以超过40倍音速的速度冲向地球表面。它的体积非常庞大，所以当它撞上地球时，前端已经碰到了地表，尾部却还在10 675m的高空，相当于喷气式客机的飞行高度。撞击事件造成了大量的灰尘进入大气层，遮避阳光，时间长达1年之久，使抵达地表的日照量降低10%~20%，妨碍植物进行光合作用，影响了植物生长。大量的红外线穿透大气层，对曝露在外的生物造成伤害。撞击与再度落下的喷出物，会造成全球性的火风暴。另外，大量的硫酸以气溶胶的形式进入平流层中，形成了酸雨。这些气溶胶要想完全沉降，可能需要10年左右的时间，这将导致植物、浮游植物的大量消失。而在食物链上层的草食性动物、掠食性动物(比如当时的陆地霸主恐龙)也跟着灭亡。而以生物有机碎屑为食的小型生物(如：大部分鸟类、小型哺乳动物、大部分两栖动物、四类爬行动物等)，受到灭绝事件的影响较小，存活了下来。此外，从希克苏鲁伯陨石坑的地点与形状判断，该小行星撞击到陆地与海洋交界，除了造成大量灰尘与微粒，还引发了大型的海啸，很多的海洋生物因此大批量死亡。

事实上，这一理论还有一些不完善的地方。因为恐龙是当时地球上最成功的动物，其丰富的多样性更是表现得大小不等、形态各异、生活方式也是多种多样，为什么不能像鸟类、哺乳动物、小型爬行动物等那样存活下来一些呢？目前，大部分的古动物学家都同意在6500万年前曾发生过小行星撞击地球事件，并引发了全球性的生态灾难，但是否能够导致恐龙突然灭绝，还有一些科学家持反对意见。一些反对者反复指出在K－T层以下的岩石层中，3m以内的岩石层同样十分缺乏恐龙化石，有人也将此处地域称为“三米空白”区。“三米空白”理论认为，在“小行星撞击”前的300万年里恐龙化石的缺乏，说明了在发生“小行星撞击”事件前，恐龙早已经突然或慢慢走向灭绝。

近年来，科学家在考古发掘中，又发现了一个恐龙的犄角化石似乎又在证实陨石撞击灭绝说。该棕色“恐龙犄角化石”约有45cm长，为食草恐龙家族所“拥有”(这一家族的恐龙种类包括著名的三角恐龙)，发现于美国蒙大拿东南部名为“地狱小溪地层”的一片荒地上，这里曾经还发现过许多其他的恐龙化石，所以该地也被看成是地质学场所。该恐龙犄角化石最让科学家感到特别的是，它被发现时位于岩石层下的13cm处，已十分接近“三米空白”。从这块化石所处的地理位置来看，足以说明至少有一部分恐龙在小行星与地球碰撞之前仍然存活。这个发现也使科学家们普遍接受“毁灭性小行星导致恐龙灭绝”理论，很多科学家认为，这次恐龙犄角化石的发现，充分说明了在小行星袭击地球之前，恐龙并没有慢慢地走向灭绝。

恐龙是突然灭绝的，还是缓慢灭绝的？是因为小行星撞击，还是其他原因？还需要科学家们进一步探究和论证。

2. 火山爆发说

有些科学家坚持认为，在这次小行星撞击事件前，地球上已发生过其他重大事件，如造成德干暗色岩的大规模火山爆发，它们才可能是这次恐龙逐渐走向灭绝的主因。

德干暗色岩又译德干玄武岩，是一个大火成岩省，位于印度南部的德干高原，是地表上最大型的火山地形之一。据地质学家估计，当时火山爆发形成的熔岩地形，最大时有$150\times10^4km^2$，相当于现在印度的1/2面积，而后经由侵蚀作用与大陆漂移，形成现在的大小，约为$51.2\times10^4km^2$。德干暗色岩是在6000万~6800万年前所形成的，时间是白垩纪末期。这说明在那个时期，西高止山脉发生了大规模的火山爆发，并持续了近3万年之久。这次火山爆发所喷出的气体，可能会导致全球暖化。有证据证明在希克苏鲁伯撞击事件之前的 50 万年内，大气温度曾上升 8℃。这会导致一系列的生态变化，从而使得恐龙逐渐走向灭绝。

另外，意大利著名物理学家安东尼奥·齐基基教授也提出，造成恐龙大绝灭的原因也可能是大规模的海底火山爆发。齐基基教授认为，白垩纪末期，地球上在海洋底下同样发生了一系列大规模的火山爆发，影响了海水的热平衡，并进而引起了陆地气候的变化，最终影响了需要大量食物维持生存的恐龙等动物的生存。他的理由是，现代海底火山爆发对海洋和大气产生的影响是众所周知的，只是其影响程度比起 6500 万年前发生的海底火山爆发的程度小多了。齐基基教授认为，过去科学界对海底火山爆发的情况了解得很少，需要对这种严重影响地球环境的现象进行深入的研究。他举例说，格陵兰过去曾经生长着茂密的植被，但是当全球性的海洋水温平衡变化以后，寒冷的洋流改变流向后经过了格陵兰，从此把这个大大的岛屿变成了冰雪覆盖的大地。这是海洋水温平衡变化对气候产生巨大影响的一个典型实例。海底火山活动是影响海洋水温平衡变化的一个重要因素。因此，齐基基教授认为应该将海底火山的大规模爆发引起的海洋水温平衡变化作为研究恐龙绝灭问题的一个重要参考因素。

3. 气候骤变理论

根据深海地质钻探得到的资料，一些科学家认为在 6500 万年前的地球上的气候发生了异常的变化，温度忽然升高。这种变化使恐龙等散热能力较弱的变温动物无法很好地适应环境，引起其身体中的内分泌系统紊乱，尤其是造成雄性个体的生殖系统严重损坏。结果，恐龙无法繁殖后代，从而走向了最终的绝灭。

还有一种理论，虽然同样是认为气候骤变引起恐龙绝灭，但是推测的过程却不一样。这一派学者认为，在距今大约 7000 万年前，北冰洋与其他大洋之间被陆地完全隔开，并在最后的日子里，咸咸的海水因各种因素的作用渐渐地变成了淡水。到了距今 6500 万年前，分隔北冰洋与其他大洋的“堤岸”突然发生了决口。大量因淡化而变轻的北冰洋水流入其他大洋。由于北冰洋的水温很低，这些“外溢”的冷水形成了一层冷流，使得地球大洋的海水温度迅速地下降了大约 20℃。海洋温度的下降又严重影响了大陆气候，使大陆上空的空气变冷。同时，空气中的水蒸气含量也迅速减少，引起了陆地上普遍的干旱。陆地上的这些气候变化产生的综合结构就是，恐龙灭绝了。

气候骤变造成恐龙绝灭的一条可能的途径是严重影响恐龙的卵。一些科学家发现，在恐龙灭绝之前的白垩纪末期，恐龙蛋的蛋壳有变薄的趋势，说明在恐龙大绝灭之前有气候急剧变化造成的作用。中国的一些古生物学家也发现，在一些化石地点产出的恐龙蛋中，临近绝灭时期的那些恐龙蛋蛋壳上的气孔比其他时期的恐龙蛋蛋壳中的气孔要少，这很可能与气候变得寒冷干燥有关。

4. 海退事件

有明确的证据显示，在白垩纪晚期，地球曾发生过大规模的海退事件，达到当时以来最低的程度。在世界各地的一些地层中，最早的部分是海床，较早的部分是海岸地层，最晚部分则是陆相地层。这些地层没有因为造山运动而倾斜、折曲的迹象，因此最有可能的解释是海退。目前没有海退原因的相关证据，较为普遍的解释是巨大海底山脉随着自身的重量而缓慢沉降于海底地层中。

海平面的下降可能造成大气环流系统与洋流系统的变化，形成气候变迁。海洋面积的缩小也会使地表的反照率下降，而使全球气温上升。这些气候异常变化，最终导致恐龙缓慢灭绝。

大规模海退造成大陆架大幅消失，栖息在大陆架的海洋生物最丰富，因此海退可能会造成海洋生物的大批量死亡。大规模海退也使许多大陆海消失，如北美洲的西部内陆海道。这些海域的消失，破坏许多存在于1000万年之前、生物繁盛的海岸平原，如恐龙公园组。同时，由于陆地相对上升，河流的长度更长，使淡水的生存区域扩张。海洋与淡水区域的消长变化，使淡水脊椎动物增加，而海洋生物则数量减少，如鲨鱼。

5. 大气变化理论

现代科学分析使我们了解到，在地球刚刚形成的遥远年代里，空气中基本上没有氧气，二氧化碳的含量却很高。后来，随着自养生物的出现，光合作用开始了消耗二氧化碳和制造氧气的过程，从而改变了地球上的大气环境。同时，二氧化碳一方面通过生物的固定以煤、石油沉积在地层里；另一方面也通过有机或无机的过程以各类碳酸盐的形式沉积下来。这种沉积是一直进行的。

有证据表明，恐龙生活的中生代二氧化碳的浓度很高，而其后的新生代二氧化碳的浓度却较低。这种大气成分的变化是否与恐龙灭绝有关呢？众所周知，每种生物都需要在适当的环境里才能够正常地生活，环境的变化常常能够导致一个物种的兴衰。当环境有利于这一物种时，它就会兴旺发展；反之，则会衰落甚至绝灭。环境因素包括温度、水等因素，还包括大气的成分。那么，大气成分的变化会不会影响生物的生活呢？答案是肯定的。例如，人处在二氧化碳浓度较高的环境下会有生命危险，而有些动物甚至比人对二氧化碳的浓度变化更为敏感。

恐龙生活的中生代，大气中二氧化碳的含量较高，说明恐龙很适应高二氧化碳浓度的大气环境。也许只有在那种大气环境中，它们才能很好的生活。当时，尽管哺乳动物也已经出现，但是它们始终没有得到大发展，也许这正是由于大气成分以及其他环境对它们并不十分有利，因此，它们在中生代一直处于弱小的地位，发展缓慢。随着时间推移，到了白垩纪之末，大气环境发生了巨大的变化，二氧化碳的含量降低，氧气的含量增加，这种对恐龙不利的环境可能体现在两个方面：一是恐龙的身体发生了不适，在新的环境下，很容易得病，而且疾病会像瘟疫一样蔓延；二是新的大气环境更适于哺乳动物的生存，哺乳动物成为更先进、适应性更强的竞争者。在这两种因素的作用下，恐龙最终灭绝了。而那些孑遗的爬行动物则是少数既能适应旧环境，又能适应新环境的少数爬行动物物种。

大气成分变化造成恐龙灭绝这一理论有两个出发点：一个是中生代的大气成分与现代不同，现代科学已能证明这一点；另一个是每种生物需要合适的大气环境才能生存，现代科学也不难对此进行验证。

远古时代的大气中几乎没有氧气，而二氧化碳的含量很高。后来由于生物的出现，在光合作用下大气中二氧化碳的含量逐渐减少、氧气的含量逐渐增加的这一过程也许可以解释生物进化史中的很多现象。例如，寒武纪的生命大爆发，这也是进化史中的一个难解之谜。大气成分变化也可以对此作出解释，因为动物不能直接利用无机物进行光合作用，它的起源落后于植物的起源，必须发生于大气中的氧气含量达到相当的程度时。因此，寒武纪的生命大爆发必须以大气中的氧气含量已经达到了一定程度做保障，而这一点已经被科学所证明。

6. 温血动物说

过去，所有的科学家都认为恐龙像其他爬行动物一样是冷血动物或变温动物，但是随着化石资料的不断增多，人们的认识也发生了变化，有人提出，有些恐龙可能是温血动物。首先，他们认为有些恐龙行动极为敏捷，不是像蛇一样在地上爬行，而是靠两条后腿在地面上跑动，其速度可达20~90km/h。这就需要有强壮的心脏并且维持较高的新陈代谢，显然这些是冷血动物做不到的。其次，恐龙的食量都相当大，据推测，一头30t重的蜥脚类恐龙，每天可能要吃掉近2t食物左右，只有温血动物才需要这么多的能量。从食肉恐龙远远少于食草恐龙来看，这一点也是合理的。最后，还有一些身体较小的恐龙，它们身上覆盖着一层羽毛或毛发，这也是为了防止体温散失。其他方面(如骨骼的研究)，也初步表明一些恐龙是温血动物。温血恐龙的说法一提出，就受到强烈抨击，但到底结论如何，还很难下定论。

有些人认为恐龙是温血性动物，因此可能禁不起白垩纪晚期的寒冷气候而导致无法存活。因为即使恐龙是温血性，体温仍然不高，可能和现生树懒的体温差不多，而要维持这样的体温，也只能生存在热带气候区。同时，恐龙的呼吸器官并不完善，不能充分补给氧，而它们又没有厚毛避免体温丧失，容易从其长尾和长脚上丧失大量热量。温血动物和冷血动物不一样的地方，就是如果体温降到一定的范围之下，就要消耗体能以提高体温，身体也就很快变得虚弱。它们过于庞大的体躯，不能进入洞中避寒，所以如果寒冷的日子持续几天，可能就会因为耗尽体力而遭到冻死的命运。

7. 其他假设

(1)物种斗争说。恐龙年代末期，最初的小型哺乳类动物出现了，这些动物属啮齿类食肉动物，可能以恐龙蛋为食。由于这种小型动物缺乏天敌，自身繁殖越来越多，最终吃光了恐龙蛋。

(2)大陆漂移说。地质学研究证明，在恐龙生存的年代地球的大陆只有唯一一块，即“泛古陆”。由于地壳变化，这块大陆在侏罗纪发生的较大的分裂和漂移现象，最终导致环境和气候的变化，恐龙因此而灭绝。

(3)地磁变化说。现代生物学证明，某些生物的死亡与磁场有关。对磁场比较敏感的生物，在地球磁场发生变化的时候，都可能导致灭绝。由此推论，恐龙的灭绝可能与地球磁场的变化有关。

(4)被子植物中毒说。恐龙年代末期，地球上的裸子植物逐渐消亡，取而代之的是大量的被子植物，这些植物中含有裸子植物中所没有的毒素，形体巨大的恐龙食量奇大，摄入被子植物导致体内毒素积累过多，终于被毒死了。食肉动物将有毒的肉吃下后也被毒死了。

(5)造山运动说。在白垩纪末期发生的造山运动使得沼泽干涸，许多以沼泽为家的恐龙因此无法再生活下去。因为气候变化，植物也改变了，食草性的恐龙不能适应新的食物，而相继灭绝。食草性恐龙的灭绝使肉食性恐龙也失去了依持，结果也灭绝了。此一灭绝过程，持续了一千至两千万年。到了白垩纪末期，终至在地球上绝迹。

(6)自相残杀说。因为气候问题，使植物大量灭绝，从而使以植物为食的食草龙渐渐灭亡，而肉食者，也因为没有了食物，而变得疯狂，自相残杀而灭绝。(疑点：既然是植物灭绝导致了恐龙的灭绝，为什么吃昆虫等的杂食性恐龙也一同灭绝了，而其他的一些动物却安然无恙呢?)

(7)压迫学说。恐龙的数目急增，在植物有限的情况下，造成了草食性恐龙的灭绝，接着靠食用草食性恐龙为生的肉食性恐龙也因为食物的不足而跟着死亡。(疑点：何以恐龙会在历经了长达约2亿年的生态平衡之后突然增加？为此学说成立的重要关键，也直接地造成了许多学者对恐龙异常增产的原因的探讨。)

(8)气温雌雄说。根据鳄鱼现今情况，鳄鱼的雌雄决定于处于卵期的气温，当气温高时，鳄鱼(卵内)是雄性，当气温低时，鳄鱼(卵内)是雌性，因为鳄鱼保持了恐龙的原始形态，所以卵的雌雄问题很可能与恐龙类似。因为6500万年前，地球气候陡然变化，气温骤升，导致几乎所有的恐龙卵都成雄性，所以雄性恐龙在无雌性恐龙继承下去的情况下灭绝了。

(9)物种老化说。认为恐龙由于繁荣期间逾1.6亿年，使得肉体过于巨体化。而且，角和其他骨骼也出现异常发达的现象，因此在生活上产生极大的不便，终于导致绝种。恐龙中最具代表性的迷惑龙，体长25m，体重达30t，由于体型过于庞大，使动作迟钝而丧失了生活能力。另外，三角龙等则因不断巨大化的三只角以及保护头部的骨骼等部位异常发达，反而走向自灭之途。

(10)生物碱学说。这种学说认为恐龙繁盛的最后时期——白垩纪，开始出现显花植物，其中某些种类含有有毒的生物碱，恐龙因大量摄食，引起中毒而死亡。因为，哺乳类能够借助味觉和嗅觉来分辨有毒的植物，但是恐龙却没有这种能力。

(11)繁殖受挫理论。人类已经在世界上许多地方陆续发现了恐龙蛋化石，按照形态结构，可以把恐龙蛋分为短圆蛋、椭圆蛋和长形蛋等种类。恐龙蛋的大小变化范围很大，蛋壳厚度及其内外部“纹饰”、蛋壳结构及其壳层中的椎状层和柱状层比例变化范围都存在不同的差异。在恐龙繁盛的侏罗纪时期，雌雄恐龙的生殖能力都很强，大量的受精蛋均孵化出了恐龙，因此出现了保存大量恐龙骨骼化石而未见恐龙蛋化石的情况。到了晚白垩纪，雌性恐龙的生殖功能仍较强，但雄性恐龙却出现了性功能障碍，大量的蛋未能受精，因此出现了大量的蛋化石而骨骼化石则相对十分稀少的情况。从晚白垩纪早期到晚期，地层中的恐龙蛋化石逐渐减少，说明恐龙的生殖功能逐渐衰退，恐龙的数量不断减少，最终灭绝。

(12)放屁灭绝说。法国科学家推测，导致恐龙绝种的正是它们自己的屁。恐龙家族种类众多，它们大多体形庞大，部分重达80~100t，每天要吃130~260kg食物。而恐龙每天会不断放屁，屁中含有大量的甲烷。甲烷最终破坏了臭氧层，导致地球生态发生巨变，食物奇缺，以致恐龙绝种。

(13)有机硅缺失论。恐龙的肌肉属于一种有机硅胶，恐龙体内硅含量高于动物的祖先，动物的祖先体内硅含量高于动物。恐龙对硅烷的依赖性极强。恐龙以高分子有机硅或硅结构的动物、植物为食，恐龙随着其赖以生存的食物的减少而逐渐灭绝。

(14)综合原因说。因为恐龙的灭绝只有在各种内外界因素共同作用下才会发生，所以这种理论认为恐龙灭绝是一个复杂的过程，单一的原因很难导致恐龙灭绝，恐龙灭绝是多方面造成的。

关于恐龙灭绝原因的假说，远不止上述这几种，这里只列出了一些在科学界有一定支持者的推断。当然，上面的每一种说法都存在不完善的地方。例如，“气候变迁说”并未阐明气候变化的原因。经研究，恐龙中某些小型的虚骨龙，其生理功能足以同早期的小型哺乳动物相抗衡，因此“物种斗争说”也存在漏洞。而在现代地质学中，“大陆漂移学说”本身就是一个假说。“被子植物中毒说”同样缺乏足够的证据。

探索实践

1. 什么是恐龙？恐龙的主要特点？
2. 恐龙化石有哪些作用？
3. 恐龙灭绝原因讨论。
4. 学生分组，查阅更多恐龙资料，进行交流讨论并作讲解。
5. 如何区别有毒、无毒蛇？蛇伤的救护应注意哪些要点？播放视频或图片，帮助学生区别有毒、无毒蛇，了解蛇类习性。

边学边练

1. 以下说法正确的是(　　　　)。

A. 因为蛇都是有毒的，所以它是有害的，不应当受到保护

B. 毒蛇见人就会咬，所以，在野外看到它时要坚决消灭

C. 蛇冬天一般要冬眠，它是变温动物

D. 毒蛇和无毒蛇的区别在于有无毒牙和毒舌

2. 在爬行动物中，蜥蜴、扬子鳄主要依靠什么呼吸？(　　　　)。

A. 肺　　B. 皮肤　　C. 鳃　　D. 气管

3. 鳄鱼的皮肤干燥又粗糙，表面覆盖着角质的鳞片，这样的皮肤有利于(　　　)。

A. 爬行　　B. 辅助呼吸　　C. 吸收营养　　D. 减少体内水分蒸发

4. 爬行动物中最高等的类群是(　　　　)。

A. 喙头目　　B. 龟鳖目　　C. 蜥蜴目　　D. 鳄目

5. 我国特有的国家一级保护动物扬子鳄属于爬行动物，下列哪项不是爬行动物的主要特征(　　　　)。

A. 在水中产卵　　B. 用肺呼吸

C. 体表有角质鳞片或甲　　D. 卵有坚韧的卵壳

项目5　百鸟园旅游

教学目标

☞ **知识目标**　1. 鸟类的主要特征；
2. 鸟类的生态习性；
3. 鸟类文化；
4. 野外观鸟旅游；
5. 百鸟园鸟类的认知与讲解。

☞ **能力目标**　1. 野外鸟类观赏能力；
2. 鸟类讲解能力；
3. 鸟类讲解词的撰写能力。

☞ **素质目标**　1. 团队合作意识；
2. 爱鸟、护鸟意识；
3. 讲解员的基本素质。

教学重点和难点

1. 野外观鸟的注意事项；
2. 常见鸟类的认知与讲解。

任务5.1　鸟类认知

【任务导入】

案例一　燕窝与生态保护

燕窝是一种学名金丝燕的雨燕在岩壁上用唾沫筑成的。生活在东南亚群岛一带的金丝燕，它们为生存一直在飞行，除了入窝繁殖外，它们的一切活动，包括吃东西、交配都在不停地飞翔中进行。因为当地缺少筑巢的自然材料，金丝燕唯有以自己的唾液，混合着自身的羽毛去建窝。筑窝期间，金丝燕不吃不喝也不休息，20多天里，像春蚕吐丝那样不停地摇晃着脑袋几万次，将吐出的一丝丝的唾液粘在岩壁上，筑成一个窝！燕窝有生津益气、滋阴养颜、润肺增髓等功效。近年来，燕窝的市场需求量大增，价格也暴涨起来，导致人们不顾金丝燕的死活，竟然一年四季不停地采取。但是如果金丝燕辛辛苦苦筑成的窝被窃，就会被逼着去筑第二个乃至第三个窝来安家繁殖后代。最后由于筋疲力尽，又无家可归，只能在悬崖的天然隙处栖生。如此便非常危险，其卵及雏燕会从峭壁上摔下去，自身也濒临绝灭。故此，金丝燕近来被列入濒危动物名单中，国际环保组织要求全人类给予保护。请有钱人嘴下留情，少吃燕窝！

案例二　非法猎捕野生鸟而获刑

2014 年 9 月起琼海市龙江镇某村梁某，擅自在村里小树林处，用两根竹竿支起一张“捕鸟网”，用于捕捉飞经此地的野生鸟，然后到石壁镇农贸市场售卖。一次售卖时，被石壁派出所民警当场查获。后经鉴定，被猎捕的两只鸟分别为珠颈斑鸠和领角鸮，其中珠颈斑鸠属国家保护的、有益的或者有重要经济、科学研究价值的陆生野生动物(“三有”动物)，领角鸮为国家二级重点保护动物。梁某违反法律规定，在未经林业主管部门批准核发《特许捕猎证》的情况下，非法猎捕国家重点保护的珍贵、濒危野生动物，其行为均已构成非法猎捕珍贵、濒危野生动物罪。但鉴于到案后其如实供述并自愿认罪，依法可以从轻处罚，遂分别判处被告人梁某有期徒刑一年，缓刑一年，并处罚金 1000 元。

90 后小闫原本是郑州一所职院的在校大学生。2014 年暑假，他发现自家大门外有鸟窝，就搬着梯子去掏。他前后掏了 16 只，在朋友圈和 QQ 群售卖。因为他掏的鸟是国家二级保护动物燕隼，法院判决小闫有期徒刑十年半，并处罚金 1 万元。

【任务分析】

天然燕窝持续被盗，琼海两农民因捕鸟、捕蛇而被判刑罚金，河南大学生小闫因为“掏鸟窝”被判十年半。很多人认为捕鸟要判十年半太夸张，无法理解；也有不少人指出，捕猎贩卖珍贵的保护动物应该受到法律法规的严惩。不少业内人士认为，其实这些案件的发酵，不仅对捕猎野生动物的违法行为起到警示作用，更是一次非常好的重视野生动物保护法律问题的机会。

从人类文明历史揭晓起，鸟类就同人类有着极为密切的关系。鸟类不仅仅为我们带来生活的愉悦，它更是大自然的守护者、人类科技的启迪者。别说捕猎国家级保护的鸟类，哪怕是捕猎普通的麻雀，达到一定的数量也是需要立案侦查的。而一般的鸟类都属于省级保护动物。爱鸟护鸟是人的美德，我们了解、认识鸟类就是为了更好地保护它们，广大群众要自觉抵制捕鸟行为，自发开展爱鸟护鸟志愿活动，增强保护生态环境的意识。

知识卡片

鸟纲是脊索动物门脊椎动物亚门的一纲。体表均被羽，一般前肢变成翼(有的种类翼退化)，多营飞翔生活；身体呈流线型(纺锤型或梭型)，胸肌发达；食量大，直肠短，消化快，即消化系统发达，有助于减轻体重，利于飞行；心脏有两心房和两心室，心搏次数快；体温恒定；卵生，胎外有羊膜；呼吸器官除肺外，还有由肺壁凸出而形成的辅助呼吸的气囊，用来帮助肺进行双重呼吸；骨多空隙，内充气体。

5.1.1 鸟类适应飞翔的主要特征

5.1.1.1 流线型体型

鸟类的身体分为头、颈、躯干、尾和四肢5个部分。头部较小，颈部较长，尾部较短，前肢特化为翼，整个身体呈流线型、纺锤型或梭型体型。流线型，简单地说就是前圆后尖，表面光滑，略像水滴的形状。具有这种形状的物体在流体中运动时所受到的阻力最小，适合于飞翔和高速运动。鸟类的流线型身体保证了在空中飞翔时的快速与稳定。

5.1.1.2 体表披羽

羽毛是鸟类适应飞翔的重要结构。鸟类的羽毛在发生学上与爬行动物的鳞片来源相同，在构造上与哺乳动物的毛发截然不同。鸟类的羽毛可以分为2个主要类型，分别是正羽和绒羽，其他羽毛类型(如纤羽)是处于正羽和绒羽之中的不太显著的中间类型。

(1)正羽。正羽包括被覆体外的大型羽片(廓羽)以及在翅和尾部着生的飞羽和尾羽。飞羽和尾羽的数目是恒定的。羽轴端为羽根，深植于皮肤中。羽轴两侧斜生许多并行的羽支，各羽支两侧更分出排列整齐的羽小支。羽支远侧的1列羽小支具有许多羽纤支，其尖端有细钩，与羽支近侧的羽小支连接，组成扁平而有弹性的羽片，以扇动空气和保护身体。

(2)绒羽。绒羽又称翮羽，形状较大、坚硬挺直，由羽轴和羽片(或甲羽)组成。又可分为飞羽和尾羽，是制作羽扇的材料。密生在正羽下面，羽支细长成丝状，着生于羽根的顶端。羽小支短，不具羽纤支或细钩，因此羽支蓬松成绒形。水禽绒羽比较发达，鸭绒就是这种羽毛。鹭类、鹦鹉类、鹰类往往具有一种特殊绒羽，稍一触动即碎成粉状，所以称粉羽，它可以除去体外寄生虫和污物。

(3)纤羽。羽轴细长，夹在正羽和绒羽之中。羽支和羽小支数目很少或者没有，是一种退化了的正羽。鸟的羽毛轻而耐磨，是热的不良导体。

鸟身上的羽毛很多，大约要超过2000枚。这些羽毛能够在鸟类体表形成隔热层，从而保持体温恒定，颜色和斑纹也可以起着保护色的作用，有些部位的羽毛甚至还有触觉功能。

5.1.1.3 骨骼系统

鸟类为了适应于飞翔生活，在骨骼系统方面有显著的特化，表现为骨骼轻而坚固，骨骼内具有充满气体的腔隙，头骨、脊柱、骨盆和肢骨有愈合现象。头骨薄而轻且愈合。除平胸目外，胸骨皆有龙骨突，供发达的胸肌附着，用于挥动翅膀。胸椎以下骨骼愈合程度极高，如其脊椎相互愈合成若干块联合椎骨，不像哺乳动物椎骨间可以在一定限度内自由活动。骨骼的高度愈合有利于提高鸟类的骨强度及维持飞行姿势，减低骨骼自重，是适应飞翔生活的特征。

5.1.1.4 呼吸系统

鸟类的呼吸系统与众不同，其进行气体交换的基本单元不是肺泡而是微气管，而且具有分布于全身各处骨骼内的气囊，吸气时空气经微气管从体外进入气囊，进行第一次气体交换，呼气时气体经微气管从气囊排出体外，进行第二次气体交换，因此鸟类每呼吸一次，气体交换两次，气体交换效率明显高于哺乳动物。另外，气囊的存在也进一步增加鸟类的浮力及减缓飞行压力变化对身体的冲击。

5.1.1.5　循环系统

鸟类的心脏为2心室2心房，血液循环为完全双循环。呼吸为双重呼吸，提高了气体交换效率。恒温动物。剧烈的飞行要求旺盛的新陈代谢，高体温(37~44.6℃)保证了较高的代谢率。

5.1.1.6　消化系统

鸟类无牙齿，而演化出角质化的喙，并依采食习性的不同，而演化出多样化的形状，此对减轻体重有很大的帮助。为弥补缺少牙齿的劣势，许多鸟类在食道与腺胃间具有嗉囊，主要功能用于储存部分食物，取代部分胃的功能。鸟类的腺胃较小，食物停留时间较短。在腺胃之后，还有砂囊的存在。鸟类会吞食石块，利用砂囊强健肌肉磨碎食物，取代牙齿及口腔咀嚼功能。鸟类的消化系统明显短于哺乳动物，这也是造成鸟类频繁排遗的一个原因，但较短的消化系统有助于减轻鸟类的体重。

鸟类在氮的代谢方面也不同于哺乳动物，其体内的含氮物质最后都转变为毒性较低的尿酸，与哺乳动物排放的尿素相比，不需大量水分稀释，因此鸟类缺乏液态的尿液，这同样有效减轻了体重。

5.1.1.7　生殖系统

无论雄雌，鸟类的生殖系统仅在繁殖季节膨大并产生功能，非繁殖季节其生殖系统便会萎缩，即便解剖也很难发现，以上特征可以有效地减轻鸟类自重。

5.1.1.8　感觉系统

大部分鸟类的视觉比较敏锐，并具有色觉，能够分辨颜色。大部分鸟类听觉一般，仅有少数夜行性鸟类听觉发达。只有兀鹫属鸟类的嗅觉比较发达，其他种类鸟均退化。发达的视觉有利于在高空飞行时锁定捕食目标，耳朵、鼻子的退化有利于减少空气阻力。

5.1.2　鸟类的生态习性

大多数鸟是在日间活动，也有一些鸟是夜间或者黄昏的时候活动，如夜鹰、猫头鹰等。许多鸟都会进行长距离迁徙以寻找最佳栖息地，如北极燕鸥等，也有一些鸟大部分时间都在海上度过，如信天翁等。大多数鸟类都会飞行，少数平胸类鸟不会飞，特别是生活在岛上的鸟，基本上也失去了飞行的能力。不能飞的鸟包括企鹅、鸵鸟、奇异鸟以及绝种的渡渡鸟等。

5.1.2.1　鸟类迁徙

鸟类迁徙和鱼类越冬洄游类似，是一种周期性的，沿着相对固定的线路进行的长距离移动。

1. 迁徙鸟类的分类

根据是否存在迁徙行为，可将迁徙的鸟类分为以下几类：

(1)留鸟。留鸟是那些没有迁徙行为的鸟类，它们常年居住在出生地，甚至终身不离开自己的巢区。有些留鸟则会进行不定向和短距离的移动。

(2)候鸟。候鸟是那些随着季节变化而南北迁移的鸟类，它们每年春秋两季沿着固定的路线往返于繁殖地和避寒地之间。很多鸟类具有沿纬度季节迁移的特性，夏天，这些鸟在纬度较高的温带地区繁殖，冬天则在纬度较低的热带地区过冬。夏末秋初的时候这些鸟类由繁殖地往南迁移到渡冬地，春天由渡冬地往北返回到繁殖地。在不同的地域，根据候鸟出现的时间，可以将候鸟分为夏候鸟、冬候鸟、旅鸟、漂鸟。鸟类在它避寒地被视为冬候鸟，在它的繁殖地(或避暑地)则为夏候鸟，在它往返于避寒地和繁殖地途中所经过的区域则为旅鸟。在一定广域范围，或是夏居山林、冬居平原处的则视为漂鸟。

候鸟和留鸟之间的区别并不是绝对的，同一鸟种，可能因为各种原因，在不同的地区甚至在同一地区表现出不同的居留类型。决定一个鸟种在一地的居留类型的因素有食物状况、当地气候、生境等。例如，繁殖于日本北海道的丹顶鹤原为夏候鸟，由于当地人士持续在冬季定期投喂给予其稳定的食物来源，部分丹顶鹤已经放弃迁徙的本能，成为当地的留鸟；又如雀形目鸟类黑卷尾，在中国南部的海南岛、云南等地为留鸟，而在长江流域和华北则为夏候鸟，在欧洲则为漂鸟。

(3)迷鸟。迷鸟是那些由于天气恶劣或者其他自然原因，偏离自身迁徙路线，出现在本不应该出现的区域的鸟类，如曾经在中国湖南省东洞庭湖自然保护区发现的大红鹳就是迷鸟。

2. 鸟类迁徙行为

鸟类迁徙通常是一年两次，即春季由越冬地迁往营巢地，秋季由营巢地迁往越冬地。其迁徙日期因种而异，同时也受环境因子(营养等)的制约。在鸟类迁徙的过程中，不同种鸟类不仅在年节律上有变化，在一日之间也有变化。一般有昼间迁徙和夜间迁徙以及昼夜迁徙等不同类型。大型鸟类以及猛禽由于体形较大或由于性情凶猛天敌少，因而常常白昼迁徙夜间休息，以便利用白天由于日照引起的上升气流节省体力；但是更多的候鸟，包括体形较小的食谷鸟类、雁鸭类、涉禽等，则多选择白昼蛰伏、觅食，夜间迁徙的方式，选择夜间迁徙的鸟类会在凌晨异常活跃。研究显示，白昼迁徙的鸟类多利用太阳或者地面景观导航定位，夜间迁徙的鸟类则利用月光和星座导航。部分鸟类在穿越沙漠和大洋时由于没有落脚点，因而会采取昼夜兼程的迁徙方式。鸟类的迁徙往往是结成一定的队形，沿着一定的路线进行。迁徙的距离有近的，也有远的，从几千米到几万千米。最长的旅程可要数北极燕鸥，远到 1.8×10^4km。此鸟在北极地区繁殖，却要飞到南极海岸越冬。在迁徙时，鸟类一般飞得不太高，只有几百米左右，仅有少数鸟类可飞越珠穆朗玛峰。迁行时飞行速度40~50km/h，连续飞行的时间可达40~70h。由于许多鸟类是在夜间迁徙，有时会把灯光当成黎明的光线，这种趋光性造成许多鸟在夜间撞上亮着灯光的建筑物或车辆。据统计，多伦多一个秋季有约2000只鸟因受灯光的吸引而撞上高层建筑；车辆也威胁着迁徙中的鸟，在中国额尔古纳地区通向海拉尔的公路上，春秋时节车辆在草原中的公路上撞上迁飞的候鸟是很常见的。有些公路的修建阻断了鸟类迁移的通道，例如中国台湾的阳明山国家公园在2003年就有1000多只的动物不幸被车辆辗毙，其中还包括珍贵的鸺角鸮。为了避免这一状况，许多国家在动物出现频繁的路段上都有警示动物出没的标志，但这一做法收效甚微，对哺乳动物有效的“地下通道”对鸟却意义不大；裸露的高压线对于鹳类、雕类和其他大型鸟类也是一个危险因素。据国际鸟盟的报道，每年有30%初飞的西班牙雕是触电致死。

鸟类迁徙是鸟类遵循大自然环境的一种生存本能反应，研究鸟类的迁徙行为，了解候鸟的迁徙时间和路线、迁徙数量、种群关系、存活率、死亡率、归巢能力、寿命，以及与繁殖地、越冬地环境的关系等生态规律，对于保护珍稀濒危鸟种、利用候鸟保护农林生产和维护生态平衡、计划利用经济候鸟、防止流行病的传播、保障航空安全、制定法律等可以提供科学的依据，将会给人类带来巨大的社会和经济效益以及生态效益。

5.1.2.2 鸟类的繁殖

鸟类一般在春夏季繁殖，但一些热带食谷鸟类几乎全年都能繁殖。大多数鸟类孵出1岁后可进行繁殖，也有些热带鸟类孵出后3~5个月即可繁殖，鸵鸟2.5~3岁、兀鹰9~12岁才能繁殖。鸟类随着生殖腺的发育成熟，在光照、温度以及自然景观等的作用下，通过神经、内分泌系统的活动，会发生求偶、占区、筑巢、产卵、孵卵、育雏等一系列的繁殖行为，这是鸟类对提高后代成活率和延续种族的适应。

1. 求偶炫耀

求偶炫耀是通过各种不同的手段吸引异性以达到交配目的的行为。许多动物类群都有求偶炫耀行为，如雄蛙在繁殖季节会不停地鸣叫，蛇类会通过复杂的舞蹈动作而配对，雄鹿会发生激烈的搏斗以获得一群雌鹿。鸟类的求偶炫耀内容复杂、多样，是一种高耗能的活动，但是，大多数鸟类仍然积极地进行着求偶活动，这是因为，求偶炫耀在鸟类生活中具有十分重要的作用，主要包括：吸引异性、形成配偶；促进雌雄个体性器官活动的同步化；物种识别，防止种间杂交。鸟类求偶炫耀的类型有以下几种：

(1)鸣啭、鸣叫和发声。大多数鸣禽的雄鸟，如云雀、百灵、画眉等，在繁殖季节都能唱出某种曲调多变、婉转动听的歌声。斑鸠、杜鹃和一些鹬类也以洪亮、有特点的歌声对雌鸟进行招引。一些不善于鸣唱的鸟类常是通过一系列单调的叫声或通过身体某一部位的特殊结构发出的声音求偶。例如，啄木鸟用敲击枯木发出一连串的声响来吸引异性。

(2)体色显示。色彩华丽的雄鸟通过炫耀其漂亮的羽毛或冠、裙、角、囊等特殊的装饰物来进行求偶。

(3)身体接触、舞蹈、婚飞。水禽和海鸟在求偶时，雌雄鸟身体的某一部位经常发生接触。如喙的相互撞击或“亲吻”、颈部缠绕、身体相依偎等。大多数鹤类在求偶时雄鸟首先起舞，如果被雌鸟选中，则两只鸟互相跳舞。猛禽求偶时，雌、雄鸟在空中上下翻飞、互相追逐，这是一种空中舞蹈的形式，称为“婚飞”。

(4)公共竞技场求偶。有些鸟类(如黑琴鸡等)的雄鸟会来到一个公共的竞技场，进行各种形式的炫耀比赛或格斗。在竞赛中获胜的雄鸟来到求偶场中心并获得与多只雌鸟交配的机会；而失败者则只能退居公共竞技场的边缘地带，失去繁殖机会。

(5)求偶喂食。有些鸟类在繁殖期间常常通过向异性喂食或类似动作来吸引异性，建立并稳定配偶关系。

(6)装饰求偶场。在澳大利亚和新几内亚的一些鸟类还常常通过修建凉亭、装饰求偶场来吸引雌鸟。

2. 鸟类的婚配制度

鸟类通过求偶炫耀，最终在繁殖过程中形成某种形式的配对关系。我们把某一性别的鸟类个体所获配偶的数量多少、配偶关系所维持的时间长短，以及形成配对关系以后雌、雄鸟在繁殖过程中所担负的职责等，统称为婚配制度。鸟类的婚配制度分为以下4类：单配制、一雄多雌制、一雌多雄制、混交制。

(1)单配制。即一雌一雄制，最为普遍。雌雄彼此独居，在一个繁殖期内，一雄一雌形成配偶。配偶关系有些能保持多年甚至终生，有些能保持一年，有些只保持繁殖一窝雏鸟，有些甚至更短。现存鸟类中绝大多数的种类属于单配制。

(2)一雄多雌制。一个繁殖季节内，一只雄鸟拥有两只或两只以上的雌性配偶，但每只雌鸟却只能与某一特定的雄鸟婚配。交配以后，雄性不参与对后代的抚育。

(3)一雌多雄制。一只雌鸟可以与两只或两只以上的雄鸟交配，但每只雄鸟却只能与某一只雌鸟交配。通常由雄鸟抚育后代。

(4)混交制。实际上就是一雄多雌制和一雌多雄制的混合。在这种婚配制度下，雄鸟和雌鸟都有可能承担抚育后代的职责。

鸟类的婚配制度并不是固定不变的。在特殊情况下，可以从一种婚配制度转变为另一种婚配制度。例如，天鹅在正常制度下为单配制，但偶尔在某一种群之中会出现多配制。

3. 鸟类的领域和领域行为

每到春季，鸟类就开始了一年一度的繁殖活动，第一步就是要占领一片环境安全舒适、食物资源丰富的区域，用它作为繁殖场所，这块区域就是领域。鸟类的领域是鸟类为了满足其繁殖和生存的需要而占据的一定区域。这个区域往往受到领域拥有者有效的保护，不允许其他鸟类，尤其是同种的同性个体的进入。鸟类的这种占据区域并对其进行保护的行为称为领域行为。鸟类的领域为一只鸟、一对鸟或一群鸟所有，不同鸟类的领域具有不同的功能。一般来说，鸟类的领域具有把鸟类与其同种的其他个体分隔开来、促进种群的扩散、以便更有效的利用空间和资源、调节种群密度防止过剩、减少被天敌捕食的机会和阻止疾病的传播、促进鸟类新种或新亚种的形成、为占区鸟类提供某种心理上的支持等方面的作用。依据领域所具有的功能，大致将鸟类的领域分为以下几个类型：

(1)全能型领域。这是最常见的领域类型，鸟类可以在其领域中进行求偶、交配、筑巢、孵卵、育雏、取食、栖宿等各种生命活动。大多数雀形目的鸟类，尤其是鸣禽，如画眉、黄鹂等鸟类的领域属于这种类型。

(2)繁殖领域。鸟类在领域内进行求偶、配对、筑巢、孵卵等所有繁殖活动，但需要到领域之外去取食，如天鹅、游隼等鸟类的领域属于这种类型。

(3)交配领域。鸟类只在其领域内求偶和交配，其他行为如取食、筑巢、孵卵、育雏等都在领域之外。大多数多配制的鸡形目的鸟类，如松鸡、黑琴鸡以及一些极乐鸟、园丁鸟、蜂鸟等鸟类的领域属于这种形式。

(4)营巢领域。这种领域只是由围绕着巢的一块十分狭小的区域构成。一些集群繁殖的水禽，如企鹅科、海鸥科、雁类，及一些洞巢的鸟类，如树燕、椋鸟科的鸟类具有这种类型的领域。

(5)取食领域。少数鸟类的取食和繁殖活动分别在不同的领域内进行。某些鹳类在其繁殖领域之外还有一块受其保护的取食区域。

(6)冬季领域。某些鸟类在冬季要保护一个区域，在区域中可以取食、贮藏食物和栖宿，如美洲隼、新疆歌鸲等。

(7)栖宿领域。某些鸟类还保护特定的栖位以供夜宿，如紫翅椋鸟每夜都要占据相同的栖木夜宿。

(8)群体领域。有时许多鸟类会联合起来共同保护一个区域，这个区域就是鸟类的群体区域，如鸦类、鹭类、企鹅等为密集营巢的鸟类，在繁殖季节，由整个群体保护其营巢的领域。鸟类占据领域之后，通常需要一系列的保卫领域的行为活动，才能有效地维持领域，保卫自己的权益。这些活动的常见方式有：

①鸣啭或鸣叫，这是最常见的一种方式，不仅行之有效，而且耗能最少。啄木鸟就通常通过敲击树干发声来进行领域防御。②巡飞，许多鸟类在获得领域和保卫领域过程中，经常在其上空飞行，以便及时发现入侵者并将之赶出领域之外。这种飞行称为巡飞。③威胁炫耀，许多鸟类通过某种形式的威胁性炫耀动作来达到驱除入侵者、保卫领域的作用。展示身体的某一部分的羽毛颜色是威胁炫耀的一种常见方式。④格斗，假如鸣啭、威胁性炫耀等方式都不能将入侵者赶出领域，占区鸟类也会采取直接进攻的方式。在格斗中，鸟类常以翅、喙、爪、距等器官作为武器。

4. 筑巢行为

筑巢是鸟类繁殖过程中一个重要的环节，鸟巢是鸟类为了产卵、孵化直至雏鸟离巢而选择或筑造的一种临时性结构。鸟巢具有十分重要的作用：可容纳卵，使卵集中便于孵化。对于晚成鸟来说，巢还具有容纳雏鸟，让雏鸟接受亲鸟抚育的作用；保温作用，利于孵化和育雏；巢的隐蔽性能够有效保护鸟类自身、卵和正在发育中的雏鸟；筑巢和孵化等活动可以刺激鸟类体内性激素的分泌，促进繁殖活动的进行，在一定意义上筑巢也有求偶炫耀的作用。鸟类的筑巢活动包括选择巢址、收集和运送巢材、筑巢等。

(1)选择巢址。巢址的选择与鸟类的生活栖息地的类型和生活习性有关。大多数鸟类有主动选择巢址的习性，一般在筑巢活动开始前一天或数周之内进行。巢址由雌雄鸟共同选择或是由雌鸟或雄鸟单独来选择，因种而异。

(2)收集和运送巢材。一般同一类群的鸟类所用的巢材具有共性。巢材的种类千差万别，大体上可以分为植物性材料、动物性材料、人工制品、泥土和石块等。巢材的收集和运送大多数由雌雄鸟共同承担。鸟类大多就地取材，这样不仅省时省力，而且还可以使巢与周围环境保持一致，更富有保护性。

(3)筑巢。大多数鸟类利用喙和脚作为最基本的筑巢工具。在筑巢时，大多数鸟类都遵循着自外向内、由上而下、由简单到复杂、由粗糙到精细的顺序。筑好的鸟巢，根据巢所处的位置及其结构特点，可以把鸟巢大致分为地面巢、水面浮巢、洞巢、编织巢，以及一些特殊形式的鸟巢，如泥巢、唾液巢、叶巢、织布鸟巢、冢巢。

①地面巢　是巢位于地面或地表的浅凹内，结构一般都比较简单，卵的颜色一般与环境相似，不易被天敌发现。根据有无巢材及巢的结构特点还可细分为简单巢(如鸥类、企鹅、雁形目鸟类的巢)、凹坑(如鸵鸟的巢)、地面编织巢(如柳莺、云雀的巢)。

②水面浮巢　一些游禽的巢由芦苇或其他水草编织而成，呈简单的盘状浮在水面上，能随水面升降，如水雉等一些鸟的巢。

③洞巢　巢常位于树洞、岩洞、地洞或其他裂隙中。一般攀禽和一些雀形目的鸟巢为此类型。具体可以划分为树洞巢(如啄木鸟的巢)、岩洞巢(如雨燕、岩鸽的巢)、地洞巢(如普通翠鸟的巢)、房洞巢(如麻雀的巢)。

④编织巢　大多数森林中和灌丛中的鸟的巢为编织巢。巢一般由树枝、树叶、树皮、草茎、毛发等编织物编织成，结构比较复杂。根据形状和结构特点，可以分为球状巢(如喜鹊的巢)、瓶状巢(如攀雀的巢)、板状巢(如斑鸠的巢)、皿状巢(如苍鹭的巢)。

⑤泥巢　巢主要由泥土构成。例如，家燕和金腰燕在繁殖期常在屋檐下或房梁上用泥土筑巢，巢多为杯状或瓶状。

⑥唾液巢　这是一些雨燕目鸟类(如金丝燕)所具有的特殊巢型。巢材主要由鸟类口腔

中所分泌的唾液组成。

⑦叶巢　这是一种特殊形式的编织巢，为长尾缝叶莺和灰胸鹪莺等所具有。在筑巢时先将树梢上下垂的大型叶片的边缘穿孔，以植物纤维或蛛丝等将叶缘互相缝合成袋状。

⑧织布鸟巢　织布鸟所筑造的巢是鸟巢中结构最精致的一种类型。巢呈曲颈瓶状，悬挂在树梢上，主要由树皮纤维编织而成。

⑨冢巢　这是生活在澳洲及东南亚热带森林中的冢雉科鸟类所特有的巢，它们在繁殖时常在林间地面上掘出一个大坑，然后再用土和一些植物性物质把坑填起来，最终形成一个冢状的大土堆。

5. 孵卵行为

产卵多发生在筑巢活动结束以后。卵的形成与产生受神经内分泌系统的控制，但也受到环境因素的影响，如温度、光照、降水、食物资源等因素。各种鸟产卵所需的时间不同。雁类产出一枚卵往往需要1~2h，而一些寄生性鸟类如杜鹃几秒钟就产1枚卵。鸟类达到性成熟并开始产卵的年龄不同，每年的产卵期、窝数，以及每窝的窝卵数也因种而异，并会因环境的影响而变化。

(1)孵卵方式。鸟类的孵卵方式多种多样。大多数鸟类由雌、雄鸟共同孵卵，即两性共同孵卵，一般认为这是一种比较原始的孵卵方式。此外，还有由雌鸟或雄鸟单独孵卵的方式，即单亲孵卵，以及群体孵卵。

(2)孵卵行为。孵卵鸟类的坐巢与离巢常按照一定的规律交替进行，称为孵卵节律。不同种类的鸟类孵卵节律不同，并且会在一定程度上受到外界气候条件的影响。鸟类在孵卵时每隔一段时间就要用喙或爪将腹下的卵转动1次，此称为翻卵。通过翻孵可使卵的各个部位受热均匀并防止胚膜与卵壳黏连。在产卵期和孵卵的早期，许多亲鸟会因受到干扰而弃巢，弃巢是鸟类的一种自我保护行为，有利于逃避天敌的捕食。弃巢之后的亲鸟常常开始另觅巢址。然而，往往随着孵卵活动的继续，越到后期亲鸟对巢、卵越依恋，一般不会轻易弃巢，称为恋巢。

(3)卵的形态。大多数鸟有卵形鸟卵，但也有洋梨状、球形、长椭圆形和椭圆形等。卵的形状有利于窝内的卵集中。大多数鸟卵表面光滑，但是一些卵表面凹凸不平(鸵鸟等)，也有一些卵表面具有糙纹(风冠雉)，甚至有的卵表面有一些白粉状物质(鸭科)。

(4)卵的大小。鸟卵的大小主要由体型决定。现存鸟类中，非洲鸵鸟的卵最大，蜂鸟的卵最小。体型越大的鸟，卵重占体重的比例越小。早成性鸟类比晚成性鸟类的卵相对较大。

(5)卵的颜色。鸟类中以产白色或近白色的卵的种类最多，但也有许多其他颜色的卵，如鸭类为浅绿色的卵。卵色和花纹具有保护色的作用。

6. 育雏行为

幼鸟分为早成雏和晚成雏。早成雏从鸟蛋里孵出来时身体外表已长有密绒羽，眼已张开，绒羽干后，就随母鸟找食。晚成雏出壳时还没充分发育，身体外表没有或只有很少绒羽，眼不能张开，需要由母鸟衔虫喂养。鸡、鸭等的雏鸟为早成雏，啄木鸟、鸽等的雏鸟为晚成雏。晚成雏的亲鸟具有育雏行为，可以提高后代的成活率。在育雏期间，亲鸟的捕食量大大增加，捕食的对象大多是农林害虫。因此，鸟被人们誉为“农林卫士”。

不筑巢、不育雏的鸟类是杜鹃。杜鹃生儿育女，与众不同。它不筑巢、不孵卵、不育雏。但是它没有绝代灭种。原来杜鹃在繁殖期间，就事先找好别的鸟巢，如黄莺、云雀、东鸟等鸟的巢，作为自己产卵的“产房”。等到巢中老鸟飞走时，它就迅速地飞进去，用嘴衔住巢中老鸟所产的一个卵，生下一个自己的卵。这些动作很敏捷，不到一分钟的时间就做好，然后又很快把偷的卵带着飞走，作为佳肴吞进肚中。这样，别的鸟在孵卵时，也就把杜鹃的卵代孵了。杜鹃的卵孵化发育得快，会比寄主鸟的卵提前孵出，只要13d左右，小杜鹃就会啄破壳而出。它这时羽毛没长好，光着赤裸裸的身体，两眼没睁开，两腿不会走路，全靠寄主鸟喂养。小杜鹃生长很快，只要10d羽毛便丰满，这时它的身体就比喂养它的鸟还要大些，再过几天，就被在附近活动的生母引走高飞了。最可怕的就是小杜鹃的一项技能，绝对缺德至极，小杜鹃出世后大约10h，会排挤和破坏同巢中孵出的小鸟和卵。它发现巢中有卵时，就在卵的一边，慢慢地将卵挤到自己的背上，然后抬起身体，把背上的卵掀到巢外，使它落地摔碎。如果巢中有了别的雏鸟，它就到这雏鸟的身下，把雏鸟背到背上，然后站直两只脚，慢慢挨到巢边，不停地振动小翅膀和身体，无情地把那只可怜的雏鸟摔出巢外。这样，将巢里的所有异己排除掉，然后就独霸鸟巢，独享“父母”的哺育了。

5.1.2.3 鸟类的鸣叫

鸟类的鸣叫分为鸣唱、鸣叫和明效3种类型。

(1)鸣唱。是在性激素控制下产生的响亮而富于变化的多音节连续旋律，有些种类的鸣唱非常宛转悠扬。鸟类鸣唱是用于划分和保卫领域，宣告此地已被占据，警告同种雄鸟不得进入，吸引雌鸟前来配对。

(2)鸣叫。是短促单调的声音。鸣叫发出的声音有很多含义，用于个体间的联络和通报危险等信息活动，大致可分为呼唤、警戒、惊叫、恫吓4种类型。叫声通常没有季节变化的影响，是鸟类之间联络的重要方式。

(3)明效。是指鸟类模仿其他鸟类的叫声或声音。

不论什么鸟类的叫声，都有5个基本要素：时间，即鸣叫声持续的时间；音调，即鸣叫声音调高低；响度，即鸣叫声量的大小和强度；音质，即鸣叫的声音特质，常用于鸟叫声音质近似的声音进行描述，如叫声像吹口哨，或是像金属摩擦声；音节，鸣叫声由什么声音构成，一组叫声有几个音节，几个音节重复一次称为几声一度，通常用与叫声谐音的汉字或拼音来表示，如大杜鹃的叫声通常为两声一度，记作“布谷——，布谷——”。

鸟类的鸣啭跟鸟类的种类一样繁多，甚至比鸟类种类更多。生活在不同地区的同一种鸟类，会有不大相同的鸣啭，正如我们人类各有自己的方言一样。然而，鸟类鸣啭的调式却是非常固定的，雌鸟就凭借这些鸣啭确切地认出同种的雄鸟。在大多数种类中，雄鸟对同种雄鸟的鸣啭声异常敏感。科学家们用橙顶灶鸫做了一个试验。他们在一片树林中观察到4只橙顶灶鸫，将它们按位置标记为A、B、C、D，4只鸟经过激烈竞争，各自占领一片小树林。领土分割完毕，接着就是一天接一天地鸣叫，进行占区保卫，并吸引过路雌鸟。科学家们在几千米外录制了另一只雄橙顶灶鸫(E)的鸣啭，然后在离A不远处播放。A灶鸫立刻听出该鸟的声音是一个陌生者，并开始在自己领域内四处飞行调查。将E灶鸫的声音拿到B、C、D领域边缘播放也都产生类似的反应。值得注意的是，当A四处调查时，它的邻居们会很快侵蚀A的领域，但A调查完毕后立刻予以反击。因此，科学家们推测，雄性灶鸫个体间通过鸣啭起到保卫领域的作用，避免了不必要的争斗，从而能节省大量能量。它们通过识听对手鸣啭的响度，可以确定自己是否受到侵略，从而决定是否采取行动。

那么，一只鸟是怎样识听另一只鸟的叫声，从而作出判断的呢？科学家们很早就开始对这一问题进行探索。开始，几位科学家用高精度的录音设备录下三声夜鹰的叫声。这些叫声人耳听起来是三声一度，音似“whip - poor - will”。科学家们用录音机录下叫声后，用慢速度播放时发现，三声夜鹰的叫声实际上有5个音节，这5个音节用特有的连贯方式联叫出来，使人听起来只有3个音节。问题出现了，三声夜鹰叫声是识听3个音节，还是5个音节呢？几位科学家经过苦苦思索找到一种间接的证明方法。他们让一只模仿能力很强的小鸟——小嘲鸫模仿三声夜鹰的叫声，然后录制下来用慢速度播放。奇迹出现了，小嘲鸫模仿的三声夜鹰鸣啭声也是5个音节。由此，科学家们作出初步推断，三声夜鹰叫声很可能也是识听5个音节。

实际上，我们听到的鸟鸣啭声都是它们快速连叫的声音。科学家们目前已分析很多鸣禽的鸣啭，如把鹪鹩的鸣啭录下后放慢速度播放发现，一只鹪鹩在1/4s内可连续唱出103个音节。用苍头燕雀做同样的试验发现，它在同样的时间内可唱出12个音节。这些音节可重复鸣叫出来，如苍头燕雀唱出12个音节只花0.02s，在12h内可重复3300次，一个繁殖季节内要重复唱100万次！

除了有自己特定的鸣声外，有些鸟还喜欢学其他鸟的鸣啭，科学家们把这种现象称作效鸣。小嘲鸫可能是自然界最出色的效鸣专家了，英国人甚至称它是模仿鸟。它善于把其他鸟的鸣叫声到自己的鸣啭中，达到以假乱真的地步。椋鸟也是效鸣能手，它们有时还能模仿小嘲鸫。更令人难以置信的是，一只椋鸟在第二次世界大战中学会德国V-1火箭飞行时的呼啸声，而另一只椋鸟学会足球裁判的哨声。鹩哥也是椋鸟的一种，它甚至能模仿人类语言，唱京剧《苏三解》。鹦鹉学舌更是古已有之，《红楼梦》中就曾描述过鹦鹉学黛玉吟《葬花词》。

为什么这些鸟类喜欢效鸣呢？至今仍没有合理的解释。但大家认为，效鸣至少是这些鸟类为丰富它们的鸣啭所能采取的最简单、最有力的方法。那么，为什么鸟类要千方百计地使它们的鸣啭复杂化呢？这对我们来说还是难以理解的。除了鸣啭外，鸟类还有其他鸣叫声，如幼雏发出的“叽，叽”声具有乞食作用。苍头燕雀除了鸣啭外还会发出另外9种不同的鸣叫声，1种用于飞行时呼唤同伴，1种用于跟其他苍头燕雀打招呼或闲谈，1种用于集群召唤，1种表示自己受伤，3种是交配时发出的，还有2种是报警声。鸣禽的鸣声因性别和季节的不同而有差异。繁殖季节的鸣声最为婉转和响亮，如画眉、黄鹂、灰喜鹊、乌鸦、黑卷尾、煤山雀、毛脚燕等鸣声各具特色。

5.1.3 鸟的分类

全世界为人所知的现存鸟类共有1万多种，仅中国就记录有2200多种，其中特有种至少有70多种。与其他陆生脊椎动物相比，鸟是一个拥有很多独特生理特点的种类，出现的时间最晚，种类最多。鸟类是6500万年前白垩纪物种大灭绝事件中的幸存者，那次事件灭绝了地球上的恐龙，只有部分鸟类的祖先存活了下来。而基于基因组数据的新研究表明，恐龙灭绝后1000万—1500万年间，鸟类经历了一次“超级物种大爆发”，后来逐渐演化出了1万多种被称为新鸟纲的鸟类，95%的现存鸟类来自这一新鸟纲鸟类。鸟的体型大小不一，最大的鸵鸟体高可达2.5m，而最小的吸蜜蜂鸟体长仅5cm。

根据鸟的形态和结构特征，鸟纲可分为2个亚纲：古鸟亚纲和今鸟亚纲。

5.1.3.1 古鸟亚纲

古鸟亚纲包括始祖鸟目和孔子鸟目两个目，是恐龙和现代鸟类的过渡种类，均为化石种类。大多数学者认定，鸟类是恐龙演化出来的分支，甚至就是存活至现代的恐龙，溯源于中生代侏罗纪。最早的祖先是出土于中国辽宁的伤齿龙科恐龙——始中国羽龙，而最有名的则是德国发现的始祖鸟。两者身体特征都同时具有鸟类和爬行类共有的特征，例如有牙齿，前肢(翅膀)有指爪等。证实了这些动物都是近亲，共同形成近鸟类演化支。

中国的辽西是中生代鸟类的最大产地，其化石的丰富举世无双。最早在辽西发现的鸟类是1988年发现的三塔中国鸟，最著名的是1994年发现的孔子鸟。孔子鸟是群居的鸟类，化石已经发现了上百块。孔子鸟原被认为与始祖鸟同产于侏罗纪晚期，后鉴定为白垩纪早期，比始祖鸟晚些，但比始祖鸟要进步得多，已经有了角质喙，飞行能力也比始祖鸟要强得多。更进步的是朝阳鸟和辽宁鸟，被认为是现在鸟类的直接祖先。所以说，恐龙其实并没有完全灭绝，一部分演化成了鸟类，但是否将鸟和恐龙定为同一类仍有争议。

鸟类形成后逐渐进化，渐趋复杂，形成越来越多的种类，据一般推测，古近纪是鸟类的全盛时期，后来冰期来临，种群衰退。据估计历史上曾经存在过大约10万种鸟，而幸存至今的约有1/10，1万多种，20余目。

5.1.3.2 今鸟亚纲

除始祖鸟外的其他鸟类全属于今鸟亚纲，其身体结构与现在的鸟类更为接近，其中白垩纪的一些口中具槽生齿的鸟类，构成齿颌超目，包括黄昏鸟目及鱼鸟目。今鸟亚纲其余成员的口中均不具有真正的牙齿。从白垩纪开始出现，在新生代开始繁荣。主要包括4个总目：齿颌总目、古颌总目、楔翼总目和今颌总目。

1. 齿颌总目

齿颌总目为白垩纪的化石鸟类，口内尚有牙齿。例如黄昏鸟，是一种游泳和潜水的特化鸟类，和现代的大雁相似，足适于游泳，翼退化。黄昏鸟所显示的爬行动物祖先的性质对研究脊椎动物的进化很有意义，黄昏鸟化石大部分产自北美。

2. 古颌总目

古颌总目又称平胸总目，为适于在地面上行走的走禽，除无翼目外，全为大型的鸟类。具有一系列原始性特征：翼退化，无飞翔能力，胸骨扁平不具龙骨突起，锁骨退化或完全消失。羽毛均匀分布，无羽区及裸区之分，羽毛不发达，缺少分化，羽枝上无小钩，因而不形成羽片。显然，这样的羽毛不适于飞翔，主要是保温。后肢甚为强大，大多数种类趾数减少(2~4趾)，适于快速奔走。雄性具交配器。骨盆大多为封闭型，左右耻骨在中线形成连合。现有种类仅分布在南半球，但在古代却分布很广。平胸总目的著名代表为鸵鸟(图5-1)。

图5-1 鸵鸟

3. 楔翼总目

楔翼总目又称企鹅总目，只含1目1科，即企鹅目企鹅科，企鹅的身体具有一系列适于潜水的特征。前肢变为鳍足，后肢短，靠近躯体后方，趾间具蹼，不能飞翔而适于游泳。企鹅在水下潜水游泳的速度达35km/h。骨骼内不充气(不是气质骨)，内含有多脂肪的骨髓。羽毛呈鳞片状均匀覆盖全身，羽轴宽而短，无裸区。皮下脂肪甚发达，有利于在水中保持体温。上陆后身体直立，行动缓迟慢。跗跖骨原始，跖骨仅上部愈合在一起。四趾(第一趾小)全向前向外。胸骨具发达的龙骨突，这和以前肢划水，胸肌发达是相关的。主要分布于南极洲以及邻近的非洲、美洲和澳洲的南缘。

4. 今颌总目

今颌总目又称突胸总目，鸟纲中最大的一个总目，约35个目，包括现代绝大部分鸟类，大多善于飞翔，翼发达，胸骨有发达的龙骨突，为气质骨(只有少数种类次生性地失去龙骨突，骨骼成为非气质骨)。锁骨呈“V”字形，肋骨上有钩状突起。正羽发达，羽小枝上具小钩，构成羽片，有翼羽及尾羽的分化，体表有羽区及裸区之分。有尾综骨。雄鸟不具交配器(仅少数例外)。我国产的突胸总目鸟类累计有27目，2000余种。

按鸟类的生活环境和形体特征，可以将突胸总目的鸟类分为6个生态类群，即游禽、涉禽、鸣禽、陆禽、猛禽、攀禽。

(1)游禽。游禽(图5-2)是指可以在水面游动并主要在水面游弋的鸟类，涵盖了鸟类传统分类系统中雁形目、䴙䴘目、鹱形目、鹈形目、鸥形目5个目的所有种。游禽体形大小相差悬殊，如卷羽鹈鹕长可达170cm，而小䴙䴘体长只有27cm。

图5-2 游禽——绿头鸭

游禽善于游泳、潜水和在水中掏取食物，大多数不善于在陆地上行走，但飞翔很快。游禽的双腿位置从身体中央到偏于体后，反映着不同种类的潜水能力。一般腿越偏向身体后部的潜水能力越强，潜水深度越深；反之则不善潜水。游禽的脚适于游泳，都长有肉质脚蹼，但蹼的发达程度不同。如普通鸬鹚四趾间都有蹼相连，叫全蹼足；鸭雁类是三趾间有蹼，称为满蹼足；鸥类的趾间蹼不是很发达，称为凹蹼足。游禽由于在水中活动，为了防止羽毛被水浸湿，多有发达的尾脂腺分泌油脂，用喙涂抹在羽毛上用来防水。也有的游禽由于尾脂腺不发达，如鸬鹚，需要晾晒羽毛来保证飞行。游禽的喙多呈扁形或具勾状，在水中捕食时有防滑的作用。代表鸟类是：雁、鸭、鸳鸯、天鹅、海鸥等。

图5-3 涉禽——蓑羽鹤

(2)涉禽。涉禽(图5-3)包括鹳形目、鹤形目和鸻形目，是指那些适应在水边生活的鸟类。在北美也称为水鸟(在这些地方的涉禽往往指的是长脚的涉水鸟类，如鹳和鹭)，但不包括那些海边有蹼的海鸟。涉禽一般在滩涂湿地涉水活动但多不会游泳，常具有“三长”——腿长、颈长、嘴长的特征，休息时常一只脚站立，大部分是从水底、污泥中或地面获得食物。

涉禽至少有210个物种，大多数物种都分布在湿地或沿海。

北极和温带的一些物种比较多会迁徙，而热带的物种则常为留鸟(无迁徙习性)或只在不同降雨带迁徙。一些北极物种，如长途迁徙动物中的小滨鹬，非繁殖季节会在南半球。大多数涉禽会吃土壤中翻出来或暴露在外的小昆虫。不同喙的长度使得有着同一个习惯的涉禽会吃不同的食物，特别是在海边。这也使得它们在食物方面并没有直接竞争。一些涉禽在喙的尾端有着敏感的神经末梢，这样就能很好地吃到泥土中的猎物。一些更大的物种，特别是栖息在更干燥地区的会吃更大的猎物，包括昆虫和小的爬行动物。代表鸟类是鹤、鹳、鸨、鹮、琵鹭、鹈鹕等。

图5-4　鸣禽——喜鹊

(3)鸣禽。鸣禽(图5-4)一词最早在王安石的作品里出现过，指的是叫声好听的鸟类。善于鸣叫的鸟类。能发出婉转动听的鸣声，故称鸣禽。鸣禽为雀形目鸟类，种类繁多，占世界鸟类的3/5。鸣禽善于鸣叫，由鸣管控制发音。鸣禽的鸣声因性别和季节的不同而有差异。繁殖季节的鸣声最为婉转和响亮。鸣禽是天然歌手，是大自然的精英。它那秀美典雅的身姿、绚丽多彩的羽饰和宛转动人的歌喉，给大自然增添了无限的生机和诗情画意。

鸣禽的体型大小不等，小的如戴菊和太阳鸟，大者如乌鸦。主要为陆栖鸟类，生活于多种多样的环境中，从开阔的草原至森林。虽然鸣禽包括一些鸣声最悦耳的鸟类，如鸫，但有些种类，如乌鸦的鸣声则刺耳；有些种类很少或从不鸣啭。鸣禽是鸟类中进化最快的类群。分布广，能够适应多种多样生态环境，因此外部形态变化复杂，相互间的差异十分明显。鸣禽多数种类营树栖生活，少数种类为地栖。代表鸟类是：画眉、乌鸦、黄鹂、灰喜鹊、煤山雀、黑卷尾、毛脚燕、太阳鸟等的鸣声各具特色。

(4)陆禽。陆禽(图5-5)是指生活在地面的鸟类，其体态特征常飞行能力不强，适合在地面行走，包括鸡形目和鸽形目的所有种类。陆禽嘴较短，鸡形目鸟类的嘴强健，适合于在地面寻找食物并啄食；鸽形目鸟类的嘴基部大都柔软，尖端稍弯曲，适合于取食植物的种子和果实等。陆禽脚较短而强健，3趾在前，1趾向后。鸡形目大多数种类雄鸟的脚生有距、趾具短钝的爪，可在地面上挖掘食物。鸡形目翅短圆，多数种类不善飞行。鸽形目鸟类的翅相对较长，善于飞行，有些种类具有迁徙性。代表鸟类是：孔雀、褐马鸡、雉鸡、鹌鹑、雷鸟、白冠长尾雉、岩鸽、蓝凤冠鸠、白鹇等。

图5-5　陆禽——白鹇

(5)猛禽。猛禽(图5-6)是指以其他动物为食物的鸟类，具有适应捕猎生活的特征如锐利的脚爪和喙、敏锐的视觉，涵盖了鸟类传统分类系统中隼形目和鸮形目的所有种。猛禽包括鹰、雕、鸢、鹞、鹫、鹗、隼、鸮、鸺鹠、虎头海雕等生态类群，均为掠食性鸟类。在生态系统中，猛禽个体数量较其他类群少，但是却处于食物链的顶层，扮演了十分重要的角色。

图 5-6 猛禽——鹰隼

猛禽体形大小相差悬殊，不同的体形意味着他们占据着不同的生态位，其中体形巨大者如康多兀鹫，翼展近3m，体重可达数十公斤，体形细小者如领鸺鹠体长仅15cm左右，与麻雀相当。猛禽皆为掠食性鸟类，生态位接近，因而具有一些相似的形态特征：所有猛禽喙均强健有力，喙端部具钩，边缘锐利，许多物种还具有齿突，以便控制猎物，所有猛禽喙的基部都有蜡膜覆盖，蜡膜的面积较大，会覆盖鼻孔，部分物种还有硬羽分布，蜡膜和硬羽的存在可以保护猛禽喙的基部不易清理的部分不会在进食的时候受到污染，减少感染的机会。喙的形状与强韧程度与猛禽的食性有关，食腐肉的鹫，喙大而粗壮，钩不明显，相对不锐利，有利于撕扯大而结实的动物尸体，吞食的猛禽如蛇雕，喙锐利，强壮有力，但钩不明显；隼的喙相对较细弱，但齿突突出，喙钩明显，可以将猎物一击致死，并能迅速肢解猎物。

猛禽的听觉、视觉非常敏锐。鸮形目所有种、隼形目的鹞等类群，双目位于面盘的前方，类似人类的结构，双目视野重叠区域大，有较好的立体视觉。猛禽的眼球相对于头部体积很大，轴径长，可以在很大的焦距范围内迅速调整。眼球内壁有一圈环形骨片，可以支持猛禽在高速飞行中眼球不会因为气流的压力而变型。所有猛禽眼球上方的眉骨突出，在发生意外碰撞的时候，对眼球起到保护的作用。昼行性猛禽的视网膜具有两个中央凹，极大地扩展了它的明视范围。夜行性的猛禽听觉系统也很发达，两侧耳孔巨大，形状和着生位置都不相同，可以产生立体听觉。

猛禽的飞行系统非常发达，体形大者可以利用气流长时间悬停于空中，体形小者也可以通过控制振翅进行短时间悬停，这种悬停姿态可以帮助他们发现和追击猎物。隼形目鸟类翅形长而尖，有利于高速飞行。鸮形目鸟类翅形宽而圆，廓羽松软，飞行速度虽然不很高，但是产生的声音很少。大型猛禽的翅强壮有力，可以成为除喙和脚之外第三件攻击猎物的武器。猛禽的脚爪大多非常锋利，抓捕地面猎物的物种，脚趾短而粗壮爪长，对猎物可以达到一击毙命的效果。以鸟类为猎物的物种，脚趾细长，相对纤柔，但是可以增加在对猎物的拦截面积。

图 5-7 攀禽——灰头绿啄木鸟

(6)攀禽。攀禽(图 5-7)大多适应攀援生活，其趾形多为对趾足或转趾足，短且有力，趾型多为对趾足(如大斑啄木鸟)、异趾足(如红头咬鹃)、并趾足(如普通翠鸟)、前趾足(如普通楼燕)等，攀禽中许多鸟种除了双足之外还有第三支撑点，如啄木鸟的尾羽羽轴、鹦鹉的喙等均强韧有力，可以作为攀援时候的辅助支撑。攀禽的翅大多为圆形，这种翅型决定了攀禽大多不善飞行，尤其不善于长距离高速度的飞行，因而本类群有迁徙行为者甚少。其中，雨燕目和部分鹃形目鸟类是一个例外，它们的翅型大多为尖型，多有迁徙行为。雨燕更是以高超的飞行技巧和高速飞行而著称。攀禽的喙随其食性不同而呈现极大的多样性。犀鸟有巨大而华丽的喙和盔，不仅是取食的工具更是炫耀的资本；啄木鸟的喙长且强壮有力，可以轻松啄开木质部的纤维结构；鹦鹉的喙具钩，强韧有力可以咬碎坚果的果壳；翠鸟的喙长而相对柔软，适于在水中捕捉鱼类；雨燕和夜鹰的喙短小但口裂甚大，口角有粗硬的须，可以增大他们在飞行中捕获昆虫的几率。

攀禽主要活动于有树木的平原、山地、丘陵或者悬崖附近，一些物种如普通翠鸟则活动于水域附近。常见攀禽涵盖了鸟类传统分类系统中雨燕目、鹦形目、鹃形目、夜鹰目、佛法僧目、鼠鸟目、咬鹃目、鴷形目等，包括鹦鹉、杜鹃、夜鹰、雨燕、翠鸟、翡翠、啄木鸟等多个次级生态类群。

拓展阅读

保护候鸟市民倡议书

亲爱的朋友们、市民们：

我们是候鸟，我们有翅膀，我们能飞翔。我们每年飞越千山万水，来到这片有水有草有食物有滩涂的美丽地方。我们在全球有数十亿伙伴都要进行季节性迁徙，过境中国的种类和数量占20%~25%。地球是人类和动物共有的家园，我们同为生物链上的一环。人类需要生存，鸟类也需要生存，你们需要空间，我们也需要空间。我们都是地球的孩子，我们是一群小小鸟，我们向每一位爱鸟人士和机构发出呼吁和倡议：本是同生根，相煎何太急！

——不要捕捉和伤害我们！

——不要把我们当食物！

——不要把我们当商品！

——不要破坏我们的栖息、停歇、觅食和繁殖之地！

——不要让我们的歌声永远消失！

——不要让人类的身影变成我们这些候鸟的梦魇！

亲爱的朋友们：您是否听到了鸟儿的切切吁请？您是否希望在美丽的大自然中永远回响我们欢快的歌声？人与鸟儿和谐、人与万物和谐、人与自然和谐的美好画卷，需要我们共同描绘！希望大家尊重我们、爱护我们、关爱我们，让我们的友情永恒！

探索实践

1. 观看视频或查阅资料，了解鸟适应飞翔的结构特征。
2. 在湿地公园、汾河公园、百鸟园等地练习野外识别鸟类。

任务 5.2　鸟类文化及旅游应用

【任务导入】

爱鸟周是中国为保护鸟类、维护自然生态平衡而开展的一项活动，“爱鸟周”源于1981 年，最初为保护迁徙于中日两国间的候鸟而设立。1981 年 9 月，国务院批准了林业部等 8 个部门《关于加强鸟类保护执行中日候鸟保护协定的请示》报告，要求各省、自治区、直辖市都要认真执行。1992 年国务院批准的《陆生野生动物保护条例》将“爱鸟周”以法规的形式确定下来，并确定在每年的 4 月底至 5 月初的某一个星期为“爱鸟周”，在此期间开展各种宣传教育活动，召开爱鸟周广播大会，举行爱鸟周学术报告会，悬挂人工鸟巢，发放和张贴爱鸟宣传画等。由于中国幅员辽阔，南北气候不同，各地选定的爱鸟周时间也不尽相同。

【任务分析】

英国是现代观鸟旅游的起源地。自从维多利亚时代开始，英国人对鸟类的兴趣就不断升温，但当年的爱鸟体现在收集鸟蛋、用鸟类羽毛做帽子装饰等炫耀性行为。19 世纪末期，这种对鸟类的兴趣从占有逐渐转移到了观察上。1889 年皇家鸟类保护协会成立后，观鸟逐渐变成了英国及欧洲的一种流行的户外运动项目。如今，皇家鸟类保护协会已有超过 100 万会员，相当于每 62 个英国人就有一个是观鸟运动的痴迷者。

我国是世界上鸟类种数大国，排名世界第四位，有着非常丰富的鸟类旅游资源。在我国众多的鸟类中，有不少珍惜种类、特产种类、益农种类及具有科学文化意义的种类。我国大陆地区的观鸟生态旅游虽然起步较晚，但发展很快，观鸟旅游已经成为一种新兴的时尚旅游项目。

百鸟园是模拟自然环境的鸟类观赏和保护中心，园中一般放养着多种的珍稀鸟类。游人在模拟自然环境的百鸟园中，可以尽情欣赏五彩斑斓的珍奇鸟类，聆听悦耳的鸟鸣，更可以体验到亲手喂鸟的乐趣，人鸟同乐，佳趣天成。认知、鉴别常见的珍稀鸟类，熟悉鸟类的生态习性、形态特征、文化价值等，是生态旅游工作者及鸟类保护和讲解工作者的主要工作任务之一。

知识卡片

5.2.1　鸟的文化

在我国丰富的民族文化宝库中，有许多关于鸟的崇拜、占卜、禁忌等文化遗存。这些光怪陆离、饶有趣味的鸟文化和其他民俗文化一样，是活的社会“化石”。鸟文化不仅与原始生产方式和宗教信仰观念相一致，同时也与当时人们的社会、政治及经济生活有着极其密切的联系。所谓鸟崇拜，就是崇鸟、敬鸟、化鸟为神。关于鸟崇拜，一般可分为图腾崇拜、神话崇拜。

5.2.1.1　图腾崇拜

图腾，是原始民族的标志，也是神化了的祖先，是原始宗教在经历了自然崇拜过程后出现的对某种动、植物的崇拜。图腾崇物大都被崇拜者认为与自己的部落或氏族有血缘关系，人们曾经并将继续得到它的庇护。

《左传·昭十七年》记载了关于少昊建立鸟王国的美丽传说："少昊氏以鸟名官"。百鸟之王少昊，名挚，而挚同鸷，大约是一只鸷鸟。自称为少昊后代的郯子把上述传说归化为历史，固然不足为信，但作为反映少昊之国丰富多彩的鸟图腾崇拜，则是确信无疑的。当时，以鸷鸟为图腾的少昊之国，征服并包容了分别以凤鸟、玄鸟、伯赵鸟、青鸟、丹鸟、五鸠、五雉、九扈等鸟类为图腾的大小部落(氏族)，并给各部落(氏族)首领按其势力和特氏分别授予不同权限和职能的官衔，共同管理天下政事。

对鸟的图腾崇拜较为典型的史例，还有"天命玄鸟、降而生商"的故事。司马迁记载说，殷契的母亲名简狄，"有娀氏之女，为帝喾次妃，三人行浴，见玄鸟堕其卵，简狄取吞之，因孕主契"。今天自然不会有人相信吞下鸟蛋能生出孩子。但从这段动人而又玄妙的故事中不难得出这样的推断，当时的"商"可能是一个以玄鸟(燕子)为图腾的部落发展而来的。我国传统民俗中总把燕子看作神鸟，从"旧时王谢堂前燕"的诗句可以看出，在东晋南北朝时期，连王谢那些不屑与庶族士入连床共坐的世家大族，仍以极其偏爱的心情欢迎燕子在自己的高梁华堂筑巢栖息，并以此为荣。直到今天，我国北方地区还把燕子视为吉祥物，"燕儿来翔，富丽堂皇，梁落燕巢，步步登高"的民谣即是佐证。

关于鸟图腾崇拜，还可以举出许多例证。在唐代，人们认为："孔雀因雷声而孕"，十孕其九为鸟而一为人。由孔雀卵孵化出入之说，无疑反映出当时人们对孔雀的图腾崇拜观念。我国云南有的少数民族至今还认为自己是孔雀的后代。青年女子出嫁后穿孔雀衣，一生事事如意。很显然这种观念和习俗即是孔雀图腾崇拜的遗迹。

5.2.1.2　神话崇拜

对鸟的神话崇拜，最为常见的莫过于对鹏鸟和凤凰的神话崇拜了。庄子是鹏鸟形象的最典型的创造者："北冥有鱼，其名为鲲。鲲之大，不知其几千里也；化而为鸟，其名为鹏。鹏之背，不知其几千里也；怒而飞，其翼若垂天之云。是鸟也，海运则将徒于南冥。……水击三千里，搏扶摇而上者九万里，去以六月息者也。"后世人们对鹏鸟的神话崇拜盖出于此，鹏鸟作为力量和远大前途的象征也由此流传于世了。

凤凰，是古代传说中的百鸟之王，"有羽之虫三百六十而凤凰为之长"。雄为凤，雌为凰，是人们普遍崇拜的象征祥瑞的神鸟。古人说："凤之象也，鸿前麟后，蛇颈鱼尾，鹳颡鸳思，龙文龟背，燕颔鸡喙，五色备举。出于东方君子之国，翱翔四海之外，过昆仑，饮砥柱，濯羽弱水，莫宿风穴，是则天下安宁"。凤凰的华贵及其焕发的祥瑞之气使得人们争相信奉。我国历代封建帝王几乎都与凤凰结下不解之缘。如帝王之车为凤辇，宫内楼阁为凤楼、凤阁，帝王之伞为凤盖，帝王用纸为凤纸，皇后之礼冠为凤冠，皇后的文书为凤诏等。另外，历史上人们还将俊杰之士谓之凤雏，如东汉末的庞统、晋代的陆云、王邵等，当时皆有"凤雏"之称。

传说中的神鸟，除鹏、凤凰，尚有精卫。《山海经·北山经》中说："炎帝少女，名女娲，虽游于东海而溺死，化为精卫鸟，常衔西山之木，以填东海。"《博物志》又云："有鸟如乌，文首白晓，赤足，曰精卫……常取西山之木石以填东海。"关于精卫鸟的传说，还见于《淮南子》和《太平御览》等。这些不同的神话传说，共同塑造了一个坚韧不拔、征服自然的女神形象。

王嘉《拾遗记》中，记述了关于重明鸟的故事："尧在位七十年，有抵支之国献重明之鸟，一名双睛，言双睛在目。状如鸡，鸡似凤，时解落毛羽，肉翮而飞。能搏逐猛兽虎狼、使妖灾群恶不能为害。……国人莫不扫洒门户，以望重明之集。其末至之时，国人或刻木，或铸金，为此鸟之状，置于门户之间，则魑魅丑类，自然退伏。"及至魏晋以后，民间仍在每年除夕春节于门首贴挂重明鸟图画，以期镇妖祛邪，祚降安祥。又因"舜二瞳子，是谓重明小"，人们又把虞舜与重明鸟联系起来，以为重明鸟是明君虞舜死后不忍遗弃百姓，化身为重明鸟，以护佑人民。

5. 2. 2 观赏鸟

观赏鸟集具欣赏、鸣叫、消遣等对人类放松身心、娱乐情怀等功能。观赏鸟的选择，常以鸣声和羽色为主。以鸣声为特色的鸟有画眉、百灵、云雀、鹊鸲、红点颏、乌鸦等；以习舞为特色的鸟有云雀、百灵、绣眼鸟等。这些鸟边唱边舞，姿态优美多变，有时翻身旋转、有时颤动双翅、有时长时间滑翔，恰似出色的杂技表演；以表演杂技为主的有金翅、黄雀、朱顶雀、蜡嘴等；以争斗为主的鸟有画眉、鹌鹑、棕头雅雀、鹊鸲等；以羽色夺魁的鸟有寿带鸟、红嘴蓝鹊、蓝翡翠鸟等。中国饲育观赏鸟大约有 3000 年历史。今天养鸟已成为人们业余生活的内容之一。在城市生活的居民，终日看到楼房、道路、工厂，听的是车辆声、嘈杂声、机器声，对大自然美接触很少，特别对那些自然的羽色、自然的音韵接触更少。鸟却给人带来大自然的美，给生活增添欢乐、生动、活泼的气氛，丰富人们的精神生活。所以，业余养鸟是一项有益的生活。同时，观赏鸟不只供人观赏，还会有特殊的作用。观赏鸟体型小巧，机能齐全，对有毒气体反应相当灵敏。当空气中有毒气体人不能觉察时，鸟会有反应，或暴躁不安，或搭头搭尾，提前报警。所以，化工厂生产有毒产品时，常将鸟笼挂在车间，作为监视报警器。当气体外溢污染时，鸟就呆滞或跌倒。如相思鸟、绣眼鸟、芙蓉鸟、妖凤鸟、黄雀都可做到这点。民间进菜窖、地瓜窖带鸟笼，以察视气体是否有毒气，就是这个道理。

观赏鸟是鸟类中供人观赏和消遣的一部分，究竟有多少品种，很难说清。一般地，除了家鸽，信鸽应单列外，观赏鸟主要应分为以下几类：

1. 观赏型

该类型鸟一般外表华丽，羽色鲜艳，以鸟的羽毛是否美丽作为观赏标准，体态优美，活泼好动，令人赏心悦目，博得广大观赏鸟饲养者喜爱，如三宝鸟、红嘴蓝鹊、黄鹂、相思鸟、绣眼鸟、戴胜、寿带、翠鸟、翡翠、交嘴雀、燕雀、太平鸟、红耳鹎、蓝翅八色鸫、白腹蓝翁、金山珍珠、高冠鹦鹉、牡丹鹦鹉、白喉矶鸫、灰顶红尾鸲等观赏鸟。还有一些体型较大的，如孔雀、山鸡等。另外，鸟类飞舞的姿态是否优美也是重要的观赏标准，善飞的鸟有云雀、百灵、绣眼鸟等。

2. 技艺实用型

该类型鸟较聪明，经训练可能掌握一定的技艺与表演能力，有的能模仿人语，有的能依照人指示叼携物体，逗人开心。有的甚至能帮人打猎，如猎鹰猎隼等。能接受训练而学会技艺表演杂技的鸟类，如八哥、鹩哥、黄雀、蜡嘴雀、金翅雀、交嘴雀、燕雀、朱顶雀、绯胸鹦鹉、蓝歌鸲、白腰文鸟、棕头鸦雀等。鹦鹉、八哥、鹩哥等经训练都可模仿人类语言，还可模仿自然界其他鸟兽的叫声以及汽车、火车的鸣笛声等多种声响。还有的观赏价值体现在擅长争斗上，具有这种特质的鸟类有画眉、鹌鹑、棕头雅雀、鹊鸲等。

技艺型观赏鸟中，值得一提的是鸽。中国汉代时，张骞出使西域后曾用信鸽传递过消息。唐宋时，养鸽已相当盛行。中国观赏鸽的品种十分丰富：有全体洁白，头部黑色的“雪花”；全体乌黑，头部洁白的“缁衣”；全体洁白，头尾乌黑的“两头乌”；全体黑白相间的“喜鹊”；尾羽数多于一般鸽二倍并经常竖立似扇面的“扇面鸽”；胸部气囊鼓起如球的“球胸鸽”；眼周特别大的“眼镜鸽”；鼻部蜡膜特别发达的“瘤鼻鸽”和能翻筋斗的“筋斗鸽”等。

3. 鸣唱型

中国人在执欣赏观赏鸟时，十分注意鸟的鸣叫声。鸟的叫声有的激昂悠扬，有的清朗流畅，有的柔润婉转，给人以不同的艺术享受。以鸣叫为主的观赏鸟有百灵、画眉、云雀、柳莺、树莺、黄雀、金翅雀、红耳鹎、白头鹎、白喉矶鸫、红嘴蓝鹊、相思鸟、鹊鸲、红点颏、蓝点颏、乌鸫等。最能唱的百灵据说有“十三套音韵”，简直如同乐器齐全的合唱队。饲养这类鸟的目的就是欣赏其鸣叫声，尤其是如果饲养有几个品种时，鸟鸣声此起彼伏，明亮多变，让人感觉到妙趣横生，心旷神怡。

5.2.3 野外观鸟旅游

观鸟是一种特指用望远镜对野生状态下的鸟类进行观赏的环境认知休闲活动。观鸟活动起源于西方国家，已经有100多年的历史，由于它内涵丰富，趣味性强，行为高雅，有益于身心健康，现已经发展成为一种世界性的时尚活动。鸟类有秀丽神奇的身姿，有绚丽多彩的羽毛，有婉转动听的歌喉，学会观鸟就等于获得一张自然剧场的门票，随时可以去原野欣赏精彩演出。同时，学会观鸟还能够亲近自然、怡情养性、强身健体以及学习更多的知识。

5.2.3.1 野外观鸟注意事项

(1)在野外进行的活动，首先要注意出行的安全，要有组织地结伴而行。

(2)选择舒适的衣着，在着装上要避免颜色鲜亮衣帽，鸟类视觉敏锐，容易被惊扰，应该保持安静，不要喧哗。

(3)拍摄鸟类应采用自然光，尽量不使用闪光灯，尤其是对雏鸟，以免惊吓伤害它们。

(4)观鸟崇尚的是与鸟类接近，前提是不要打扰鸟类，保护它们的生存环境，要尊重鸟的生存权，不要采集鸟蛋、捕捉野鸟。

(5)养成作记录的习惯，对自己的观察有所收集整理。

(6)鸟儿在清晨6：00~8：00，傍晚16：00~18：00最活跃，也最容易见到。

(7)发现特别鸟种的栖息地或育雏地时，请守口如瓶，谨记不干扰原则，勿告诉第二人，不论他是否为野鸟保护者。

(8)不可过分追逐野生鸟类，因为有些鸟可能因气候因素，体能衰弱而暂时停栖某一地区，此时它们急需休息调养，您的追逐行为，可能导致其步向死亡之途。

(9)观鸟时，遇鸟类进行筑巢或育雏，切记“只可远观，不可近看”，保持适当观赏距离，以免干扰亲鸟的行为，亲鸟受到干扰后，有可能会弃巢。

(10)提前掌握一定的观鸟知识。

5.2.3.2 野外观鸟工具准备

1. 着装

野外观鸟时尽量穿着与大自然色彩贴近的长裤、长袖上衣，最好穿上迷彩伪装(冬天要带上白大衣)带有兜儿的服装，便于分装图鉴、记录本、小仪器等物件；有檐儿的帽子可以遮阳和遮挡灌木的刮伤；轻便、舒适、合脚的鞋适合在野外不同路面的行走，草丛中最好穿高腰鞋；湿地观鸟注意防水。

2. 望远镜

在观察用具方面，手持双筒望远镜，以轻便、体积小、能防雨为佳，放大倍数7~10倍，适于观察近距离或活动性较大的鸟类，如林栖鸟类；单筒望远镜，放大倍数20~60倍，配三脚架使用，适于观察远距离或移动性较小的鸟类，如水鸟等。

3. 鸟类图鉴和记录工具

进行观鸟时应该准备一本鸟类图鉴(如《中国鸟类野外手册》等)、记录本和带橡皮的铅笔，用于对比和记录观察到的情况。有条件的话，还可以配备一个摄影机和微型录音机，随时记录鸟类图像、声音资料。

5.2.3.3 地点及路线选择

野外观鸟要选择合适的环境。观察黄鹂、伯劳、卷尾、北红尾鸲等鸟类时，要选择村庄附近有乔木、农田、果园的环境；观察画眉、三道眉草等，要选择灌木丛生的环境；观察百灵、云雀，就要到荒草地；观察鹭类和野鸭等涉禽、游禽，就要到湖泊、河流、海滨等湿地去。

观鸟可在行进中或静止在一个地点观察。行进中观鸟可以乘汽车、骑自行车，不过最好还是沿一定的路线步行，边走边听周围鸟的鸣叫，寻觅鸟的身影，发现目标后停下来用望远镜仔细观察。发现鸟时不要大声喊叫，不要用手去指，人与鸟要保持一定距离，不要往前靠近，防止鸟类惊飞。静止在一个地方观鸟时，可在茂密的树林中或鸟巢附近将自己隐蔽起来，不要惊动鸟。也可在海滨、湖岸、沼泽等开阔处架起高倍望远镜，观察较远处的水鸟。

5.2.3.4 望远镜的使用技巧

用望远镜观察鸟类除掌握望远镜的调节方法外，在搜寻目标之前，还要用肉眼看准鸟所在的位置，查看鸟的附近是否有明显的物体，如一段枯枝、一束鲜花、一块岩石、一丛灌木等，把它们作为鸟的参照物，记住它们与鸟的位置关系，用望远镜先找到明显的目标，再慢慢移到鸟的位置。注意握持望远镜应该双手紧握镜筒，不要抖动，手和胳膊呈“八”字形将望远镜平举在眼前，眼眶与目镜的遮光罩贴紧，用食指调节调焦手轮，直到通过望远镜观察感到清晰、舒适为止。

5.2.3.5 野外观鸟时的观察要点

(1)体形的大小与形态特征。

(2)羽色及其所形成的模样。

①脸与头部　脸部是否有眉斑、眼圈、过眼线、头部是否有中央线或者横斑。

②腹面　腹或胸是否有横斑、纵斑、或斑点。

③体背与翼上　体背是否有斑纹，翼是否有翼带。

④腰与尾　腰部呈何种颜色，尾羽是否有明显的斑纹。

⑤翼上(飞行时)　是否有白色翼带或白斑，翼与背的颜色对比。

(3)鸣声。不同的鸟有不同的鸣叫声，熟悉了鸣叫声后，即使没有看到鸟，也可以通过鸣叫声判断是何种鸟，这样可以更容易地找到鸟。

(4)地点、时间和环境。鸟类都有自己的活动方式、活动地点，记录下常见的活动地点、环境和时间以及特殊的情况，可以用于分析鸟类习性的特点和变化。

5.2.3.6　野外观鸟时的记录要点

(1)鸟身体的大小和体形。

(2)总体颜色以及身体上部和下部颜色。

(3)嘴、脚、翼、尾、颈的形状和长短。

(4)头、颈、背、腰、胸、腹、尾、脚等各部特色的形态、颜色。明显的块斑、条纹的形状、颜色、大小和部位。

(5)嘴、脚、爪、眼的颜色。

(6)停栖、飞行或其他动作的特点。

(7)独特的叫声和鸣唱，可用录音机或文字谐音记录。

(8)用影像记录方式，可方便确认鸟的种类。

5.2.4　百鸟园旅游开发

百鸟园是依托假山、湖泊、树林等环境，用巨大的鸟网围成的人工景观，目的是用模拟自然环境进行放养，用于珍稀鸟类的观赏、研究和保护。我们知道，鸟类的视觉、听觉、嗅觉等比较灵敏，对异己非常敏感。野外观鸟时，人距离一些鸟类500m远都会被鸟类警觉，稍有动静则全体迁飞甚至不再回来。百鸟园将世界多种价值高、色泽美艳、形态优美、鸣声独特的鸟类齐聚一方，通过专人看护、喂养、繁衍，同时向游人开放，让游客足不出户，不需远行即可观赏到世界珍奇鸟类，为人类提供方便，尤其受到小朋友的喜爱。

我国各地百鸟园的规模有大有小，放养的种类也各不相同。大的百鸟园占地逾66 667m^2，小的也有5000~6000m^2。园中通常矗立着一张巨大的网，内建假山、流水、湖泊、鸟舍，并栽有各种花草树木，散养杂居着多个品种的禽鸟。百鸟园的构建理念及建造方式为鸟类营造了一个原生态、纯自然的生存空间，是一个充满了欢乐与和谐的鸟类乐园。同时，为方便游客观赏，一般园内还会修建甬道、亭台、石桌、石凳等供游客休憩。在园中，游客们可以轻松的与这些鸟类零距离接触，体验亲手喂食的乐趣。人鸟同乐，佳趣天成。百鸟园的翠荫、清风、鸟鸣，可以让游客们真正感受到回归自然的喜悦与畅快。

山西省太原市百鸟苑位于太原市森林公园内，饲有孔雀、鸵鸟、珍珠鸡、丹顶鹤、鸿雁、绿头鸭、红腹锦鸡、白腹锦鸡、白冠长尾雉、褐马鸡、火鸡、小天鹅、黑天鹅等50多种鸟类。下面是几种常见鸟类的讲解词，以作讲解参考。

1. 鸵鸟

鸵鸟是非洲一种体形巨大的鸟，也是世界上现存体型最大的鸟，它是鸟但不会飞，而奔跑得很快。高可达3m，全身有黑色的羽毛，脖子长而无毛，后肢粗大，只有两趾，是鸟类中趾数最少的，一般鸟类有3、4趾。内趾较大，具有坚硬的爪，外趾则无爪。后肢强而有力，除用于疾跑外，还可向前踢用以攻击。翼相当大，但不能飞翔，主要是因为它的胸骨扁平，没有龙骨突起，锁骨退化，且羽毛均匀分布，无羽区及裸区之分，羽毛蓬松而不发达，缺少分化，羽枝上无小钩，因而不形成羽片。显然，这样的羽毛主要功用是保温。

鸵鸟是群居禽类，与食草动物相伴。适应于沙漠荒原中生活，嗅觉和听觉都非常灵敏。非洲鸵鸟的奔跑能力是十分惊人的。它的足趾因适于奔跑而趋向减少，跑时以翅膀扇动相助，一步可跨 8m，时速可达 70km/h，能跳跃达 3.5m，同时粗壮的双腿还是非洲鸵鸟的主要防卫武器，主要天敌为猎豹。鸵鸟的祖先也是一种会飞的鸟类，它会变成今天的模样与它的生活环境有着非常密切的关系。鸵鸟是一种原始的残存鸟类，它代表着在开阔草原和荒漠环境中动物逐渐向高大和善跑方向发展的一种进化方向。与此同时，飞行能力逐渐减弱直至丧失。

鸵鸟的食性很广，属于杂食性。主食种子、果实、树根及嫩枝等，也吃蛇、蜥、幼鸟、小哺乳动物和一些昆虫，为了采集那些在沙漠中稀少而分散的食物。鸵鸟是相当有效率的采食者，这都要归功于它们开阔的步伐、长而灵活的颈部以及准确的啄食。鸵鸟啄食时，先将食物聚集于食道上方，形成一个食球，再缓慢地经过颈部食道将其吞下。由于鸵鸟啄食时必须将头部低下，很容易遭受掠食者的攻击，故觅食时不时得抬起头来四处张望。鸵鸟在吃食的时候，总是有意把一些沙粒也吃进去，因为鸵鸟消化能力差，吃一些沙粒可以帮助磨碎食物，促进消化，且不伤脾胃。

在许多动画作品中可以看到鸵鸟在遇到威胁时把头埋进沙子的画面，心理学家由鸵鸟的行为衍生出鸵鸟心态，指逃避现实、明知问题即将发生也不去想对策，类似掩耳盗铃的行为。但这种说法目前是没有科学依据的，也没有明确的相关记载。事实上，鸵鸟的两条腿很长，奔跑得很快，遇到危险的时候，其奔跑速度足以摆脱敌人的攻击，如果不是把头埋藏在草堆里坐以待毙的话，是足以躲避猛兽攻击的。鸵鸟多生活在干燥旷野的草原或沙漠地带，这样的土地并没有松软到轻轻一钻就能把脑袋埋进去。但以讹传讹，人们却把对鸵鸟错误的认识当成一种有趣的人世现象的比照，形成了“鸵鸟政策”这一成语。鸵鸟政策是经济管理学中的名词，也常用于政治场合。指的就是在周围环境发生变化时，企业的管理政策不能及时随之变化，从而导致决策失误，也可以指一种回避现实的主观逃避政策，与“自欺欺人”意义相近。

2. 绿头鸭

绿头鸭是一种中大型鸭类。体长 47~62cm，体重大约 1kg，外形大小和家鸭相似。绿头鸭雄鸟头、颈绿色，具辉亮的金属光泽。颈基有一白色领环。上背和两肩褐色，密杂以灰白色波状细斑，羽缘棕黄色；下背黑褐色，腰和尾上覆羽绒黑色，微具绿色光泽。中央两对尾羽黑色，向上卷曲成钩状，外侧尾羽灰褐色，具白色羽缘，最外侧尾羽大都灰白色。两翅灰褐色，翼镜呈金属紫蓝色，其前后缘各有一条绒黑色窄纹和白色宽边。颏近黑色，上胸浓栗色，具浅棕色羽缘；下胸和两肋灰白色，杂以细密的暗褐色波状纹。腹部淡色，也密布暗褐色波状细斑。尾下覆羽绒黑色。

雌鸟头顶至枕部黑色，具棕黄色羽缘；头侧、后颈和颈侧浅棕黄色，杂有黑褐色细纹；贯眼纹黑褐色；上体也为黑褐色，具棕黄或棕白色羽缘，形成明显的‘V’形斑；尾羽淡褐色，羽缘淡黄白色；两翅似雄鸟，具紫蓝色翼镜；颏和前颈浅棕红色，其余下体浅棕色或棕白色，杂有暗褐色斑或纵纹。虹膜棕褐色，雄鸟嘴黄绿色或橄榄绿色，嘴甲黑色，跗蹠红色；雌鸟嘴黑褐色，嘴端暗棕黄色，跗蹠橙黄色。幼鸟似雌鸟，但喉较淡，下体白色，具黑褐色斑和纵纹。绿头鸭主要栖息于水生植物丰富的湖泊、河流、池塘、沼泽等水域中；冬季和迁徙期间也出现于开阔的湖泊、水库、江河、沙洲和海岸附近沼泽和草地。

绿头鸭除格陵兰亚种、夏威夷亚种和佛罗里达亚种等部分亚种不迁徙属留鸟外，其他亚种包括分布在中国的指名亚种均要迁徙，属迁徙型鸟类。春季迁徙在3月初至3月末，秋季迁徙在9月末至10月末，部分迟至11月初。迁徙系分批逐步地进行，特别是秋季迁徙最明显，常常前一批离开不久又飞来另一批，而且集群也比春季大，有时在一个迁徙中间停息站上，集群达千只以上。除繁殖期外常成群活动，特别是迁徙和越冬期间，常集成数十、数百甚至上千只的大群。或是游泳于水面，或是栖息于水边沙洲或岸上。性好动，活动时常发出‘ga-ga-ga-’的叫声，响亮清脆，很远即可听见。

美国生物学家研究发现，绿头鸭具有控制大脑部分保持睡眠、部分保持清醒状态的习性。即绿头鸭在睡眠中可睁一只眼闭一只眼。这是科学家所发现的动物可对睡眠状态进行控制的首例证据。科学家们指出，绿头鸭等鸟类所具备的半睡半醒习性，可帮助它们在危险的环境中逃脱其他动物的捕食。

绿头鸭是中国饲养家鸭的祖先。早在公元前475至公元前221年的战国时期，中国就开始饲养和驯化绿头鸭，成了现今大量饲养的家鸭品种。但野生绿头鸭至今仍被视为野味中之上品，是中国主要狩猎鸟类之一，每年猎获量均居野鸭中之首位。除了利用它的肉外，也利用其羽毛。由于历年来无计划的大肆猎取，加之围湖造田，环境丧失，致使种群数量日趋减少。

3. 鸿雁

鸿雁(图5-8)是一种大型水禽，体长90cm左右，体重2.8~5kg。嘴黑色，体色浅灰褐色，头顶到后颈暗棕褐色，前颈近白色。远处看起来头顶和后颈黑色，前颈近白色，黑白两色分明，反差强烈。飞行时双翼拍打用力，振翅频率高。脖子较长。腿位于身体的中心支点，行走自如。有扁平的喙，边缘锯齿状，有助于过滤食物。主要栖息于开阔平原和平原草地上的湖泊、水塘、河流、沼泽及其附近地区。以各种草本植物的叶、芽、包括陆生植物和水生植物、芦苇、藻类等植物性食物为食，也吃少量甲壳类和软体动物等动物性食物。

图5-8　鸿雁

鸿雁主要分布于中国、西伯利亚南部、中亚，从鄂毕河、托博尔河往东，一直到鄂霍次克海岸、堪察加半岛和库页岛；越冬在朝鲜半岛和日本。繁殖在西伯利亚和中国东北。繁殖期4~6月。3月末至4月初迁入中国东北繁殖地。性喜集群，除繁殖期外，常成群活动。特别是迁徙季节，常集成数十、数百、甚至上千只的大群，由一只有经验的头雁领队飞行，队形不断变换，有时成‘人’字形，有时成‘一’字形。队形的变换和领飞的头鸟有关，当它加速快飞时，成‘人’字形，当它减速飞行时，则队形又变为‘一’字形。迁徙多在晚间进行，白天多停下来休息和觅食，有时白天也进行迁徙，特别是天气变化的时候。性机警，不易接近，常在距人500m外就起飞。晚间夜宿时，常有1只至数只雁警卫，伸颈四处张望，一旦发现有情况，立即发出报警鸣叫声，雁群闻声立即起飞，边飞边鸣，不断地在栖息地上空盘旋，直到危险过去或确定没有危险时才飞回原处。睡觉时常将头夹于肋间。

鸿雁为一雄一雌制，配对的结合较为固定。鸿雁常成对营巢繁殖。巢多筑在草原湖泊岸边沼泽地上或芦苇丛中，也有在靠近山地的河流岸边营巢的。营巢地方通常植物茂密，环境偏僻，难于进入，很少在开阔而又裸露的荒漠平原上营巢。巢材为干芦苇和干草，巢中心呈凹陷状，内垫以细软的禾本科植物、干草和绒羽。雌鸟单独孵卵，一般情况下雌鸟不离开巢，遇危险时它常将头向地上伸出，全身紧紧贴在地上，隐蔽起来躲避敌人，只有在当敌人已临近巢等紧急情况时才离巢。雄鸟通常守候在巢附近警戒，如有入侵者，雄鸟常常伪装成跛脚或一只翅膀塌下，装成受伤的样子将入侵者从巢附近引诱开，然后又偷偷回到巢前，孵化期28~30d。雏鸟孵出后，由双亲带领着游水，或在湖边沙滩和草地上休息和觅食。发现危险，双亲中一只发出惊叫，同时护送小鸟隐蔽于附近草丛中或游至远处。成鸟通常在7月中旬至8月中旬换羽，此间基本失去飞翔能力，活动主要靠地上奔跑。幼鸟3年性成熟，也有少数2龄时即表现出性要求。

4. 小天鹅

小天鹅为大型水禽，体长110~130cm，体重4~7kg，同属雁行目鸭科雁亚科天鹅属，国家二级保护动物。雌鸟略小。它与大天鹅在体形上非常相似，同样是长长的脖颈，纯白的羽毛，黑色的脚和蹼，身体也只是稍稍小一些，颈部和嘴比大天鹅略短，但很难分辩。最容易区分它们的方法是比较嘴基部的黄颜色的大小，大天鹅嘴基的黄色延伸到鼻孔以下，而小天鹅黄色仅限于嘴基的两侧，沿嘴缘不延伸到鼻孔以下。它的头顶至枕部常略沾有棕黄色，虹膜为棕色，嘴端为黑色。它的鸣声清脆，有似“叩，叩”的哨声，而不像大天鹅的像喇叭一样的叫声。

小天鹅两性同色，雌体略小，成鸟全身羽毛白色，仅头顶至枕部常略沾棕黄色。8月末至9月初离开繁殖地前往越冬地，翌年3月中下旬从越冬地迁往繁殖地。通常成6~10余只的小群或家族群迁徙。迁徙是逐步进行的，沿途常在富有食物的湖泊地区停息，有时甚至直到天变冷后才逐渐南迁，因此到达我国南部越冬地的时间多在11月初至11月中下旬。到达繁殖地的时间通常在5月末至6月初。小天鹅6~7月在北极苔原带繁殖，配偶为一雄一雌制，雄鸟和雌鸟配对以后就固定下来，新的配对的形成仅仅出现在第一次参与繁殖的个体或者失去配偶的个体之间，配对的形成大多在春季迁徙的路上。雄鸟之间为了争夺雌鸟也会发生争斗，这时两只雄鸟彼此面对面地伸长脖子，互相用两个翅膀不断地拍打，同时全身的羽毛也都竖直了起来，然后彼此扑向对方，直到有一只被斗败逃走为止。求偶炫耀在地面上进行，很像是一场仪式化的庆祝活动，首先由雄鸟在雌鸟的面前不停地走动，同时高声鸣叫，雌鸟也随雄鸟伸出脖子，有时还稍微地举起两翅并且不停地煽动，然后它们双双飞到另一个地方，并且重复进行上述动作。通常在5月底至6月初到达繁殖地后就立即开始营巢。巢多筑于不同大小湖泊和水塘之间的多草苔原地上和苔原沼泽中的小土丘上，也有在河湾和海湾附近的开阔苔原上营巢的。巢主要由于芦苇、三棱草和其他干草构成，内垫有绒羽，形状呈盘状。营巢由雌鸟单独承担，并有利用旧巢的习性，通常将上一年的旧巢稍加修整而成。每窝产卵2~5枚，卵为白色。雌鸟孵卵，雄鸟担任警戒。孵化期为29~30d。雏鸟为早成性，孵出后不久即能行走，40~45d后可以飞翔。中国境内主要分布于东北、内蒙古、新疆北部及华北一带，南方越冬，偶见于台湾。

拓展阅读

《“鸟的天堂”导游词》

各位游客：

大家好！我是你们这次旅程的导游。我们现在正乘游艇在天马河上，朝“鸟的天堂”方向行驶。大家抬头看，呈现在你们眼前的，是一大片翠绿而茂密的榕树林，像不像浮在水面上的一片绿舟？其实那是棵大榕树！这棵树占地有20多亩(1亩$=0.067hm^2$)，它已生长了500多年！看它那粗壮的枝干，向四面八方伸展着，枝上又生了根，有的伸进泥土里。看啊，伸进土里的根上又生枝，一直向外扩散。谁说独木难成林？这不就是“独木成林”的奇观吗！大家看看榕树的叶子，苍翠欲滴，翠色欲流，绿得多么耀眼，似乎每一片绿叶上都有一个新的生命在颤动，显得生机勃勃，好像要把它的生命力展示给我们看。在大树的浓荫下，让人神清气爽。瞧，它的叶子多么密呀，简直可以遮天蔽日！

大家仔细听一听，听到了什么？对了，是鸟儿那清脆的鸣叫声，你们看，它们有的在梳洗羽毛，有的在追逐嬉戏，万鸟盘旋飞舞，展翅高飞。看，一只麻雀在树上欢快的唱着歌，那歌声婉转极了！这儿最有名的是白鹤和灰麻鹤，白鹤是早出晚归，而灰麻鹤恰恰相反，是晚出早归，清晨或傍晚，万鸟交替出归，到时，看见了这只，错过了那只；看见了这只，另一只又飞起来了。你们的眼睛绝对会忙不过来的哦……

好了，听了我的介绍你一定迫不及待了吧？闲话少说，现在就请您自己参观鸟的天堂。2h后在这里集合，祝您旅途愉快！

探索实践

1. 自主查找核对百鸟园鸟类名录。
2. 认知并讲解百鸟园鸟类。
3. 编写一种鸟类讲解词。
4. 写出与鸟类有关的10个成语，并释义。
5. 编写一个与鸟有关的故事。
6. 学生分组识别百鸟园鸟类，交流汇总后分别讲解百鸟园鸟类。
7. 查阅山西珍稀鸟类概况并讲解。
8. 练习野外观鸟。

边学边练

1. 家鸽最发达的肌肉是(　　)。

   A. 头部　　B. 腿部　　C. 胸部　　D. 背部

2. 被称为天生的“捕鼠能手”的鸟和享有“森林医生”美称的鸟分别是(　　)。

   A. 猫头鹰、啄木鸟　　B. 老鹰、喜鹊　　C. 老鹰、啄木鸟　　D. 老鹰、喜鹊

3. (　　　　)总把蛋下在别人的窝里。

A. 燕子　　B. 家鸽　　C. 杜鹃　　D. 麻雀

4. 下列雉鸡类鸟，有一种是我国特产鸟，属于国家一级保护动物，它是(　　)。

A. 石鸡　　B. 红腹锦鸡　　C. 褐马鸡　　D. 绿尾雉

5. 目前全世界只在我国有，并且还生活在自然界的鸟是(　　)。

A. 丹顶鹤　　B. 小天鹅　　C. 朱鹮　　D. 苍鹰

6. 当发现有人在市场上贩卖野生鸟类时，下列正确的做法是(　　)。

A. 买来自己饲养　　B. 及时报告当地野生动物行政主管部门

C. 与己无关，置之不理　　D. 尽己所能，掏钱买下，之后再到野外放生

7.《世界保护益鸟公约》规定每年的 4 月 1 日为“国际爱鸟日”？

A. 4 月 22 日　　B. 4 月 1 日

C. 从清明开始的一个月　　D. 从清明开始的第 7 天

8. 冬季来临，燕子带着幼鸟飞向南方，这属于动物的(　　)行为。

A. 迁徙行为　　B. 防御行为　　C. 生殖行为　　D. 哺乳行为

项目 6　动物园旅游

教学目标

☞ 知识目标　1. 哺乳动物的分类；
2. 哺乳动物的主要特征；
3. 哺乳动物的分布地区和特性；
4. 动物园旅游的注意事项。

☞ 能力目标　1. 哺乳动物讲解能力；
2. 哺乳动物讲解词的撰写能力；
3. 掌握国家级野生动物保护名录。

☞ 素质目标　1. 团队合作意识；
2. 爱护、保护动物的意识；
3. 讲解员的基本素质。

教学重点和难点

1. 哺乳动物的多样性；
2. 山西哺乳动物保护名录。

任务 6.1　哺乳动物认知

【任务导入】

人类与其他生物共同生活在地球上，相互关联，共同发展。动物也同人类一样，有着自己的情感、智慧、痛苦和恐惧。当它们生儿育女会兴奋幸福，当它们面临危险也会害怕死亡，当它们饥饿寒冷也会瑟瑟发抖，当它们衣食无忧也会悠哉休闲。但是长期以来，人们与动物一直处于不平等的关爱线。动物给予人类极大的贡献，而仍有些人无视动物的生命，肆意残杀、捕食，对动物造成极大的伤害。由于生态环境的恶化、野生动物栖息地的人为破坏，致使我国野生动物的数量、分布范围正日益缩小，许多种类已经处于濒临灭绝的状态。保护野生动物，维护自然生态平衡。这不仅关系到人类的生存与发展，也是衡量一个国家、一个民族、一个城市文明进步的重要标志。

【任务分析】

动物是人类的朋友，是自然生态系统的重要组成部分，是大自然赋予人类的宝贵自然资源。从进化的历史看，哺乳动物是自然界中最高等的动物。广义上说，人类也属于哺乳动物的一种。今天，人们对动物及生物多样性的保护已达成共识，许多国家都为保护动物立法，严惩虐待动物之人。动物不会说话，但是它们也需要交流。人类需要了解动物、尊重动物，才能更好地爱护动物、保护动物，保护我们生存的大自然。

知识卡片

6.1.1 哺乳动物的演化

根据目前人类掌握的化石证据，哺乳动物被认为最早出现在2亿多年前的中生代的三叠纪，由爬行动物中的兽孔目演化而来。进入新生代后哺乳动物取代恐龙占据生态位优势，演化出今天多样化的哺乳动物种群。

6.1.1.1 中生代

在约2亿年前的三叠纪晚期，早期的哺乳动物与恐龙几乎在同一时期正式出现了。当时陆地上的大小恐龙占据了绝大部分的生态位，而早期的哺乳动物的体型微不足道，主要靠昆虫等生息在丛林中的小型猎物维生。到了6500万年前的白垩纪末期，恐龙灭绝，而哺乳动物则具备恒温特性，而且他们的小型躯体减少了热量的散失，帮助它们在低温和黑夜中存活了下来。

有化石证据表明在三叠纪中期，一些兽孔目动物的头骨开始产生了许多新特征。最早的哺乳动物化石是发现在中国的吴氏巨颅兽，它生活在2亿年前的侏罗纪。从化石上看，哺乳动物(尤其是早期的哺乳动物)与爬行动物非常重要的区别在于其牙齿。爬行动物由多块骨头构成的下颌演变成单块牙骨，牙齿也从单一外形的牙齿演变为根据在口腔内的位置而具备多种形状。颊骨弓变得更为发达以支持咀嚼肌强化的需要。它们身体的骨骼变得轻盈灵活，四肢直立而不是如同爬行动物一般向体侧伸展。它们具备发育良好的皮毛，因此可能是恒温动物。可以认为它们是正处在过渡到真正的哺乳动物的过程中的一个阶段。

6.1.1.2 新生代

在古近纪之前所有的哺乳动物体型很小，都是一类体长12cm左右、与老鼠体型相仿的小型捕猎者。进入新生代后恐龙逐渐退出优势地位，哺乳动物开始占据更多的生态位，并迅速演化出具备丰富多样性的成千上万个不同物种来。在5000万年前就出现了早期的蝙蝠和鲸。等到了4000万年前，如今在哺乳纲下面的各个目就都基本出现了。到了第四纪，哺乳动物已经成为陆地上占支配地位的动物。虽然冰河期包括猛犸象在内的一批大型的哺乳动物遭到灭顶之灾，但大部分能存活至今的物种一直就没有发生太多变化。

6.1.2 哺乳动物的结构特征

哺乳动物是脊椎动物亚门的一纲，通称兽类。哺乳动物是全身披毛、运动快速、恒温胎生、体内有膈的脊椎动物，是脊椎动物中躯体结构、功能行为最为复杂的最高级动物类群，因能通过乳腺分泌乳汁来给幼体哺乳而得名。

6.1.2.1　外形

哺乳动物在动物界里是多样化程度最高的一类。他们的身体结构应生存环境的需求而高度特化。身体分头、颈、躯干、四肢、尾5个部分。外形千奇百怪。例如，长颈鹿进化出了2m多长的脖子和能从嘴里伸出45cm的舌头，大象有一条像人手一样灵活的鼻子，海豚长得跟鱼一样，蝙蝠像鸟类一样为了在空中飞翔而有一双翅膀。最大的哺乳动物蓝鲸的体重(150t)差不多是最小的凹脸蝠(2g)的7000万倍。

6.1.2.2　皮肤

哺乳动物全身披毛，具有多种皮肤腺。皮肤本身包括表皮和真皮两大部分，同时借皮下组织与深部相连。哺乳动物皮肤的衍生物是构成体被的重要组成部分，对机体的调节(水分、体温)、保护、运动、捕食和防卫起着积极作用。哺乳动物的皮肤衍生物包括毛、角、鳞、皮肤腺、趾(指)端保护物——爪、蹄、指甲5大类。外表光滑的鲸科其实在身体的某些部位也有少量毛发。

6.1.2.3　毛

毛为哺乳动物所特有的角蛋白丝状物，为表皮角化的产物。由表皮凹陷部分的基底细胞发育而成。毛的生长是呈周期性的，每根毛从发育到脱落为一个周期，其中分为生长期、衰退期和静止期。毛可分为皮肤以上的毛干和埋在皮肤内或皮下的毛根。毛干是由皮质部和髓质部构成；毛根着生于毛囊里，外被毛鞘，末端膨大呈球状称毛球，其基部为真皮构成的毛乳头，内有丰富的血管，可输送毛生长所必须的营养物质。在毛囊内有皮脂腺的开口，可分泌油脂，润滑毛、皮；毛囊基部还有竖毛肌附着，收缩时可使毛直立，有助于体温调节。按毛的形态结构，可将毛划分为长而坚韧并有一定毛向的针毛(刺毛)，柔软而无毛向的绒毛，以及由针毛特化而成的触毛。哺乳类体外的被毛常形成毛被，主要机能是绝热、保温。水生哺乳动物基本上无毛的种类如鲸，有发达的皮下脂肪以保持体温的恒定。毛常受磨损和退色，通常每年有一、二次周期性换毛，一般夏毛短而稀，绝热力差，冬毛长而密，保温性能好。陆栖哺乳动物的毛色与其生活环境的颜色常保持一致，通常森林或浓密植被下层的哺乳动物毛呈暗色，开阔地区的呈灰色，沙漠地区多呈沙黄色。

6.1.2.4　角

哺乳动物的角是表皮及真皮特化的产物。表皮产生角质角(牛羊的角质鞘，犀的表皮角)；真皮形成骨质角。角可分为洞角、鹿角、叉角羚角、长颈鹿角、表皮角5种类型。

(1)洞角(虚角)。洞角成对生长在额骨上，包括骨心和角鞘，习惯称后者为角。角有不断增长的趋势。洞角为牛科动物所特有，角鞘永不脱落。

(2)鹿角(实角 、叉角)。鹿角的新生角在骨心上有嫩皮，连皮带骨称茸角，便是药用的鹿茸。待角长成后，茸皮逐渐老化、脱落，最后只留下分叉的骨质鹿角，无角鞘。鹿角每年周期性脱落和生长，这是鹿科动物的特征。除驯鹿两性都长角，麝、獐两性都无角外，一般仅雄性生角。

(3)叉角羚角。叉角羚角是介于洞角和鹿角之间的一种角型。骨心不分叉而角鞘具小叉，分叉的角鞘上有融合的毛具角鞘这一点与洞角相似。毛状角鞘在每年生殖期后脱换，骨心永不脱落。这是现有哺乳动物中唯一脱换角鞘的种类。但雌性叉角羚仅有短小的角心而无角鞘，与长颈鹿角相似。这种角型为叉角羚所特有。

(4)长颈鹿角。长颈鹿角完全是皮肤和骨的成分，骨心上的皮肤与身体其他部位的皮肤几乎没有差别。这种角型以长颈鹿为名。

(5)表皮角。犀科动物的角无骨心(没有骨质成分)而完全由表皮角质层的毛状角质纤维组成，为犀科所特有。与偶蹄类各种角型的另一个不同之处是：犀角长于鼻骨正中；双角种类的角呈前后排列而非左右对称，前犀角生于鼻部，后犀角长在额部。

6.1.2.5 感觉系统

哺乳动物有高度发达的神经系统和感官系统，能协调复杂的技能活动和适应多变的环境条件，在智力和对环境的反应上远远超过其他类群。

6.1.2.6 骨骼系统

哺乳动物有完善、发达的骨骼系统，保证了在陆地上快速运动的能力。一般可分为：头部、颈部、较长的身体、具备五指(趾)四肢和尾巴5个部分。根据哺乳动物的运动方式的不同，它们四肢的外形和内部骨骼的变化很大。牙齿出现分化，出现口腔咀嚼和消化，大大提高了对能量的摄取。

6.1.2.7 循环系统

哺乳动物恒温(约为25~37℃)，具有完善的血液循环系统，优良隔热性能的体表毛皮和其他体温调节的机制，提供了稳定的内环境，减少了对外界环境的依赖，区别于冷血动物。

6.1.2.8 生殖方式

哺乳动物的生殖方式为体外受精，胎生，哺乳。除最原始的单孔类卵生外，都是胎生。母兽对仔兽进行较长期的哺乳和抚育，从而使后代有较高的成活率，仔兽还可通过学习，获得适应技能。

6.1.2.9 运动习性

原始哺乳动物适于在地面行走的五趾型四肢随着适应不同的生活方式而衍生出许多特化类型，如营水生生活的鲸类和海牛类的后肢退化，前肢演变为鳍状；适应飞翔生活的翼手类的指骨延长，指和四肢间发展了翼膜；营地下生活的鼹鼠类的前肢呈铲形，在开旷草原奔跑的有蹄类的四肢趾端具蹄，为了减轻四肢的重量，巨大的肌肉位于臀部；树栖的兽类或是具锐爪便于在树干上攀爬，如松鼠类，或是具长指(趾)便于抓握树枝，如灵长类，还有极为特殊的适应树栖运动的兽类，如南美热带森林中的树懒，其趾端具巨大的钩状爪，用以在树上攀爬和悬挂。

6.1.2.10 进食习性

原始哺乳动物主要是以昆虫为食的杂食动物，后因适应不同的生活方式而演变为：杂食者以动物和植物为食；草食者以植物为食；肉食者以动物为食。每一类又可细分为许多类型。草食动物牙齿和咬肌发生了许多变化，啮齿类和兔形类发展了可终生生长的凿形门齿，以适应啮咬粗硬的树皮、坚果等；牛科和鹿科动物的上门齿消失，代之以厚的皮肤垫，以适应扯断草茎。犬齿在草食兽类中常常消失，而颊齿则扩大成为有效的研磨结构。肉食兽类与草食兽类相反，有着十分发达的犬齿，便于刺穿捕获物。臼齿数倾向减退，由第4上前臼齿和第1下臼齿构成的裂齿是适于撕咬的工具。最特化的是各种食蚁兽类，如穿山甲、食蚁兽、土豚、针鼹、袋食蚁兽等，它们由于生活方式上的趋同，牙齿都极端退化，而发展了适于舔食蚁类的长而富于黏液的舌。

6.1.3　哺乳动物的分布区与习性

哺乳动物是动物界物种中分布最为广泛的一类，能够适应各种不同温度和地形的生存环境。从热带草原上的羚羊到极地的北极熊再到高山上的鼠兔和沙漠中的骆驼，到处可以见到他们的身影。甚至部分种类在陆地以外的天空、海洋环境中生活，如飞行的蝙蝠和在海洋里生存的海豹、海豚等。

6.1.3.1　荒漠

荒漠最主要的特点是干旱，此外还会伴有剧烈的昼夜温差和沙尘暴等恶劣的天气，食物匮乏。适应了在荒漠环境生存的哺乳动物演化出了一系列各具特色的生存技能来管理能量和水分、抵抗炎热的气候并进行经常性的迁徙。

1. 能量和水分管理

荒漠哺乳动物有各具特色的获取、处理和散失水分的方式。食肉动物一般从猎物的血液和湿润的组织里获得水分，食草动物一般从进食的植物中获得水分，有时它们也会舔食在岩石和植物表面凝结的露水。除了直接以水的方式获得的部分外，它们可以有效利用在消化过程中产生的代谢水。为了减少水分的浪费，它们有高效的肾脏，排出的尿液高度浓缩，粪便也非常干燥。一些荒漠哺乳动物如骆驼在水草丰足的时候会大量进食，将能量和水分保存到位于后背的驼峰内；肥尾跳鼠则将多余的能量保存在尾巴的基部。小型的食用种子的哺乳动物还会将种子贮藏到洞穴里，更格卢鼠可在洞穴里贮藏5kg的种子。

2. 抵抗炎热

为了减少因出汗而散失过多的水分，许多荒漠哺乳动物在白天会找如小山丘和灌木丛的影子等阴凉处休息，小型哺乳动物如跳鼠则会躲藏到洞里，在比较凉爽的清晨和黄昏才会活跃取食。而在夜里由于不易发现捕食者，大型食草动物会在夜间进行移动，从一个取食地点移动到另一个，边走边咀嚼反刍的食物。大羚羊在夜里可以移动超过30km的距离。一些小型的哺乳动物，如耳廓狐演化出了大型的耳朵来散热。许多荒漠哺乳动物的体温可以比正常值提高一些来减少出汗。

3. 经常性迁徙

在荒漠中生存的哺乳动物需要经常性迁徙来保证食物和水源的充足供应，它们无论大小都具有长途跋涉的能力。一些大型食草哺乳动物的嗅觉对水汽非常敏感，能大致得知降雨发生的方位而向其迁徙，而食肉动物则会尾随其后。沙漠跳鼠一个夜晚可以移动10km。

6.1.3.2　草原

草原是开阔的环境，偶尔也会有稀落的树林和灌木生长，一年中的气候基本是干燥的，但也有大规模的季节性暴雨。这些特点让草原哺乳动物演化出了聚集成群落、按季节进行有规律的迁徙的特点。为了躲避天敌，它们要么演化出高速运动的能力，要么挖掘洞道进行穴居。

1. 聚集成群落

大型的食草哺乳动物会聚集成大型群落减少成为单个目标的危险，一些个体在进食和休息时经常会有另外一些个体在警戒。有时不同物种之间也会混合聚集起来。在非洲的热带草原上，斑马、羚羊、瞪羚、长颈鹿等混合聚集成世界上最大的野生动物群落，长颈鹿在开阔地带的视野和可视距离都很大，而斑马的嗅觉灵敏，羚羊的听觉敏感，它们共享优势资源，降低被捕食的危险。

2. 规律性迁徙

热带草原的降水是局部、季节性的。大型食草哺乳动物会逐水而居。角马就以大规模的有规律迁徙而闻名。

3. 高速运动能力

草原的开阔地带缺少掩护，无论是埋伏突袭还是逃跑都不容易。食肉动物为了捕获食草动物、食草动物为了活命都演化出了快速运动的能力。非洲的猎豹奔跑时速可以超过100km，而它们的猎物叉角羚的速度也毫不逊色，它们是哺乳动物中奔跑速度最快的。除了速度以外，一些其他的哺乳动物如野马演化出了持续快速奔跑的能力，让它们能在无边无际的大草原上长距离旅行。

4. 穴居

一些小型的哺乳动物如草原犬鼠、鼹鼠等会在草原上挖洞来建造藏身之所。它们会在地下建造复杂而有高度组织的洞道系统。一些洞道会修筑有防水的土丘和带有排水设施。非洲的土豚打出的洞道甚至可以容纳一个人。除了躲避天敌，洞道还可以在草原野火袭来时提供庇护。

6.1.3.3 森林

森林是生物多样性最丰富的自然环境。林地为动物提供丰富的食物资源和隐蔽场所，保护他们不受地面上的捕食者的威胁。在其中生活的哺乳动物也演化出了适应该种环境的特性。

1. 树栖和地面生活

一些森林哺乳动物如绒毛猴、蛛猴几乎从不下到地面，而貂和虎猫等则是半树栖的。树栖的哺乳动物通过跳跃、飞跃等方式在树枝间移动。旧大陆的长臂猿使用钩状手抓握树枝，美洲的猴类用强有力的尾巴来缠卷树枝。蛛猴的尾巴可以支持全身的重量。松鼠有锋利的爪子来抓紧树皮，以它们的大尾巴来平衡身体。鼯鼠、袋貂等在四肢间长有皮膜，可以在树间滑翔。蝙蝠则具备完整飞行的能力。小鼠、野猪、貘、鹿等哺乳动物在林地的地面上穿行。松鼠等小型哺乳动物常利用树洞筑巢。野猪和鹿等会利用树丛、山坡等地形寻找合适的休息场所避免四面受敌。许多树栖的哺乳动物会直接在树枝上休息。

2. 伪装

森林哺乳动物的皮毛大多数是深浅不一的棕色混合而成的，如此融入到生存的环境的背景中去。幼年的鹿和野猪则长有带斑纹的皮毛，易于与林地底部的颜色混合。树栖的猫科动物身上的斑点状纹理，在树上容易与树枝间的透光和斑驳的树影混杂。

6.1.3.4 极地和高山

极地和高海拔地区气候寒冷，有的终年被冰雪覆盖，食物匮乏。在这种严酷的条件下，哺乳动物演化出了各种不同的策略来应对。

1. 保暖

寒冷环境中生存的哺乳动物都有多重的毛发，外层的长毛主要起保护身体、伪装和防水防雪的作用。牦牛的毛发可长达1m。毛发的基层则是一层厚厚的绒毛，具有保暖效果。许多哺乳动物的脚掌上都长有一层浓密的毛，如北极熊和狼等，除了保暖外还能够在冰雪的表面上防滑。北极熊和海豹全身上下都有很厚的皮下脂肪包裹以减少热量的散失。它们身体突出的器官，如鼻子和耳朵，变得短小来减低这些部位降温过快而被冻伤的危险。北极狐等小型的哺乳动物演化出的粗短的身体，减小相对其体型的体表面积，尽可能减少体温的散失。

2. 季节性换毛

在极地和高山环境因为降雪和融雪的关系，在不同的季节的环境颜色的变化很大。为了在不同的季节都能有效实施伪装，许多极地哺乳动物如北极狐和北极兔每年会换两次毛，夏季换成棕色和深褐色的皮毛，与岩石、泥土和灌木的色彩相近，冬季则换成雪白的厚毛，融入白色的背景中。

3. 适应高山生活

高海拔地区空气稀薄，为了提高身体的运氧能力，许多高山哺乳动物的血液中红细胞的密度更高。在山上生活的有蹄类哺乳动物四肢发达，如岩羊等物种演化出了外缘锋利坚硬，内部成柔软的垫状，能在湿滑陡峭的岩壁上保持良好的抓地能力。它们生存在近乎垂直的悬崖峭壁上躲避捕食者。

6.1.3.5　水生

在水中生活的哺乳动物其身体设计与陆地上的哺乳动物有很大差别。

1. 适于游泳的体型

水的密度比空气要大，阻力也更大。为了在水中能快速行动，水生哺乳动物都演化出了光滑而流线型的身体。完全水生的海豚、鲸、儒艮、海牛等的后肢退化消失以尾部的鳍和躯干进行波状运动来推进，前肢演化成的鳍状肢来控制方向，海豚科的哺乳动物多有背鳍，这可以防止在行进过程中发生翻滚。半水生的哺乳动物如水獭、海豹等为了陆上生活的需要还保留有厚厚的毛发，四肢也演化为桨状或鳍状肢。海狮主要用前肢推动身体，海豹则主要用后肢。水生哺乳动物的水中运动能力比起许多鱼类有过之而无不及。

2. 保温

许多水生哺乳动物都生活在极地或季节性迁徙到极地。为了在寒冷的海水中保持体温，它们演化出了更大的体型和减小体表的突出器官，如此可减小体表面积相对于全身体积的比例，借此减少热量的散失。它们也拥有厚厚的皮下脂肪以御寒。部分要上岸生活的物种如海豹、海狮、水獭有非常厚的皮毛，毛发表面还覆盖着防水的油脂。它们在岸上通过晒太阳来减少身体产生热量的能量消耗。

3. 呼吸

哺乳动物都是用肺呼吸的，它们必须定时回到海面呼吸新鲜空气。动物肌肉内的肌红蛋白可以保存氧并缓释，而水生的哺乳动物的肌红蛋白的含量较高，一些种类的海豹的肌红蛋白含量可以达到陆生哺乳动物的10倍多。

6.1.4　哺乳动物的分类

哺乳动物分布于世界各地，营陆上、地下、水栖和空中飞翔等多种生活方式；营养方式有草食、肉食和杂食3种类型，可分为原兽亚纲、真兽亚纲和后兽亚纲(包括化石和现生种类)。世界上现存29目5416种，中国有13目，约607种、968亚种(或群居)。

1. 原兽亚纲

本亚纲包括现存的单孔目和很多早期哺乳动物，单孔目分为2科：针鼹科和鸭嘴兽科。现存哺乳类中最原始的类群，仍保留着许多近似爬行动物的原始特征。主要表现在：卵生，母兽还有孵卵的习性(鸭嘴兽)，或把卵置入特殊的育儿袋内哺育(针鼹)等。代表动物是鸭嘴兽、针鼹等。

2. 后兽亚纲

哺乳纲的一个亚纲，又称有袋亚纲。在进化上为界于卵生的单孔类和高等的有胎盘类之间的哺乳动物。胎生，但大多数无真正的胎盘，母兽具特殊的育儿袋。发育不完全的幼仔生下后在育儿袋内继续完成发育。本亚纲主要分布于澳洲及其附近的岛屿上。代表动物有：灰袋鼠、树袋熊、袋狼等。

3. 真兽亚纲

真兽亚纲又称有胎盘亚纲，为哺乳类中最高等的类群。胎生，具有真正的胎盘，胚胎在母体子宫内发育时间较长，通过胎盘吸取母体的营养，产出的幼仔发育完全。有乳头，用乳汁抚育幼仔。此类包括绝大多数现代生存的哺乳动物，本亚纲的现存的种类有 19 个目，分布比较广泛的有：灵长目、食肉目、奇蹄目、偶蹄目、啮齿目、鲸目、鳍足目、食虫目、翼手目、鳞甲目、兔形目、长鼻目、海牛目等。

(1)灵长目

哺乳纲的一目，目前动物界最高等的类群，包括原猴亚目和猿猴亚目，主要分布于世界上的温暖地区。灵长类中体型最大的是大猩猩，体重可达 275kg，最小的是倭狨，体重只有 70g。我们人类在动物学上也属于灵长目。

灵长目动物的眼睛在脸的前面，有眉骨保护眼窝。视觉敏锐，类人猿有辨色能力，但是许多原猴没有。鼻子比其他的哺乳动物短，嗅觉退化。灵长目动物的脑相对于自身体重显得大而且重，并且很复杂。大部分灵长动物上下颌前方都有一排牙床。位于中间的叫门齿，之后是犬齿。犬齿之后是前臼齿，最后是臼齿。灵长目动物四肢会抓握，而且四肢都有 5 个趾头。灵长目的多数种类鼻子短，其嗅觉次于视觉、触觉和听觉，金丝猴属和豚尾叶猴属的鼻骨退化，形成上仰的鼻孔。长鼻猴属的鼻子大又长。多数种类的指和趾端均具扁甲，跖行性。长臂猿科和猩猩科的前肢比后肢长得多。猿类和人无尾，在有尾的种类中，其尾长差异很大，卷尾猴科大部分种类的尾巴具抓握功能。一些旧大陆猴(如狒狒)的脸部、臀部或胸部皮肤具鲜艳色彩，在繁殖期尤其显著。臀部有粗硬皮肤组成的硬块，称为臀胼胝。

绝大多数灵长类都栖息在树上，这一点与大多数哺乳动物不同。它们脚下没有土地可支撑，因此必须用四肢抓握树干。与此相适应，它们的四肢末端由早期哺乳动物的爪子逐渐转变为每个手指都能够单独活动的手，拇指还能够与其余的各个手指对握。可想而知，这样的演化必定能够改善灵长类在树枝间活动所需要的抓握能力，拇指和食指指尖的对握可以形成环状，从而大大提高了手掌抓握物体的准确度。这一进化特征的出现不仅对早期灵长类搜寻昆虫等食物非常有利，而且对于后来灵长类可以用手灵巧地摆弄各种物体、直至最后能够制造和使用工具打下了基础。

与手部的灵巧活动相配合，灵长类发展了立体的视觉。双眼向前望着几乎是相同的目标，脑部就可以接受一对视觉的影像。经过了大脑的处理，影像就产生了深度、形象和距离的感觉。这样对灵长类在林间腾越行进是非常重要的。灵巧的手加上立体视觉，就使得灵长类能够从三维空间观察物体，用手把物体任意移动和拨弄。这都是灵长类充分掌握四周环境特质的先决条件，也是激发好奇心的原动力。

戴帽叶猴灵长类还发展出辨认颜色的能力，这很可能与它起源于大眼睛的早期夜行性哺乳动物有关。早期夜行性哺乳动物的大眼睛是为了在夜间增强对光线的敏感性，但是当灵长类起源后，它们在白天越来越活跃，大眼睛内的视网膜就转变为能够接受不同的色彩。能够分辨颜色有助于灵长类分辨若干食物，特别是热带雨林茂密树枝上的果子。

这样，灵长类具备了一套独特的感觉器，能够把触觉、味觉、听觉，尤其是色觉和立体视觉感受到的各种信息输入脑中。脑接收外界的信息与日俱增，进而能够把各种信息分类排比，最终产生了智力的发展。这样的智慧，是任何其他动物都没有的，这也就是为什么我们把这类动物叫作“灵长类”的原因。

（2）食肉目

猛食性兽类，包含犬科、熊科、猫科、鼬科、浣熊科、灵猫科和鬣狗科7个科，灵猫科只分布于旧大陆；浣熊科几乎集中分布于新大陆；其余各科的分布均较广泛，除大洋洲外，可见于世界各地。

本目动物门牙小，犬牙强大而锐利，上颌最后一枚前臼齿和下颌第一枚臼齿的齿突如剪刀状相交，特化为裂齿（食肉齿）。指（趾）端常具利爪以撕捕食物。脑及感官发达。毛厚密而且多具色泽，反应迅速，动作灵敏、准确、强而有力。不论体型粗壮的熊类或小巧的黄鼬以至家猫、家犬等均具发达的大脑和感觉器官，嗅觉、视觉和听觉均较发达，如警犬的灵敏嗅觉和家猫适应光照强弱的可张可缩的瞳孔都是人们所熟知的。

食肉类体型矫健，四肢的趾端具锐爪，以利于捕捉猎物。生活方式为掠食性，猎物多为有蹄类、各种鼠类、鸟类以及某些大型昆虫等。捕杀方式多种多样，或隐伏要路等待，或嗅迹跟踪、潜伏靠近，凭借利齿和锐爪为武器进行突然袭击。还有攻击方式是长距离的追逐捕杀。狼和豺等动物更发展成类似集体分工的围猎方式。猫类和鼬类是以肉为主食的典型食肉兽；犬类和灵猫类次之，除肉类外尚包括部分植物果实；熊类和浣熊类进食植物性食物的比重增大，近于杂食；鬣狗类的捕食成果经常被狮子抢夺，需要以腐肉补充，缟鬣狗则以蚂蚁为主食；大熊猫也是杂食动物，以嫩竹和竹笋为主食，会捕食其他野生动物，吃一些水果。绝大多数食肉动物单独生活，每个成体往往占据一定面积的活动区域，作为独自寻食的游猎区，并竭力守卫自己的“领地”。不少种类均具较为发达的分泌腺，北美臭鼬类的分泌物气味强烈，可使人一时昏厥。分泌腺既是自卫的武器，又是通讯联络和标记领域的手段。食肉动物多昼伏夜出。代表动物包括：老虎、狮、狼、熊、獾、浣熊、鬣狗等。

（3）奇蹄目

图6-1 果下马

奇蹄目包括大部分大型草食性有蹄动物，多数为草原奔跑兽类，因趾数多为单数而得名。主要以第三指（趾）负重，其余各趾退化或消失。指（趾）端具蹄，有利于奔跑。门牙适于切草，犬牙退化，臼齿咀嚼面上有复杂的棱脊。胃简单，不反刍。代表动物有马、犀牛等。图6-1为果下马，果下马是一种体型矮小的宠物马种。骑着它能穿行于果树下，因此得名“果下马”。果下马源自我国西南地区本土马种，是中国最早被驯化的马种之一。

现存奇蹄类只有马科、犀牛科和貘科3科7属17种。已知最古老的奇蹄动物是发现于北美和欧洲的大约5500万年前的始马，又被译名为始祖马，因为它是最早的马化石。亚洲也发现过此属动物，但时代稍晚。北美是马科进化发展的中心，早在第三纪期间，由早始新世的始马几乎直线地发展出山马、后马、中马、细马。其他大陆这时虽也曾有马类的发展，如中国的黔马，但不是进化的主支。新第三纪期间，马类多次由北美迁往其他大陆，中国中新世的安琪马，中新－上新世的三趾马都是由北美迁入的。第四纪的真马也源于北美。

如今，犀牛科只有非洲的2个种和亚洲的3个种。但在第三纪，犀牛繁盛而多样，有善于长跑的，有适应于水边生活的，有食嫩叶的，也有食干草的。

貘是现生奇蹄类中最原始的，除具能伸缩能卷的软鼻以外，其他方面跟其新近纪中新世的祖先——中新貘差别不大。中新貘的鼻骨后缩，说明它也已有了软鼻。自中新貘以后，貘类变化不大，属种很少，其中巨貘化石仅发现于中国，但除个体大外，与现生貘无大差别。早第三纪期间，情形完全另一个样，貘类非常繁多，中国每一个古近纪的始新世晚期和渐新世早期化石发掘点几乎都有貘类发现。最早的貘译名为始祖貘，形态上和始祖马差别甚微。

（4）偶蹄目

偶蹄动物现存10科75属184种，除大洋洲外，遍布各地，包括猪、河马、骆驼、长颈鹿、鹿、羊、牛等人们熟知的哺乳动物。头上大多有角；第三、四指（趾）同等发育，以此负重，其余各指（趾）退化。具偶蹄。胸腰部椎骨较奇蹄目为少，股骨无第3转子。图6-2为羊驼。

图6-2 羊驼

偶蹄动物分为猪形亚目和反刍亚目，然而各类内部形态差异很大。猪形亚目（如猪、河马）保留四趾，臼齿简单，腿短。犬齿常常变大成獠牙。它们都属于杂食动物，胃构造简单。反刍亚目则相反，倾向于向长腿、两趾和复杂颊齿（用于对食草的适应）和复杂胃。伴随复杂消化系统的出现，它们有了反刍的行为。反刍的机制是进食时经过粗略地咀嚼，咽下的食物进入瘤胃和蜂巢胃，休息时胃内食物陆续呕入口腔，再经过咀嚼，咽入重瓣胃和皱胃。这是一种缩短取食时间和加强消化粗糙食物的特殊适应，以获得对养分的最大程度利用。

（5）啮齿目

啮齿目是哺乳动物的最大一目，该目种数占哺乳动物的40%~50%，几乎遍及南极和少数海岛以外的世界各地。一般分成松鼠型亚目、鼠型亚目和豪猪型亚目三大类。啮齿动物上下颌只有1对门齿，喜啮咬较坚硬的物体；啮齿目动物一般比较小，多数在夜间或晨昏活动，许多种类的繁殖能力很强。代表动物包括：老鼠、松鼠、土拨鼠等。

啮齿目在脊椎动物进化上可以说是最成功的一支。其种类超过了所有其他哺乳动物种类的总和。啮齿动物在进化上获得成功的原因可能是多样的，但首先是应归于个体较小。

小的个体，就可去开辟、适应大动物所不适宜的环境，从而建立大的种群。其次是繁殖力强。强大的繁殖力，意味着其具有广阔的生活区域和对各种不同生态环境的适应。啮齿动物不但在陆上生活，空中、水中也有他们的成员。空中有滑翔的鼯鼠，水中有水獭。此外，还有荒漠中的跳鼠，森林中的睡鼠，洞穴中的鼢鼠，以及扰乱人类几万年的小家鼠。从赤道到极地，甚至高山、海岛上，到处都有他们的踪迹。

（6）鲸目

鲸目包括鲸和海豚，广泛分布于世界海洋，完全水栖的哺乳动物。体长1~30m，体形似鱼，适应游泳，体毛退化、皮脂腺消失、皮下脂肪增厚，前肢鳍状、后肢消失，颈椎有愈合现象，具"背鳍"及水平的叉状"尾鳍"。鼻孔位于头顶，肺具弹性，贮氧能力强。外耳退化。齿型特殊。水中分娩和哺乳。代表动物有：蓝鲸、海豚、抹香鲸、白鳍豚等。白鳍豚是我国特有的淡水鲸类，仅产于长江中下游。国家一级野生保护动物，也是世界上12种最濒危的动物之一，被誉为"水中的大熊猫"。

如同所有哺乳动物，鲸用肺呼吸，是温血动物，其幼崽由哺乳喂养，还有少许毛发。肺容积大，每次呼吸换气彻底，潜水后对氧的使用经济，从而鲸能潜水30~70 min，甚至更长时间才浮出水面换气一次。大多数小型鲸是浅层潜游者，而一些大型鲸类则能深潜，如抹香鲸能深潜900~1134 m。鲸前肢形成鳍，后肢完全退化，尾巴变成尾鳍，鼻孔在头的上部。特别值得瞩目的是蓝鲸。它是世界上现存的最大动物，体长可达30m，重达180t。母鲸通常只生一只幼鲸。怀孕期基本上都在一年左右。靠乳汁喂养幼崽。有的幼鲸哺乳期也许要一年，养育期较长，有的幼鲸在出生以后，甚至会跟着母亲好几年才断奶。它们在生存环境里，会遇到鲨鱼的捕食，所以母子之间会建立非常强的关系。一些鲸的成熟期很晚，大约要7~10年。鲸的寿命比较长，约60~70年。

鲸被认作为掠食者。它们的食物品种分布从微生物到大型鱼类非常广泛。所有的哺乳动物，包括鲸都需要睡眠，但鲸为了呼吸而保持清醒只能使它们一个脑半球处于睡眠状态。所以，鲸从不沉睡却能够得到所需的睡眠。鲸大约一天"睡"8h。

（7）鳍足目

鳍足目与食肉目动物是近亲。向水中发展的一支水栖大型食肉兽。分布于南、北半球寒带和温带海洋。体型纺锤状；牙齿与陆栖食肉兽相似，但犬齿、裂齿等分化不明显，多为整吞食物，不加咀嚼，主食鱼、贝类和软体动物。肢呈鳍状，大部隐于皮下，后肢遥在体的后端与发达的尾部连在一起为主要游泳器官。趾间具蹼，前肢第一趾最长，后肢第一、五两趾较中央的三趾长。皮下脂肪极厚，用以保持体温。听觉、视觉和嗅觉灵敏，在水下有回声定位能力，潜水时心率减慢，只相当于正常心率的1/10，外周血管收缩，保证重要器官的血液供给。潜水时间可持续5~20 min。属一雄多雌类型。主要包括海狮科、海豹科和海象科3科，我国仅有前2科。鳍足动物的观赏性很强，因其憨态可掬的形象、多才多艺的表演成为水族馆里游客最受欢迎的动物之一。

（8）食虫目

真兽类最原始的成员，与其他真兽类的共同祖先非常相似，现分布于大洋洲、南美南部和南极以外的大多数地区，种类繁多。食虫目动物均为身体被以柔毛或硬刺的、外形似小老鼠的小型有胎盘类动物。多数食虫目的成员高度适应食虫生活，是高效率的猎手。有些种类的唾液中有毒性，可以轻松的制服对手。代表动物是鼩鼱类、鼹类和刺猬类。食虫目寿命一般不长，鼩鼱只能活6周，如果几小时不进食就会因无法维持体温而死亡，最长的刺猬也就只能活10年左右。

(9)翼手目

翼手目是哺乳动物中仅次于啮齿目动物的第二大类群。翼手目的动物在四肢和尾之间覆盖着薄而坚韧的皮质膜可以像鸟一样鼓翼飞行，这一点是其他任何哺乳动物所不具备的，为了适应飞行生活，翼手目动物进化出了一些其他类群所不具备的特征，这些特征包括特化伸长的指骨和连接其间的皮质翼膜，前肢拇指和后肢各趾均具爪可以抓握，发达的胸骨进化出了类似鸟类的龙骨突，以利胸肌着生，发达的听力等。蝙蝠是对翼手目动物的总称。在气候温和的中纬度地带生活的翼手目动物大多具有季节性迁飞的习性，并且能选择适当的隐蔽场所进入冬眠，冬眠时体温可以降低到与环境温度相一致。翼手目动物在秋季交配时并不发生受精卵，精子在雌兽的生殖道里过冬，而春季交配时则排卵与受精同时进行。在温带地区，一般每年仅产1胎，每胎产1~2仔，有时产3仔。

翼手目动物为夜行性，其中以昆虫为食的种类在不同程度上都有回声定位系统，因此有“活雷达”之称。借助这一系统，它们能在完全黑暗的环境中飞行和捕捉食物，在大量干扰下运用回声定位，发出超声波信号而不影响正常的呼吸。它们头部的口鼻部上长着被称作“鼻状叶”的结构，在周围还有很复杂的特殊皮肤皱褶，这是一种奇特的超声波装置，具有发射超声波的功能，能连续不断地发出高频率超声波。如果碰到障碍物或飞舞的昆虫时，这些超声波就能反射回来，然后由它们的大耳廓所接收，使反馈的信息在它们的大脑中进行分析。这种超声波探测灵敏度和分辨力极高，使它们根据回声不仅能判别方向，为自身飞行路线定位，还能辨别不同的昆虫或障碍物，进行有效的回避或追捕。

(10)鳞甲目

鳞甲目仅包含穿山甲科穿山甲属，因此又称穿山甲目，分布于非洲和亚洲热带、亚热带地区。穿山甲身体细长，体长30~92cm，尾长27~88cm，体重一般2~5kg，最重达25kg以上，雄兽常比雌兽大些。没有牙齿，舌发达。头骨粗大，呈圆锥形，颧弓不完整。鼻骨大，上枕骨也大。耳壳呈环形。头顶、头侧、颈部、身体和尾巴均覆盖着大而呈复瓦状排列的硬角质厚鳞片。颏部、颈部下方及腹部具毛而无鳞片。爪长，尤其是前足中趾的爪特长，可以用于抓蚁巢。尾巴扁而阔。

鳞甲目动物栖息于森林、浓密的灌丛、开阔地带或大草原等地。陆栖或树栖。独居或雌雄结对。性怯懦，遇敌即将躯体卷曲成球状，把头部埋在其中，并耸起鳞片，保护自己，有时还从肛门排出恶臭液体，以驱避天敌。尾可缠绕，极善攀援。树栖者白天隐于树洞，地栖者挖洞或利用他种动物的弃洞。晚上活动，以白蚁、蚂蚁等为食。我国南方所产的穿山甲可作代表。

(11)兔型目

兔型目又称复齿目，有兔科(包括野兔和家兔)和鼠兔科两个科，分布于大洋洲和南极洲以外的世界各地。兔型目动物是典型的食草动物，以草本植物及树木的嫩枝、嫩叶为食，有的冬季还啃食树皮，一般不喝水。虽然不反刍，但具有双重消化功能。

兔子虽然位于食物链的底层，但它一点也不像外表看得那么无害。1859年，一些农场主将欧洲野兔从英国带到了澳大利亚，作为休闲狩猎的猎物。由于没有鹰、狐狸这些天敌，兔子仿佛来到了天堂，开始在没有任何限制的情况下大量繁殖。通常来讲，野兔3个月大就成熟进入繁育期，一个月就能繁殖一窝。计算起来，一对成熟兔子在短短一年半时间内，就能拥有成员超过180只兔子的大家庭。从野兔被引进澳洲的大约70年之后，这里的兔子数量达到了惊人的100亿只。这些野兔不仅每年给农场主造成数亿美元的损失，同时也对150多种本地物种的生存构成威胁。为了改变这种情况，20世纪50年代，澳大利亚政府采用释放病毒的方法消灭兔子，这也是全球首次使用生物学方法控制动物数量。病毒当时很快在兔群中传播，99.8%感染了这种病毒的兔子都死亡了。不过后来随着兔子免疫力的逐渐增强，这一物种的数量又开始逐年回升，到1990年已恢复到6亿只左右。为了避免灾难重演，科学家们多年来一直致力于引入及研发各种不同的病毒，以达到抑制兔子大量繁殖的目的。每年澳大利亚联邦政府都要投入巨资限制兔子规模。与此同时，澳大利亚各地的农场主也在自己想方设法，试图消灭破坏自家农田的兔子。虽然政府及个人在对付兔子方面付出了昂贵的“代价”，但仍然没有完全控制兔子数量。

(12)长鼻目

长鼻目现仅有象科，包括亚洲象和非洲象。象类因上唇和鼻延长形成灵活的象鼻而得名，长鼻目动物的共同特点是：象类因上唇和鼻延长形成灵活的象鼻而得名，长鼻目动物的共同特点是：体形巨大，身型高大，鼻子长，耳大，长有长獠牙，四肢粗大似柱，每足5趾，趾端有短蹄，体重均过吨，素食性。最大的恐象身高可达5m，最小的侏儒猛犸身高仅有1.7m。最重的可达16t，最轻的只有1t。仅有1对上门齿，为第3门齿，变成不断持续生长的硬齿质獠牙，没有其他门齿，也没有下门齿；没有犬齿；颊齿是高冠齿及脊形齿；有8颗乳齿的前臼齿和8颗门齿，所有的颊齿外形均相似，有许多横的釉质脊，但是在同一时期上、下颌每侧只有1颗牙使用，磨损的牙脱落后，由后面毗邻的牙向前顶替。头骨短而高，骨骼小有许多空气腔；上唇和鼻子愈合，变长，形成一个长而且能弯曲的肉质的鼻子。鼻孔位于鼻的末端，高出颜面，鼻尖如手指状，可以用来挑取很小的东西。皮肤厚，体外有一层稀疏的须状毛。胃简单，盲肠大。嗅觉、听觉发达，视觉较差。

(13)海牛目

海牛目在海洋哺乳动物中是相当特殊的一群，所属物种均为素食性，以海草与其他水生植物为食，现分布于各大洲热带、亚热带沿海地区以及非洲和南美洲的部分淡水水域。尾巴分岔的儒艮海牛目动物相当适应水中生活，它们有流线型的身体，没有后肢与背鳍，身上毛发稀疏，前肢呈桨状便于游泳。儒艮与海牛的体型相似，由尾部可明显分辨两者：海牛的尾巴宽大而略呈圆形，儒艮则为V形尾，近似于海豚的尾鳍。

海牛目有厚而可移动的嘴唇，表面覆有浓密的短毛，可抓取海草送进口中。它们演化出特殊的牙齿替换系统，以适应食用多纤维食物造成的牙齿磨损。海牛仅具臼齿，更新方式不是一颗掉了后再重新长出新牙，而是整列牙齿由颚的末端水平地往前移动，当牙齿移动至颚的最前端时，牙根会逐渐被吸收终至脱落，跟象的牙齿结构有点像。儒艮的上下颚各有3对臼齿与前臼齿，随着年龄增长，它们的前臼齿与第一对臼齿会脱落，剩余的臼齿则会终生生长。雄性有两颗大型门齿，在青春期时会突出嘴边，但当嘴巴闭上时会被嘴唇盖住。没有外耳壳，只在头部两侧各有1个很小的耳孔；2个鼻孔皆位于吻部的顶端，潜水时会被皮膜掩盖。雌性有1对乳房，乳头位于前肢基部处。

它们的肺很大，是浮力的主要来源；横隔膜的位置相当特殊，不像人类与肩膀平行，而是大致与背、腹部平行，推测可能与浮力的调节有关。骨架非常厚重，尤其是肋骨，除了有铅垂般帮助下潜的功能外，对于鲨鱼等天敌的冲撞也有一定的抵御能力。皮肤相当厚，体内贮存有许多脂肪，但脂肪厚度通常不及鲸类的鲸脂。雄性海牛目动物没有外露的生殖器，隐藏于腹部中段；雌性生殖器接近肛门，在尾柄前方。怀孕期一般约1年以上，1胎仅产1仔。

现存共有4种海牛目动物，分为2个科：海牛科的3种海牛，与儒艮科的儒艮。儒艮性情温顺，行动缓慢，视力差，听觉灵敏，平日呈昏睡状。以多种海生植物的根、茎、叶，与部分藻类等为食，在我国台湾、广东、广西沿海有分布。因雌性儒艮偶有怀抱幼崽于水面哺乳之习惯，故儒艮常被误认为“美人鱼”。

拓展阅读

我国仅存不到20只野生东北虎

2010年11月在俄罗斯圣彼得堡召开的“保护老虎国际论坛”上，来自13个全球野生虎分布国的政府首脑和代表将每年的7月29日定为“全球老虎日”保护野生虎种群。

野生东北虎被认为中国最有希望恢复野生的老虎亚种。目前，全球野生东北虎仅存不到500只，主要分布在俄罗斯远东地区和中国东北山林中。中国野生东北虎数量不足20只，栖息在黑龙江省和吉林省东部的长白山区。据近几年跟踪采访发现，野生东北虎面临食物短缺、人类偷猎设陷、生存环境恶劣等多重致命因素，生存状况令人担忧。尽管近两年野生东北虎出现频率和活动范围有所扩大，但这些却让老虎保护者更加担心。调研发现，野生东北虎死亡多与树木采伐、偷猎等人类活动有关，缺吃少食、生境缩小、陷阱重重，让老虎种群之间的交流变得更难，非常不利于恢复老虎种群。

2014年5月，俄罗斯总统普京放生了3只老虎至原始森林。10月12日普京虎“库贾”游过中俄界河进入黑龙江省境内。据称，被称作“总统之虎”的“库贾”是本世纪第一只游过黑龙江到达中国的俄罗斯老虎。“偷渡”进入了中国领土后，俄罗斯的专家专门致电中国动物保护组织，请求善待，希望不要给“库贾”喂家禽类动物，避免使其野外生存能力退化。11月11日晚，“乌斯京”也追随自己的“虎兄”来到中国，成为秋季以来第二只越境进入中国的东北虎。而更早前进入中国境内的“库贾”已经适应了新环境，成功捕猎。

猫与人类年龄的换算

猫的一般寿命为18~20岁。人在18岁时正值青春期，可猫在18岁时已是高龄阶段。而猫的青春期则在1~2岁。10岁的猫基本上可认为进入老年社会了。这以后，需主人对猫更加格外地精心照料，才能使猫长寿。具体年龄阶段见下表：

1个半月=4岁

3个月=6岁

6个月=10岁

9个月=13岁

1年=15岁

3年=28岁

5年=36岁

7 年 =44 岁
9 年 =52 岁
11 年 =60 岁

探索实践

1. 学生分组查阅关于哺乳动物多样性的更多内容。
2. 查阅有关猎杀与保护的法律法规和具体事例。
3. 识记国家级动物保护名录中生活在山西境内的动物。

任务 6.2 哺乳动物文化及旅游应用

【任务导入】

全家共度“动物园奇妙夜”

2015 年某个周末，20 组家庭在上海动物园度过了一个“动物园奇妙夜”，体验了夜宿动物园的感觉，这也是上海动物园第六期自然课堂的内容。为了让旅程更顺利，收获更丰富，动物园科普老师先做了一个科普小讲座，让家长和小朋友知道哪些动物习惯夜间活动，晚上游览动物园可以发现哪些昆虫的踪迹。

然后，打着幽暗的手电筒，一行人马悄悄向园内进发。夜晚的动物园看似安静了许多，但竖起耳朵聆听，草丛中传来好听的虫鸣，鸟儿扇动翅膀，发出清脆的响声。天鹅湖里，天鹅、鹈鹕等还在贪玩，各种鸭子把脖子深埋在翅膀底下，浮在湖面上安静地进入了梦乡。天气合适、运气好的话，还可以看见萤火虫提着绿色的小灯笼飞舞。来到狼的笼舍前，用手电微微一照，一行人惊呼，原来狼的眼睛在晚上真是发出绿光。

夜游动物园结束，大家在大草坪上搭建起帐篷，以地为枕，以天为被。第二天清晨天刚刚亮，就听到了猿啼。原来长臂猿在清晨会比较兴奋，发出叫声，如果走到笼舍跟前，这种叫声还会震耳。除了长臂猿，其他灵长类动物也会在清晨比较兴奋，这是它们的生活习性。除了灵长类动物，还有鸟儿在清晨也会早起练声。

【任务分析】

动物园旅游的历史源远流长，早期是古代贵族的专利，现在已经成为生态旅游的重要组成部分。随着动物园旅游的项目越来越丰富，游客体验的活动越来越多，对动物的了解也越来越深入，更启发了游客爱护动物、保护动物的愿望。认知了解动物园中的常见珍稀动物，是每个生态旅游工作者及每一名游客的基本能力。

知识卡片

6.2.1 动物文化

现代文明的足迹已经遍布于当今人类社会的各个角落。但在人类文明之外，在神秘而又美丽的大自然中，各种生物直接或间接地影响了人类的生活，人类也因此赋予一些动物美好的寓意。例如，龙是动物的神，能兴云布雨，利益万物，顺风得利，是英勇、权威和尊贵的象征，曾被历代皇室御用，现民间视作神圣、吉祥、吉庆之物，与凤一起寓意龙凤呈祥；貔貅，招财进宝的祥兽，据说貔貅是龙王的九太子，它的主食是金银财宝，金银财宝只进不出，故民间有"一摸貔貅运程旺盛，再摸貔貅财运滚滚，三摸貔貅平步青云"的美好祝愿；麒麟，瑞兽，只在太平盛世出现，是仁慈祥和的象征，又有"麒麟送子"之说，寓意麒麟送来童子必定是贤良之臣；狮表示勇敢，两个狮子寓意事事如意，一大一小狮子寓意太师少师，意即位高权重；猛虎比喻威武勇猛，显示一种实力；螭龙，是传说中没有角的龙，又叫螭虎或草龙，在古老文化中代表神武、力量、权势、王者风范，极为善变，能驱邪避灾，寓意美好、吉祥；灵猴，聪明伶俐，也是封侯(猴)做官之意，与马一起寓意马上封侯，与印一起寓意封侯挂印，大猴背小猴寓意辈辈封侯；驯鹿是长寿的仙兽，常与仙鹤和寿星一起保护灵芝仙草，寓"禄"，表示长寿和繁荣昌盛、福禄之意，与官人一起寓意加官受禄；蝙蝠寓意福到和福气，五个福和寿字或寿桃寓意五福献寿，和铜钱在一起寓意福在眼前，与日出或海浪一起寓意福如东海，与天宫一起寓意天宫赐福；鼠，机巧聪敏，仁慈乐观，配有金钱图案，为金钱鼠，象征富贵发财的属鼠人；牛，勤劳致富，购股票有牛市的寓意，佩带参与的人能赚钱；兔，人人喜爱的动物，温雅美丽；马寓意马上发财，马到功成，马上封侯，马上平安(马上相逢无纸笔，凭君传话报平安)；羊与祥和阳谐音，寓意吉祥和三阳开泰，吉运之兆；狗做事敏捷、忠诚，有吉祥狗、富贵狗、欢喜狗的说法；猪是富贵，富态十足。

与人类相比，动物们本身似乎没有人类那样的智慧，但这些大自然的精灵仍能凭借其自身独特的生存技能在自然界开辟出属于自己的天地，与人类共享这个美丽富饶的蓝色星球。动物同人类一样，也要经历生老病死、婚丧嫁娶。同人类一样，动物们也性格迥异，鹰有些冷酷、蛇有些毒辣、企鹅尽显憨厚、北极熊有些霸道。这些精灵以其特有的姿态展示生命的美丽，谱写神奇的生命乐章。

6.2.2 动物园的发展历史

动物园是搜集饲养各种动物，进行科学研究和迁地保护，供公众观赏并进行科学普及和宣传保护教育的场所。动物园有两个基本特点：一是饲养管理着野生动物(非家禽、家畜、宠物等家养动物)；二是向公众开放。符合这两个基本特点的场所即是广义上的动物园。一些水族馆也饲养龟、海狮、海豹等动物，广义上说也属于一种动物园。狭义上的动物园专指城市动物园和野生动物园。动物园的基本功能是对野生动物的综合保护和对公众的保护教育。

6.2.2.1 笼养式动物园

据《诗经·大雅》记载，中国早在周文王时已在酆京(今陕西西安沣水西岸)兴建灵台、灵沼，自然放养各种鸟、兽、虫、鱼，并在台上观天象、奏乐，周文王还把收集来的动物放在园中命手下人进行研究，这是中国历史上最早由人工兴建的自然动物园；此后的封建帝王也多建有不同规模的苑囿，选择山丘茂林或水草丛生之地，设专人管理，放养禽兽，供戏乐狩猎。秦汉后，多在种植花木的苑囿中放养或设笼舍圈养动物，以供玩赏。

在欧洲，古罗马时代已有动物园的雏形。最初的动物园雏形起源于古代国王、皇帝和王公贵族们的一种嗜好，从各地收集来的珍禽异兽圈在皇宫里供其玩赏，像黄金、珠宝一样，是他们财富和地位的象征，与普通平民没有关系。一开始，这种收集行为比较随意，碰上什么就抓什么，后来渐渐地对动物有了一些了解，才开始有一些计划性和组织性。不过那时的动物都关在笼子里，并不考虑它们舒不舒服，只考虑如何让参观者看得更清楚一些。另外，古罗马的统治者十分喜欢在斗兽场欣赏狮、虎、熊互斗，或者让它们和人相斗。在古罗马斗兽场也圈养着一些猛兽，斗兽场也可以算作一种更具血腥意味的动物园。

总的来说，笼养式动物园，其目的仅仅是满足人类特别是权贵们的好奇心。笼子的设计根本不考虑动物的健康，只考虑怎样让参观者看得更近、更清楚一些。笼子里除了铁栏杆，什么设施都没有，或者把动物放到一个下陷式的大坑中供人参观在当时这就是最好的解决办法。

6.2.2.2 现代动物园

随着经济社会的发展，动物园从权贵世界逐渐走向平民生活。19 世纪初，人们开始在城市中建设公园，用来满足休闲娱乐需要，同时一些动物和植物也被放到公园里进行展出，这时就出现了真正意义上的动物园。

现代动物园与笼养式动物园相比，一般都会把动物放置于类似它们自然栖息地的围栏内的地方生活。一些动物园还会有特别的设施给夜间活动的动物，如在白天用暗淡的照明系统，因此在游客参观时，该动物能活动，并于晚间用光亮的照明使其有休息时间。另外，也会为鸟类、昆虫、鱼类等动物制作特定的气候环境，如为企鹅营造寒冷的北极气候。此外，很多动物园都有徒步穿越的展览，那里游客可以进入一些非攻击性动物的围栏内，好像狐猴、狨猴、鸟类、蜥蜴和海龟等。但动物园一般会再要求游客遵从进入的规则，以免发生意外。一些实行放养的大型动物园还会安装架空电车供游人低空游览。

我国成立最早的现代动物园是北京动物园，于 1906 年成立。从 1906 年到现在，中国动物园的发展也走过了近 100 多年的历程。动物园已经逐渐成为人们休闲娱乐的重要场所。

6.2.3 动物园游览注意事项

近几年，在野生动物园内屡有报道游客遭到猛兽攻击，造成人身伤害或死亡。一些游客认为许是恰逢动物们饥饿而造成，实则不然。许多猛兽即便不饿也有扑食的本性，其将猎物咬死藏起，以备之后食用。所以，为了自身安全，游览动物园的游客一定要注意人身安全。游览动物园时，须注意以下事项：

（1）孩子要家长全程陪同。遇到熊山、狮虎山这样的游览区，一定注意安全，不要太靠前。不要脸贴、手扶动物隔离网，与隔离网保持一定距离，更不能翻越栅栏，以免被动物抓伤、咬伤。

（2）年龄太小的宝宝，正处于发育阶段，所以适合和爸爸妈妈在绿阴下小憩或散步。

有些禽类动物的细小绒毛，很容易引起孩子的上呼吸道疾病和过敏，最好不要离动物太近，远距离观赏即可。

(3)不要随意投食动物。虽然有的动物是杂食性，但是游客看似好心的投喂，实际是害了它们，非常容易引起动物的疾病，甚至是致命的。一般的动物园内，会有一个小小动物饲喂区，家长可以带孩子喂小动物。如果自己带菜，一定要注意不要腐烂变质，给动物喂食的时候，也要注意动物的情绪，不要硬塞。

(4)不要"挑逗"动物，如遇动物在发情期或是哺乳期，很容易引起动物的敌视情绪，从而引发游客自身危险。

(5)在游览中看到喜欢或睡觉的动物，不免兴奋得大叫或拍打玻璃。其实，这非常危险。因为有的动物是夜间活动，白天休息，打扰它们正常的生活和固有习性对动物不利，对游客自己也不利。

(6)为动物拍照，尽量不要用闪光灯，以免刺激动物眼睛。如果是马，可能会受惊，暴躁伤人。

(7)家长可以给孩子讲解一些展出动物的特性，介绍在每个笼舍的上面，都有牌子，写得很清楚。如果孩子特别喜欢某种动物，家长可以再买书、光盘给孩子看。

(8)参观野生动物园一定要按规定坐在车内观看，不要将头、手伸出车窗，更不可下车。一般野生动物园都比较辽阔，隔几十公里才有加油站，所以一定要保证你的汽车里有足够的油，确定你的手机有足够的电池，不然出现紧急情况将难以求救。不要把携带的食物和水放在汽车后备箱里，因为在公园里下车取物是很危险的事，随时可能遭到潜伏动物的袭击。

(9)在动物园内不要穿短袖衣裤，并带好驱蚊药品，因为一般这种地方的蚊虫很多且容易传染疟疾。

6.2.4 太原市动物园动物的认知与讲解

太原动物园位于太原市东北隅的卧虎山上，距市中心 6km，占地面积 79.36 km^2，有各种树木 70 余种，植物数量达 30 万株，草坪面积达 $60\times10^4 m^2$，绿地率 85% 以上。全园共分 7 个展区：鸟语蓝天(鸟禽区)、热带亚热带动物区、花果山(灵长类区)、自然山林、草原风情(食草动物区)、服务休闲区和科普教育区。园内现有各种动物 165 种，2000 余头(只)，其中有熊猫、白犀牛、亚洲象、长颈鹿、斑马、羚牛、野驴、美洲虎、非洲狮、金钱豹、黑熊、棕熊、果下马、野牦牛、白唇鹿、梅花鹿、马鹿、麋鹿等珍稀哺乳动物，还具备了金钱豹、长颈鹿等动物在国内的先进繁育水平，是山西省唯一的集野生动物异地保护、繁殖、展览于一体的专类动物园。

1. 大熊猫

大熊猫是园内最珍惜的物种之一，属于食肉目熊科大熊猫属，头部和身体毛色黑白相间分明，但黑非纯黑，白非纯白，黑中透褐，白中带黄。体型肥硕似熊、丰腴富态，头圆尾短，大大的黑眼圈，头躯长 1200~1800mm，尾长 100~120mm。体重 80~120kg，最重可达 180kg，饲养的熊猫略重，一般雄性个体稍大于雌性，标志性的内八字的行走方式，也有解剖刀般锋利的爪子，是世界上最可爱的动物之一。大熊猫已在地球上生存了至少 800 万年，被誉为"活化石"和"中国国宝"，是我国特有种，国家一级保护动物。是世界自然基金会的形象大使，世界生物多样性保护的旗舰物种。据第三次全国大熊猫野外种群调查，全世界野生大熊猫不足1600只，中国圈养大熊猫数量为333只。大熊猫最初是食肉动物，经过进化，99%的食物都吃竹子，但牙齿和消化道还保持原样，仍然划分为食肉目。野外大熊猫的寿命为18~20岁，圈养状态下可以超过30岁。现存的主要栖息地是中国四川、陕西和甘肃的山区。大熊猫秦岭地区的个体偏大，体毛粗糙，腹毛略呈棕色色泽。岷山（尤以青川平武）则个体较小，体毛也较秦岭地区为细，腹毛棕色不明显，但凉山的个体并不偏小。

黑白相间的外表，有利于隐蔽在密林的树上和积雪的地面而不易被天敌发现。相对锋利的爪和发达有力的前后肢，有利于大熊猫能快速爬上高大的乔木。大熊猫皮肤厚，最厚处可达10mm。身体不同部分的皮肤厚度也不一样，体背部厚于腹侧，体外侧厚于体内侧，皮肤的平均厚度约为5mm，并且色白而富有弹性和韧性。大熊猫的视觉极不发达，这是由于大熊猫长期生活于密密的竹林里，光线很暗，障碍物又多，致使其目光变得十分短浅。此外，由于它的瞳孔像猫一样是纵裂的，当夜幕降临的傍晚，它们还能活动。

大熊猫具有不惧寒湿不冬眠特点。哪怕气温在－4~14℃它们仍然穿行于被白雪压得很厚的竹丛中。它们喜湿，常常栖于中国长江上游海拔2600~3500m的坳沟、山腹洼地、河谷阶地等地，竹类生长良好，气温低于20℃，其湿度常在80%以上，常年空气稀薄，云雾缭绕，隐蔽条件良好，食物资源和水源都很丰富。它几乎完全靠吃竹子为生，在野外自然采食的50多种植物中，竹类就占1/2以上，而且占全年食物量的99%，其中最喜欢吃的有大箭竹、华西箭竹等7种。大熊猫每天除去一半进食的时间，剩下的一半时间多数便是在睡梦中度过。在野外，大熊猫在每2次进食的中间睡2~4h，平躺、侧躺、俯卧，伸展或蜷成一团都是它们喜好的睡觉方式。

2. 豹

豹是食肉目猫科豹属，在4种大型猫科动物（其余3种为狮、虎及美洲豹）中体积最小，平均体长2m左右，平均体重80kg。奔跑时速可达70km。体呈黄色或橙黄色，全身布满大小不同的黑斑或古钱状的黑环。豹可以说是敏捷的猎手，身材矫健，动作灵活，奔跑速度快。既会游泳，又会爬树。性情机敏，嗅觉、听觉、视觉都很好，智力超常，隐蔽性强，长长的尾巴在奔跑时可以帮助豹保持平衡。它也是少数可适应不同环境的猫科动物。金钱豹多指亚洲的亚种，非洲的亚种多称花豹。栖息于森林灌丛、热带雨林、山地、丘陵、平原、干旱地、湿地，甚至荒漠。豹广泛分布于中国很多地方，在山西也有野生豹的存在，属于国家一级保护动物。

豹性情孤僻，平时单独活动。白天在树上或岩洞中潜伏，黄昏时开始出来游窜，直到黎明时方休息。在食物比较丰富的地方，活动的范围较固定。在食物缺少的情况下，往往作数十公里的移动。豹在平时没有固定的巢穴、休息时常常爬到较高的树上，选择在叉枝、横枝干上爬卧。有时也在草丛中或悬崖石洞中睡觉。豹虽会游泳，但它不喜欢水，从不到水中游耍。豹有它自己一定的活动领域，领域的大小因各地环境的不同而不同。北方领域（中国）的活动范围要比南方的大，雄豹比雌豹的领域要大，食物充足的环境则领域范围相对小。领域范围主要是以它的粪便或尿溺来标志。在自己的领域内是不允许同性的豹来共栖。在密度较大的地方，领域边缘是可以重叠的。在自己领域范围内，可以允许其他猛兽并存。

3. 麋鹿

麋鹿又名“四不像”，是世界珍稀动物，属于偶蹄目鹿科。因为它头脸像马、角像鹿、颈像骆驼、尾像驴，因此得名四不像，原产于中国长江中下游沼泽地带，以青草和水草为食物。性好合群，善游泳，喜欢以嫩草和水生植物为食。求偶发情始于 6 月底，持续 6 周左右。

麋鹿是鹿类动物中较温顺的一种。据人工多年的饲养、观察，麋鹿的奔跑速度不及梅花鹿和狍，发情期的公鹿也不像梅花鹿、马鹿、白唇鹿那样攻击人，而且占群公鹿见到人接近即逃跑。在哺乳期，人给幼仔打耳号、测量时，幼仔的叫声只能吸引母鹿在远处观望，而不像其他鹿那样，母鹿为了保护幼仔而攻击人。雄性麋鹿之间为争夺配偶的角斗也相对温和，没有激烈的冲撞和大范围的移动，角斗的时间一般不超过 10min，失败者只是掉头走开，胜利者不再追斗，很少发生鹿之间的伤残现象。公鹿占群后，其他公鹿窥视母鹿时、占群公鹿仅用吼叫和追逐等方式赶走对方。以上这些特点决定了它们逃避敌害的能力差，较易被天敌和人类捕杀。

麋鹿在 3000~10 000 年以前相当繁盛，以长江中下游为中心分布，西从山西省北至黑龙江省，在朝鲜和日本也发现过麋鹿化石。后来由于自然气候变化和人类的猎杀，在汉朝末年就近乎绝种，元朝时，蒙古士兵将残余的麋鹿捕捉运到北方以供游猎。在自然界已经灭绝。到 19 世纪时，只剩下在北京南海子皇家猎苑内约 200~300 头。1866 年，被法国传教士大卫神甫发现并命拉丁种名，各国公使用贿赂、偷盗等手段，为自己国家动物园搞到几只。1894 年永定河泛滥，冲毁皇家猎苑围墙，残存的麋鹿逃出，被饥民和后来的八国联军猎杀抢劫，从此在中国消失。

野生的麋鹿虽然绝灭了，但是通过放养，最终在中国重新建立了麋鹿的自然种群。1986 年 8 月从英国乌邦寺迎归了 20 头年轻的麋鹿，放养在清代曾豢养廉鹿的南海子，并建立了一个麋鹿生态研究中心及麋鹿苑；1987 年 8 月，英国伦敦动物园又无偿提供了 39 头麋鹿，放养在大丰麋鹿保护区至今，这两处的麋鹿都生长良好，并且繁殖了后代。

拓展阅读

家养宠物的认知与养护

宠物一般是哺乳纲或鸟纲的动物，因为这些动物脑子比较发达，容易和人交流，尤其以犬、猫为主。犬、猫经过漫长的进化演变，已经脱离了自然界的生物链，不再存在于生态平衡之中，是适合人类家庭的动物，广泛存在于人们的生活和工作之中。随着国家经济的发展和社会精神文明的进步，人们喂养宠物，特别是喂养犬、猫的热情高涨，并使人们从单纯的喜欢犬、猫，把犬、猫当成玩物的行为，发展到培养起人们的爱心，建立起良好的人与动物关系的境地，人们把这些宠物也当成家庭中的一员。当这些宠物健康的时候，它们那种聪明、伶俐、乖巧、可爱的神态，常常使人忘记一天的疲劳，忘记那些困扰人们生活的不愉快的事情。

1. 宠物犬

犬，通常指家犬，也称狗，一种常见的犬科哺乳动物。有科学家认为狗是由早期人类从灰狼驯化而来，驯养时间在 4 万~1. 5 万年前。犬通常被称为“人类最忠实的朋友”，也是饲养率最高的宠物。其寿命约为10~30岁，平均寿命以小型犬为长。

(1)玩赏犬。玩赏犬其实也有人称为伴侣犬，主要是小型犬种。伴侣犬除了供人观赏外，还能陪人玩耍，安抚独居者孤独和寂寞的心灵，甚至会照顾老人、幼儿和患病者，是人类的最佳伴侣。包括：博美犬、巴哥犬、贵宾犬、蝴蝶犬、京巴犬、吉娃娃、西施犬、约克夏玛尔济斯犬、中国冠毛犬、查理王小猎犬等。

(2)牧羊犬。牧羊犬是一类受人驯养的狗，属于较为活泼且聪明的犬种。原来培养目的是对家畜，尤其是羊只进行守卫与集赶。现今除了原先的用途之外，许多牧羊犬成为了家中的宠物。包括：澳洲牧羊犬、边境牧羊犬、比利时牧羊犬、德国牧羊犬、古代牧羊犬、苏格兰牧羊犬、喜乐蒂牧羊犬、中亚牧羊犬等。

(3)运动犬。运动犬又称枪猎犬，主要任务是协助猎人进行追踪、寻找、赶起(如把草中的水鸟赶的飞起来)、找回(把打到的猎物叼回来)等。包括：波音达犬、金毛寻回犬、可卡犬、拉布拉多犬等。

(4)狩猎犬。狩猎犬又称沙克犬、猎羚犬。大中型犬，善于捕捉猎物。包括：阿富汗猎犬、比格犬、巴吉度猎犬、惠比特犬、腊肠犬、寻血犬等。

(5)梗类犬。梗类犬一类最初是被用来打猎和消除毒蛇、害虫、田鼠的犬。起源于英国，它们精力充沛、个性活跃，是对主人忠诚、亲善的犬种。包括：澳洲梗、凯利兰梗、罗福梗、猎狐梗、牛头梗、苏格兰梗、西高地梗等。

(6)工作犬。工作犬主要用于工作，短毛，大多数情况下英勇无畏，是天生的护卫犬。包括：阿拉斯加雪橇犬、雪纳瑞、伯恩山犬、大丹犬、大白熊犬、杜宾犬、哈士奇、可蒙犬、罗威纳纽芬兰犬、拳师犬、秋田犬、萨摩犬、圣伯纳犬等。

(7)家庭犬。家庭犬包括其他不宜归入上述6类的，且适合家庭喂养的纯种犬。这一类犬种类众多，个体差异也比较大。包括：大麦町犬(斑点狗)、斗牛犬、卷毛比雄犬、灵提犬、日本柴犬、松狮犬、沙皮犬、比特犬、波利犬、贝灵顿、杜高犬、格力犬、高加索柯基犬、卡斯罗犬、日本银狐犬、史宾格犬、土佐犬、雪达犬、藏獒等。

2. 宠物猫

猫，同样是全世界家庭中极为广泛的宠物。家猫的祖先据推测是起源于古埃及的沙漠猫、波斯的波斯猫，已经被人类驯化了3500年，但仍然未像犬那样完全地被驯化，因此就有了“猫野性难驯”的说法。现今比较流行的分类方法有2种：一是根据猫的产地不同，分为西方品种和外来品种(包括暹罗猫、东方猫等)；二是根据毛的长短，分为短毛猫和长毛猫。

(1)短毛猫。毛短，整齐光滑，肌理细腻，骨骼健壮，动作敏捷，具有野生的特征，日常护理比较容易，懂人语，温顺近人，作为伴侣动物，特别招人喜爱。短毛猫品种较多，几乎分布于全球世界各地。主要品种有：英国短毛猫、美国短毛猫、欧洲短毛猫、东方短毛猫、暹罗猫、卷毛猫、缅甸猫、哈瓦那猫、新加坡猫、曼岛猫(马恩岛猫)、埃及猫、孟加拉猫、苏格兰折耳猫、美国卷耳猫、加州闪亮猫、加拿大无毛猫(斯芬克斯猫)、日本短尾猫、呵叻猫、阿比西尼亚猫、孟买猫、俄罗斯蓝猫、波米拉猫等。

(2)长毛猫。毛长5~10cm，柔软光滑，视季节不同而稍有变化。身材优美，动作稳健；性格温顺，依赖性强，喜欢与人亲近；叫声柔和，在主人面前喜欢撒娇。虽然皮毛需要天天梳理，初夏会掉很多毛。日常护理稍显费事，但作伴侣动物，也是备受人们喜爱。

主要品种有：波斯猫、缅因猫、伯曼猫、安哥拉猫、土耳其梵猫、挪威森林猫、西伯利亚森林猫、布偶猫、索马里猫等。

3. 家养宠物的喂养

宠物如果喂养不好，就极易让宠物精神不振、生病，严重的还会导致死亡。如何喂养好宠物是人们需要注意的问题。

(1)宠物的食盘要固定使用，不能随便更换。家养宠物对食盘的变换很敏感，有时因换了食盘而拒食。要保持食盘的清洁。食盘底下可垫上报纸或塑料纸等，防止食盘滑动时的声响，而且也易于清扫。每次家养宠物吃剩的食物要倒掉或收起来，待下次喂食时和新鲜食物混合煮熟后喂给。

(2)喂食要定时定点。宠物"开饭"的生物钟一旦形成，就比较固定，不应随意变更。放食的地方要固定，宠物不喜欢在嘈杂声中和强光照射的地方吃食，如果有客人来访，不要在宠物吃食时让客人看见，陌生人的出现，会大大降低宠物的食欲。

(3)一些宠物有用爪钩取食物或把食物叼到食盘外边吃的不良习惯。一旦发现这种现象，要立即调教，使其改正。

(4)宠物喜食温热的食物。凉食、冷食不但影响宠物的食欲，还易引起消化功能紊乱。一般情况下，食物的温度以30~40℃为宜，从冰箱内取出的食物，要加热后再喂。

(5)宠物虽然饮水不多，但一定要备有充足的清洁饮水。宠物饮用水必须是清水，而且每天都要换水。饮水盆可放在食盘一侧，以便宠物口渴时自由饮用。

(6)对于长毛的宠物，要经常梳理毛发。春季是宠物脱毛的季节，我们要在这个时候利用专业的毛发梳理工具为宠物梳毛。

(7)定时为它们洗澡。给宠物洗澡不仅可使宠物美观、清洁，而且可以防治皮肤病和体外寄生虫感染，以及有促进血液循环和新陈代谢等健身防病作用。

(8)长毛的宠物，夏天的时候很容易中暑。若中暑先要迅速将宠物转移到通风或者是背阴的地方，然后用冰块或冰水帮助它们降温。

(9)让宠物尽可能在室内活动，这样可使它们减少疾病和寄生虫的困扰。只要能让它们得到细心的照顾和良好的营养，每年到可信赖的兽医院对宠物进行一次全面的身体检查并注射疫苗，宠物就不容易生病。

4. 饲养宠物的注意事项

饲养宠物有许多好处，同时也会带来一些害处，最主要是宠物可以传染给人类许多共患病，有些疾病会严重威胁我们人类生命安全，需要引起足够重视。我们在饲养各类可爱的宠物同时，一定要做好宠物疾病的预防和控制，防止宠物把疾病传染给人，造成严重后果。

(1)狂犬病不容忽视。狂犬病是人类传染病中死亡率最高的人畜共患病。犬、猫容易感染和携带狂犬病病毒。如果饲养犬、猫过多，不进行十分有效的狂犬病免疫，或者随意喂养一些流浪犬、猫，喂养人就有可能通过这些犬、猫感染上狂犬病等疾病。而狂犬病对我们人类来说，也是一种十分致命的疾病。所以喂养犬、猫前首先要做好狂犬病的免疫工作，确保喂养人和他人的生命安全。

(2)警惕弓形体等其他人畜共患病。由于犬、猫的生活习惯，使得犬、猫感染弓形体的机会很大。弓形体病是人畜共患病，如果孕妇密切接触病犬，感染后可能会引起孕妇流产和胎儿的畸形，所以孕妇还是要远离宠物为好，如果要接触，应对所养的宠物进行弓形体健康检查，确保没有感染后才能接触。另外，宠物的皮肤感染也比较普遍，与人密切接触后也有可能传染喂养者。这些都需要引起重视。

(3)谨防宠物咬人、伤人。目前由于喂养不当或管理不善，一些大型宠物咬人、伤人的事故时有发生，还有一些流浪宠物也会经常伤人，这给人们造成了肉体和精神的双重伤害。同时，被咬后也要支付较高的治疗和免疫费用，加重了喂养者的经济负担。

(4)喂养宠物可能会污染环境。由于一部分宠物喂养者环保意识较差，导致犬、猫在公共场所随意大小便，另外宠物病死后的尸体也随意丢弃，污染了生活环境，也产生了动物疾病流行的可能。

(5)喂养宠物可能会影响邻里关系。由于宠物喂养者大部分居住在城市，一些宠物的叫声、喧闹声可能会影响邻居的休息，有些犬、猫还会对邻居特别是儿童造成伤害，这些都会引起一些纠纷，影响相互之间的关系。

(6)喂养宠物需要经济上的宽裕。办理宠物证、接种疫苗、喂养、美容等，这些都会增加家庭经济负担，生病时给它看病等又是一笔较大的开支。经济较为困难的家庭，在这方面要慎重，以免照顾不周或遗弃宠物。

5. 如何判断宠物是否患病

(1)步子怪异。首先应想到宠物脚底是否扎进异物，是不是受了伤，趾缝间是否有跳蚤等。如未发现有明显的外伤，那可能是因为关节炎引起的疼痛影响走路，要不就是佝偻病或者骨头发育不良。摸摸它的脚，如果发出尖叫，也许发生了骨折或脱臼。

(2)没有食欲。如果没有食欲而精神尚佳，可以再观察1~2d，但是如无食欲且伴有明显消瘦则要引起注意。如果进食量不到平时的一半，老爱躺着不动，就要带它到医院检查。

(3)饮水量比较多。宠物在散步后喝水较多，是用以调节体温，如果没怎么活动而喝水却很多，应当首先考虑宠物是否吃了含盐过高的食物。此外，高烧、痢疾、糖尿病、肾病、尿崩症等都是宠物大量饮水的原因。在不能找到病因的情况下，应当请兽医诊治。

(4)散发臭味。宠物本身无体臭，若身上散发臭味应注意观察。口中发臭可能是由于牙石或口腔炎引起的；耳朵发臭是因患外耳炎、中耳炎或耳溃疡；体毛发臭应考虑到皮肤炎症或肛门囊肿；生殖器官发臭是由于子宫炎症、生殖器官溃疡及尿分泌异常等原因。找到发臭的原因后应当找兽医看病。

(5)咳嗽。经常咳嗽说明宠物的呼吸器官与支气管出现异常。如果感冒后不及时诊治，也可能引起支气管炎或肺炎。如果咳嗽严重，那极有可能是得了哮喘病。如果是异物吸入，咳嗽时会显得非常痛苦。当患有传染性支气管炎时也会咳嗽，请尽早向医生求治。

(6)鼻子干燥。刚睡醒时宠物鼻子发干是正常的，但是如果同时还发烧就要小心了。此外流鼻涕、出鼻血、鼻部肿大、鼻孔不通等症状也不应忽视。这些症状的原因可能是因感冒引发的鼻炎，以及头部创伤、脓肿、溃疡、缺乏维生素A、营养缺乏等引起的。

(7)口内流涎。应检查是否患口腔炎，口腔是否被骨尖、木屑等异物刺伤，牙根颜色是否变化(如发白、发黄、过红、发黑等)，有无其他外伤。

(8)频繁呕吐。如果宠物吐完后精神有所好转则无大碍，如反复做出呕吐状，或浑身瘫软无力，就可能什么地方出问题了。可能的原因有：食道内异物堵塞、吞下塑料袋等无法消化的物品、肠梗阻症或肠扭绞、巴尔波氏病毒感染、钩端螺旋体病或其他疾病。此时主人应带上宠物的呕吐物请医生诊治。

(9)眼圈糊满眼屎。如果发现宠物眼圈周围粘满眼屎，或者眼部肿胀等症状，应找医生咨询，绝对不能自作主张用人的眼药给宠物治病。

(10)眼球眼白部门有红色血管状物体。滴眼药水注意观察，没有增大就别管它。

综上所述，喂养宠物有利有弊。每一个人在喂养宠物前都要充分权衡利和弊，力争做到准备充分、及时预防、照顾周到、不离不弃。

探索实践

1. 落实山西省太原市动物园哺乳动物名录及种群数量。
2. 了解动物园旅游的注意事项。
3. 查阅在动物园旅游时，发生的动物伤人事例，提高动物园旅游安全意识。

边学边练

1. 下列动物中大脑最发达的是(　　)。

A. 鱼　　B. 水螅　　C. 海葵　　D. 鲸

2. 胎生相对于其他生殖方式的优势是(　　)。

A. 提高了后代的成活率　　B. 使后代数量大大增加

C. 增强了后代的体质　　D. 减轻母体负担

3. 动物学家在南美旅行时发现一种被称为树懒的动物，该动物具有下列特点：皮肤上长有毛发，幼仔胎生，体温恒定，用肺呼吸，根据这些特点把树懒归类为(　　)。

A. 两栖动物　　B. 爬行动物　　C. 鱼类　　D. 哺乳动物

4. 被动物学家称为动物界“活化石”的是(　　　)。

A. 老虎　　B. 袋鼠　　C. 大熊猫　　D. 鳄鱼

5. 有“高原之舟”之称的动物是(　　)。

A. 藏羚羊　　B. 牦牛　　C. 骆驼　　D. 藏野驴

6. “五禽戏”又称百步汉戏，是我国汉代名医华佗根据5种禽兽的活动形态创编的一种健身养生术，这5种禽兽是(　　)。

A. 虎、豹、熊、狗、鸟　　B. 虎、鹿、熊、狗、鸟

C. 虎、鹿、熊、猿、鸟　　D. 虎、狮、豹、狗、鸟

7. 夏天大象不停地摇动耳朵主要是为了(　　)。

A. 打苍蝇　　B. 习惯　　C. 美观　　D. 降低体温

8. 国际野生动物基金会的会徽图案是(　　)。

A. 斑马　　B. 大象　　C. 大熊猫　　D. 金丝猴

9. 蜀绣以绣(　　　)为最著名。

A. 狗獾　　B. 驴　　C. 黑猩猩　　D. 大熊猫

10. 马睡觉的姿势是(　　)。

A. 站着睡　　B. 仰着睡　　C. 趴着睡　　D. 侧着睡

11. 第一次进入太空的动物是(　　　)。

A. 熊　　B. 猫　　C. 狗　　D. 小鸡

12. 我国熊猫基地位于四川(　　)。

A. 阿坝州　　B. 成都　　C. 自贡　　D. 绵阳

13. 老鼠啃家具的原因是(　　)。

A. 饿　　B. 玩儿　　C. 防止牙长得太长　　D. 搞破坏

14. 美国民主党的传统党徽是(　　)，象征勇敢和智慧，与共和党象征坚定、威严的(　　)相对，因此美国选举往往被称为“(　　)”。

A. 驴子，大象，驴象之争　　B. 老鼠，驴，鼠驴之争

C. 猫，狗，猫狗之争　　D. 牛，大象，牛象之争

项目 7　昆虫馆旅游

教学目标

☞ **知识目标**
1. 昆虫的形态特性；
2. 昆虫的生态习性；
3. 常见昆虫的主要类群认知；
4. 昆虫馆观赏昆虫讲解。

☞ **能力目标**
1. 常见观赏性昆虫的认知、讲解能力；
2. 观赏性昆虫讲解词的撰写能力；
3. 昆虫标本制作能力；
4. 正确区分益虫、害虫的能力；
5. 判断及监测虫情的能力。

☞ **素质目标**
1. 团队合作意识；
2. 主动保护益虫的意识；
3. 主动保护生态环境平衡的意识；
4. 讲解员的基本素质。

教学重点和难点

1. 常见观赏性昆虫的种类及习性；
2. 观赏性昆虫讲解词的撰写。

任务 7.1　昆虫认知

【任务导入】

昆虫是地球上数量最多、分布最广的动物群体，是保持大自然生态平衡的重要组成部分。多数昆虫个体小、危害性大，但也有许多昆虫具有美丽的形态、独特的习性，成为野外生态旅游的一道亮丽风景。例如，美丽的蝴蝶因集群生活而形成的蝴蝶谷，梁山伯、祝英台化蝶双飞的爱情故事均家喻户晓、耳熟能详。在我国，萤火虫和蝴蝶一样也是一种浪漫的象征。“银烛秋光冷画屏，轻罗小扇扑流萤。”自从2014年一张南京紫金山萤火虫的图片在网络上发布，许多游客在夏夜慕名前往紫金山灵谷寺，欣赏这黑夜里忽明忽暗的小精灵。但与此同时，由于部分游客用闪光灯拍照、恣意抓取等不文明行为，严重破坏了萤火虫的生活习性和环境，使得小精灵惨遭灭顶之灾。随即，中山陵园管理局强调，此种自发行为在兴起的同时，一定不要抓捕和干扰萤火虫的生活习性，要注意保护萤火虫的生存环境，希望游客自觉维护。

【任务分析】

萤火虫属完全变态昆虫，一生要经历卵、幼虫、蛹和成虫4个阶段，每个阶段都能发光，可谓“闪亮一生”，萤火虫之所以会发光，是因为其下腹部含有磷元素，在飞行中遇到空气中的其他元素便会发出光亮，形成发光器。萤火虫最亮的时候也只有7~10d。萤火虫发光主要是为求偶和警戒，此外还可传递信息、与同伴沟通交流，告诉同伴这里有花粉和蜜源。如果周边有其他光污染，萤火虫就无法进行闪光交流，无法发现到异性，不能交配产卵，很快就会灭亡。萤火虫是一种益虫，它们吃鼻涕虫和蜗牛，是这些农作物害虫的主要天敌。人类的干扰会破坏萤火虫的正常生长发育，甚至造成灭绝，使害虫天敌减少从而加大对农作物的危害。因此，了解昆虫的生物生态学特性，有助于更好地维护生态平衡，更科学地挖掘昆虫的观赏价值。

知识卡片

昆虫出现在距今约4亿年前的地球上，是地球上数量最多的动物群体。在科学分类上，昆虫被列入节肢动物门，是节肢动物中种类最多的一种，而且同种的个体数量也十分惊人，它们的踪迹几乎遍及世界每一个角落。目前，人类已知的昆虫有100多万种，但仍有许多种类尚待发现，是世界上最繁盛的动物。科学家们给每个他们研究过而又没有记载过的生物都取一个拉丁学名，包括属名和种名两个拉丁字，称为双名法，1758年由瑞典科学家林奈首创。定名所依据的标本称为模式标本，其中指定一个为正模，其余为副模。

7.1.1　昆虫形态认知

昆虫的构造异于脊椎动物，它们的身体没有内骨骼支持，外裹一层由几丁质构成的坚硬的壳，这层壳会分节以利于运动和保护柔软的躯体，犹如骑士的甲胄。它们的身体分为头部、胸部和腹部3个部分(图7-1)。头部生有眼睛、触角和口器；胸部生有3对足和1~2对翅膀；腹部含有内脏器官。昆虫有脂肪体，类似脊椎动物的脂肪组织，但作用不同，主要为代谢功能，类似脊椎动物的肝。

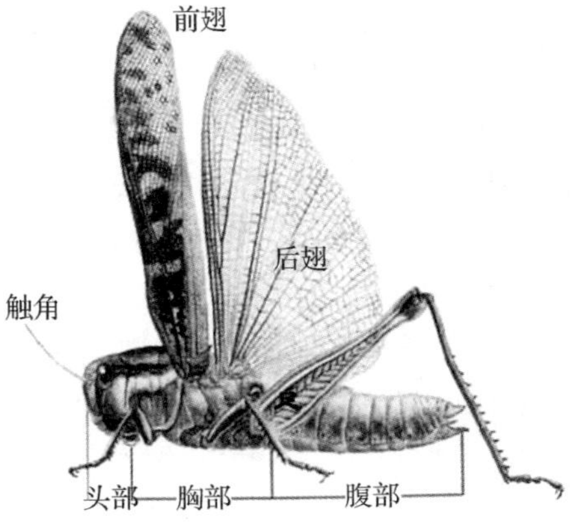

图7-1　昆虫结构图

7.1.1.1　头部

头部是昆虫身体最前面的一个体段，外壁坚硬，形成头壳。头部为感觉和取食的中心，分布着神经中枢——咽上神经节，头部的上前方有1对触角，下方是口器。昆虫体型虽小，感官却很发达。它们可以看到人眼看不到的光线，听到人耳听不到的声音，拥有比许多大型动物更为灵敏的感觉，嗅到百米之外的同伴的气味。

1. 昆虫的眼睛

昆虫的眼睛包括头两侧一对大的单眼和头顶小的复眼，昆虫通过单眼与复眼对外界光的变化做出反应。单眼有背单眼和侧单眼之分，完全变态类的幼虫则在头部的两侧具有1~7个侧单眼。复眼是昆虫的主要视觉器官，除了寄生性昆虫因为长期过着寄生生活，眼睛已经退化，或虽有眼睛但已不起视觉作用外，一般昆虫的成虫和不完全变态类的若虫都有一对复眼。复眼是由许多六角形的小眼组成，每个小眼与单眼的基本构造相同。多数昆虫的复眼呈圆形、卵圆形或肾形，复眼的体积越大，小眼的数量就越多，看东西的视力也就越强。有些昆虫的复眼在每侧又分为上、下两个，成为"四眼"昆虫，如豉甲、眼天牛和浮游的一些种类。特别是生活在水中的豉甲，它的复眼分为上、下两部分，在猎食时既能发现水面的目标，又能发现水中的目标。突眼蝇的复眼着生在头部两侧的柄状突上。复眼中小眼的数目变化很大，一至数万个小眼的都有。例如，有一种蚂蚁的工蚁只有一个小眼，蝴蝶有1.2万~1.7万个小眼，蜻蜓则有1万~28万个小眼，家蝇有4000个小眼。小眼的构造很精巧，它有一个如凸透镜一样的集光装置，叫作角膜镜，就是小眼表面的六角形凸镜，下面连着圆锥形的晶体，在这些集光器下面连接着视觉神经，神经感受集光器传入的光点而感觉到光的刺激，造成"点的影像"，许多小眼的点的影像相互作用就组成"镶嵌的影像"。如果把昆虫的一只复眼纵向剖开，用放大镜或显微镜观察，会看到多棱的小眼聚在一起，很像一只奇妙的万花筒。昆虫的复眼虽然由许多小眼组成，但它们的视力远不如人类的好，如蜻蜓可以看到1~2m，苍蝇只能看到40~70mm。可是，昆虫对于移动物体的反应却十分灵敏，当一个物体突然出现时，蜜蜂只要0.01s就能做出反应，捕食性昆虫对移动物体的反应能力更加迅速敏捷。昆虫与人类一样可以分辨不同的颜色，但与人类感受的波长不同，昆虫能感受到的波长范围为240(紫外光)~700(黄、橙色)nm。昆虫一般不能感受红色，荨麻蛱蝶看不见绿色和黄绿色，蜜蜂不能区分橙红色与绿色。但昆虫能看见人类和绝大多数动物都看不到的紫外线，有些花瓣可以反射紫外线，昆虫就能依靠这种独特的视觉，根据紫外线的变化找到花粉和花蜜。

2. 昆虫的触角

昆虫除原尾目无触角、高等双翅目和膜翅目幼虫的触角退化之外，其他种类昆虫均有1对触角，长在两只复眼的中上方，是昆虫的主要感觉器官，有触觉、嗅觉和听觉的功能，昆虫活动的时候，这两根触角总是不停地摆动，像是雷达，帮助昆虫探明前方是否有障碍物，寻找食物和配偶。此外，在有些昆虫中，触角还有其他功能，如魔蚊幼虫用它来捕捉食物，雄性芫菁在交配时用来握住雌虫，仰泳蝽的触角在水中能平衡身体，水龟虫则用来帮助呼吸。

触角长在头前面的两个叫作触角窝的小坑里，由许多小节组成，基本上可分三大节。靠近触角窝的一节一般比较粗短，起支撑上面各节的作用，相当于树叶的柄节；第二节较细小，叫梗节；第三大节称鞭节，可分为很多亚节。鞭节在各类昆虫中变化很大，形成不同的类型，可用来区别昆虫。有些昆虫雌、雄性的触角也不相同，如一些蛾类。

触角(图7-2)主要有以下几类：

(1)线状(丝状)触角。触角细长，呈圆筒形。除第一、二节稍大外，其余各节大小、形状相似，逐渐向端部变细。例如，直翅目蝗虫、蟋蟀及一些鳞翅目蛾类等。

(2)念珠状触角。鞭节由近似圆珠形的小节组成，大小一致，像一串念珠。例如，等翅目白蚁、脉翅目褐蛉等。

(3)锯齿状。鞭节各亚节的端部一角向一边突出，像一个锯条。例如，鞘翅目叩头虫、雌性绿豆象等。

(4)栉齿状。鞭节各亚节向一边突出很长，形如梳子。例如，鞘翅目雄性绿豆象等。

(5)双栉齿状(羽状)。鞭节各亚节向两边突出成细枝状，像鸟的羽毛。例如，鳞翅目雄性蚕蛾、毒蛾等。

图7-2　昆虫的触角

(6)棒状(球杆状)。触角细长，近端部的数节膨大如椭圆球状。例如，鳞翅目蝶类、脉翅目蚁蛉等。

(7)锤状。鞭节端部数节突然膨大，形状如锤。例如，鞘翅目瓢虫、郭公虫等。

(8)鳃叶状。端部数节扩大成片状，可以开合，状似鱼鳃。这种触角为鞘翅目金龟子类所特有。

(9)膝状(肘状)。柄节特别长，梗节短小，鞭节由大小相似的亚节组成，在柄节和梗节之间成肘状或膝状弯曲。例如，鞘翅目象鼻虫、膜翅目蜜蜂、小蜂等。

(10)环毛状。除基部两节外，每节具有一圈细毛，近基部的毛较长。例如，双翅目雄性的蚊、摇蚊等。

(11)刚毛状。触角很短，基部的一、二节较大，其余的节突然缩小，细似刚毛。例如，蜻蜓目蜻蜓、半翅目蝉、同翅目飞虱等。

(12)具芒状。触角很短，鞭节仅一节，较柄节和梗节粗大，其上有一根刚毛状或芒状构造，称为触角芒。触角芒有的光滑，有的具毛或呈羽状。这类触角为双翅目蝇类所特有。

3. 昆虫的口器

口器即昆虫的嘴，是昆虫取食的器官。昆虫的食物类型多样，有固体、液体，有植食性、肉食性、多食性，由于食物不同，不同的昆虫也就形成不同类型的口器，如蝗虫的咀嚼式口器，家蝇的舐吸式口器，蝉、蚊的刺吸式口器等。

(1)咀嚼式口器。这种口器在昆虫中较为典型，其他类型均由这种类型演变而来。咀嚼式口器主要取食固体食物，它和人类的嘴巴一样有上唇、下唇、上颚(牙齿)和舌，同时还有下唇须、下颚和下颚须。上颚的前端有锋利的齿，叫切区，用以切断食物；后部有一粗糙面，叫磨区，用以磨碎食物。因此，昆虫的上颚与人类牙齿的排列及功能异曲同工，下唇须、下颚和下颚须是感觉和辅助取食器官，下唇须和下颚须有触觉、嗅觉和味觉功能。蝗虫的口器是这类型口器的代表，此外，鞘翅目的成虫和幼虫、鳞翅目幼虫、脉翅目成虫及膜翅目多数成虫也均为咀嚼式口器。

(2)刺吸式口器。这种口器主要用以吸食动物的血液和植物的汁液，就像一个空心的注射针头，把针状口器插到动植物的组织内吸食其汁液取食。刺吸式口器的构造很巧妙，实际上就是把原先的下唇延长成一个收藏或保护口针的喙，上颚和下颚的一部分演变为细长的口针。口针的数目不定，蝉有4根、蚊子有6根、虱子有3根。还有专门的抽吸构造为食道唧筒。刺吸式口器的昆虫在取食过程中还常伴随着疾病传播，使动植物感流行病。例如，蚊子、跳蚤等传播疟疾、蚜虫等同翅目昆虫传播植物病毒病等。

蓟马的口器也属刺吸式类型，但它被称为锉吸式口器。蓟马的头向下突出，其上唇和下唇合成一个短小的喙，内藏舌、左上颚和下颚口针，其右上颚已退化或消失。取食时，口针插入植物组织内，将其刮破，待汁液流出后再吸入消化道内。这种被称为锉吸式口器。

蚜狮、蚁狮等脉翅目幼虫具有捕食性的刺吸式口器，简称捕吸式口器，其特点是上颚和下颚从两侧伸出头前，外形似1对镰刀。这类口器由左、右的上下颚分别合成刺吸构造，因而常被叫作双刺吸式口器。

(3)虹吸式口器。虹吸式口器是鳞翅目特有的口器，喙管是由左右下颚的外颚叶极度延长后合在一起形成，由无数骨化环紧密排列而成，环间有膜相连，能伸能屈，像一根中间空心的钟表发条，用时伸开，不用时就盘卷起来，能吸到花朵深处的花蜜，水、腐烂的动植物汁液，有的也吸食成熟的果实，下唇只有欠发达的下唇须。

(4)舐吸式口器。苍蝇吃东西又吸又舔，口器形似一个蘑菇头。舐吸式口器为蝇类成虫所特有。喙由下唇特化而来，由主要为膜质的基喙、筒状的中喙和末端分为2瓣的端喙(即唇瓣)组成，其前壁向下纵凹成唇槽，上唇呈刀状盖在上面，槽内藏着扁长的舌头，舌与槽形成食物道。唇瓣上有一系列环沟，环沟集中到中央的缺口——前口上，前口附近的环沟间有齿，称为前口齿。取食时，两唇瓣展开平贴至食物，使环沟的空隙与食物接触，液体食物即顺环沟流向前口而进入食物道。唇瓣也可向后翻转，使前口齿外露，刺刮固体食物，食物碎粒和液体一起吸入。

(5)刮舐式口器。蝇类幼虫与成虫的口器不同，它们的口器很退化，只能见到一对口钩，用来刮破食物，然后吸收汁液及固体碎屑。这种口器称为刮吸式口器，亦为双翅目若干吸血性虻类所具有。其上颚特化成扁平宽大的刀片状，可以像剪刀一样剪破动物的皮肤，使血液从伤口流出，下颚延长为针状，上、下抽动使伤口保持张开，下唇端部扩大成唇瓣，构造同舐吸式口器。当唇瓣贴在伤口上时，渗出的血液由唇瓣上的环沟吸入食物道。

(6)嚼吸式口器。嚼吸式口器既能咀嚼固体食物，又能吸取液体食物，为一些高等膜翅目昆虫所具有。蜜蜂的口器是这类口器的典型代表。它的上颚与咀嚼式口器相仿，可以咀嚼花粉和筑巢等。它的下颚和下唇组成吮吸用的喙。蜜蜂的喙仅在吸食时才由下颚和下唇合并而成，不用时则分开并折叠在头下。这时，上颚即可发挥咀嚼作用。

7.1.1.2 胸部

昆虫的胸部是运动的中心，由3个体节组成，由前向后依次称为前胸、中胸和后胸。每个体节都有一对附肢，称为胸足。第一胸节的背部称前胸背板，通常会特别加固，如甲虫前胸背板为一块三角形的甲片。后两个胸节的背部通常各具一对翅。翅膀中有分支复杂的血管系统，称翅脉，其分布和走向是辨别昆虫种类的主要特征之一。

1. 昆虫的翅

昆虫是无脊椎动物中唯一有翅的动物，便于觅食、求偶、避敌和扩大分布范围，成为昆虫纲兴旺繁荣的基础。翅一般为三角形，多为膜质，翅面上有纵横交错的翅脉，翅脉实际上是翅面的气管部位加厚而形成的，也与飞行时翅的扭转运动有关，像骨架一样支撑、加固着翅面。有的昆虫翅脉细密，如蜻蜓、草蛉、蜉蝣等，有些昆虫翅脉稀少，如蝇类仅有几根脉。每类昆虫独特的翅脉分布形式，叫作脉相(或称为脉序)。

一般来讲，昆虫只有一对翅比较发达，主要用来担负飞行的任务。例如，鞘翅目、直翅目的昆虫由后翅负责飞行，它们的前翅通常比起后翅窄而有力，有不同程度的骨化和加厚，可以对折起的后翅起保护作用；甲虫类的前翅骨化程度较高，进化成坚硬的翅膀盖，看不到翅脉，形成了鞘翅；蝗虫、螽斯、蟋蟀等直翅目昆虫前翅骨化程度较低，革质而半透明，翅脉仍明显存在，称为覆翅(复翅)；蝽类的前翅仅基半部骨化，端半部仍为膜质，称为半鞘翅；双翅目昆虫(蝇、蚊等)和雄性蚧壳虫只有一对翅膀发育正常，后翅退化成很小的棍棒状构造，在飞行中其平衡作用，称为平衡棒；蝶与蛾的翅仍然是膜质透明的，但翅面上覆盖有色彩斑斓的鳞片，故称鳞翅；石蛾的翅上生有很多毛，称为毛翅；蓟马的翅很狭小，而边缘上有很多长毛，称为缨翅。也有一些昆虫在进化的过程中失去翅膀成为寄生虫，如虱和跳蚤。一些古老、构造简单的古昆虫飞不起来，它们由无飞行能力的祖先进化而来。

昆虫能进行十分有效的飞行，是翅膀强大的飞行肌和后翅之间小巧的“连锁器”在作用。连锁器形式多种多样，有的是弯折和小钩列形成的连锁(蜂，蚜虫)，有的是一至数根硬鬃与前翅相连(蛾)，有的后翅基部前缘有 1 个叶状突出物与前翅相连锁(蝶)，有的前、后翅都有卷褶相互连锁(蝉)。这种连锁器构造很巧妙，飞行时，前后翅能够动作协调一致，不用时则收折在身体背面。

昆虫大部分都能较远距离地飞翔：飞蝗可成群结队飞行千里；每年春夏在广东一带越冬后羽化的黏虫，可以成群飞越数千里，漂洋过海到北方去觅食；蚊虫为了寻找水源产卵，可以飞行数公里；蜜蜂每小时可持续飞行 10~20km；牛虻每小时可飞行 40km；蜻蜓、螽斯和某些天蛾也能够持续飞行数百里乃至千里而不着陆。一些昆虫除飞行距离远外，飞翔速度也很快：金龟子每秒钟飞 2. 2~3m；菜粉蝶每秒钟飞 1. 8~2. 3m；蜻蜓每秒钟飞 10~20m；蜜蜂每秒钟飞 2. 5~6m；家蝇每秒钟飞 2m；天蛾每秒钟飞 5m；牛虻每秒钟飞 4~14m。昆虫强的飞翔能力，加上高空气流及风的影响，给昆虫远距离飞迁提供了良好的条件。同时，为了防止害虫为害扩大蔓延，人们必须在其长翅之前进行防控，如飞蝗、盲蝽等要在 3 龄以前有效防控。

2. 昆虫的足

足(图 7-3)是昆虫的运动器官之一，一般昆虫的胸部生有 3 对足。昆虫的前胸、中胸、后胸各有一对足，依次叫作前足、中足和后足。成虫的胸足，一般分为 6 节，由基部向末端依次为基节、转节、腿节、胫节、跗节和前跗节。跗节末端有爪，有的还有肉垫。各种昆虫由于生活环境不同，足的功能也不同，有的适合游泳，有的会跳跃，有的善于行走。足的形态构造也相应地发生了变化：如蝗虫、蟋蟀的后足腿节膨大，胫节多刺，能做有力的跳跃，叫跳跃足；蜚蠊的足细长，适于疾走，叫步行足；螳螂、猎蝽的前足腿节与胫节能合抱，适于捕捉，叫捕捉足；龙虱、仰游蝽的足扁平如桨，后缘有长毛，适于游泳，叫游泳足；蝼蛄的前足粗短，末端如铲，用作开掘，叫开掘足；蜜蜂的后足多毛，具有复杂结构，便于采集花粉，叫携粉足；有些昆虫则要多长出一些足来，如毛毛虫主要以蠕动的方式移动，它的胸腔上就多长出5对腹足，这种腹足被称为伪足，可以帮助毛毛虫固定在某个位置。

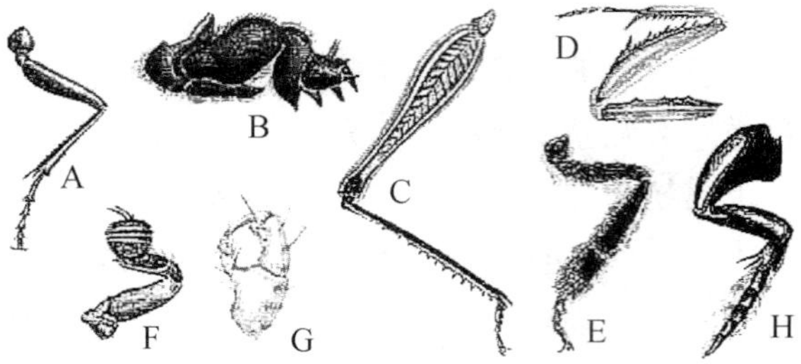

图7-3 昆虫足的基本类型

A. 步行足；B. 开掘足；C. 跳跃足；D. 捕捉足；E. 携粉足；F. 抱握足；G. 攀缘足；H. 游泳足

7.1.1.3 腹部

腹部是紧挨胸部之后的第三体段，与胸部连接紧密又界线明显，有很发达的节间膜和侧膜。一般由8~11节组成(唯原尾目原尾虫才有12节，由于腹节的合并或退化，弹尾目仅有6节，膜翅目青蜂科有3~5个腹节)。成虫腹部没有运动器官，附肢多退化。但有与生殖有关的附肢特化成为外生殖器——雄性的抱握器(第九腹节)和雌性的产卵器(第八和第九腹节)及尾须(具有感觉功能)。腹节有发达的腹板和背板，但没有像胸节那样发达的侧板，两侧仅有膜质的侧膜。腹板的构造与背板相似，但第一腹节腹板常消失。由于腹节背板常向下伸，侧膜往往被背板所遮盖。腹节可以相互套叠，后一腹节的前缘常套入前一腹节的后缘内，因而能膨大和缩小、伸缩、扭曲自如，可帮助呼吸、蜕皮、羽化、交配、产卵等活动。如蝗虫的节间膜有较大的韧性，使腹节可作较大的扩展和延伸，产卵时，腹部可延长几倍，借以插入深土。腹部是昆虫的内脏活动(新陈代谢)和生殖的中心，里面包藏着主要的内脏器官，如管状的心脏，梯形神经系统，胃肠消化道系统和生殖器官。

1. 生殖系统

外生殖器是昆虫生殖系统的体外部分，用以交配、授精、产卵器，主要由腹部生殖节上的附肢特化而成。雌虫的外生殖器称为产卵器，雄性外生殖器称为交配器。不同种昆虫的外生殖器形态差异很大，以此来实现种间隔离，保证只有同种个体才能交配。因此，雄性外生殖器的构造在昆虫分类中很重要，特别是近缘种类的鉴定。

2. 呼吸系统

昆虫没有鼻子，它的呼吸系统由位于体侧壁的气门和分支的气管组成。气门相当于它们的“鼻孔”，位于昆虫的胸部和腹部两侧，各成一行。气门与气管相连，气管又分支成许多微气管，直接把氧气送到身体的各个器官去，器官开口于线粒体附近，可以更快地利用空气。腹部肌肉一张一缩，昆虫通过气门、气管进行呼吸。所以，昆虫要担心的并不是缺氧，而是过度氧化，气门的可关闭性使得昆虫具有暂时停止呼吸的能力。生活在水中的昆虫也用气门呼吸，如蜻蜓、蜉蝣的幼虫长期生活于水生环境，还形成了一种新的呼吸器官——气管腮，能像鱼一样呼吸溶解在水中的空气。

3. 消化系统

消化道系统可分为前肠、中肠和后肠。前肠通常被分为口、食道和嗉囊，功能在于取入食物、贮存、磨碎食物及将食物输送至下一区域。口的唾液腺提供液体与酵素，可以润滑并分解食物。嗉囊的主要功能为贮存食物。前胃或称砂囊，具有齿用以磨碎食物。中肠主要用于消化食物。中肠分两个区域，管状的胃和末端封闭的侧支囊——盲囊，消化酶在此分泌、消化、吸收食物。大部分昆虫的中肠皮膜与食物之间围食膜，由蛋白质、碳水化合物和几丁质纤维交织合成，为保护消化的细胞。中肠到后肠之间有幽门瓣膜调节肠道内食物残渣及来自马氏管的尿从中肠至后肠。后肠具有回肠、结肠和直肠，用来吸收水分和盐类。马氏管作为排泄器官，从血液腔中移除含氮废物。有毒的氨进行化学反应，转换成尿素，再转换成尿酸，以排遗颗粒由肛门排出体外。

4. 肌肉

昆虫的肌肉由肌纤维和包在外围的结缔组织组成。肌纤维是组成肌肉的基本单位，其中所含的肌原纤维，是执行收缩机能的细胞器。有些昆虫虽然体型小，但它们肌肉的拖拉力却极大，如一只仅6g重的小甲虫能用足拖动1kg重的物体，一只蚂蚁能将超过自身体积和重量1400倍的食物拖入穴中。

5. 尾须

尾须是1对须状突起，着生在第11腹节转化成的肛上板和肛侧板间的膜上。尾须只在低等的昆虫(如有翅亚纲中的蜉蝣目、蜻蜓目、直翅目和部分无翅亚纲等)中较普遍，形状、构造等变化较大，蝗虫的尾须如刺状，不分节；缨尾目、蜉蝣目昆虫的尾须呈细丝状，分成许多节，还有1条与尾须极相似的中尾丝，中尾丝是第11腹节背板的延伸物，有一对尾须和一根中尾丝是这两类昆虫最易识别的特征；尾须上常有许多感觉毛，但在双尾目的铗尾虫和革翅目(蠼螋)中，尾须硬化形如铗状用以防御；蠼螋的细状尾须还可以帮助折叠后翅；衣鱼，俗名蛀书虫，体小柔软，身披银灰色鳞毛，常栖息于书籍、纸张和衣物间蚀食。一旦被发现，动作极为敏捷，转眼便“溜之大吉”，它们这种逃避天然敌害的本领，与生长在腹部末端的尾须有极密切的关系。衣鱼的三条细毛尾须比身体还要长，既是触觉器官，也是运动的附属器官。衣鱼善于爬行在垂直的墙壁上，除肚子下面有着起吸附作用的泡囊外，尾须也紧贴墙壁，上面密集的短毛起助推和防滑的作用。衣鱼为防止蜘蛛、蝇虎等天敌的捕食，停息时总是不停地摆动着尾梢，诱使天敌将注意力集中到尾梢上来，当尾巴被抓住，即可断尾自保。

7.1.2 昆虫的生物生态学特性

7.1.2.1 世代和生活史

世代是指昆虫的卵或若虫，从离开母体发育到成虫性成熟并能产生后代为止的个体发育史，简称一代或一化。一个世代通常包括卵、幼虫、蛹、成虫等虫态，习惯上以卵或幼体离开母体时作为世代的起点。昆虫一年发生的代数多是受种的遗传性所决定的，有一年一代的一化性昆虫，也有一年发生两代及其以上的多化性昆虫，如棉蚜一年可发生10~30代。也有一些昆虫需要两年或多年才能完成1代，如华北蝼蛄约3年发生1代，17年蝉17年发生1代。昆虫一年发生代数的多少，还与周围环境有关，如温度、湿度等，同种昆虫在北方和南方发生的代数多不同，通常湿度越高代数越多。多化性的昆虫常由于成虫产卵期长等原因，造成前一世代与后一世代同一虫态同时出现的情况，称为世代重叠。

昆虫的生活史是指昆虫的个体发育史，又称生活周期。生活史常以1年或1代为时间范围，昆虫在1年中的生活史称年生活史或生活年史，昆虫完成一个生命周期的发育史称代生活史或生活代史。一年发生1代的昆虫，其年生活史即世代；一年发生多代的昆虫，其年生活史就包括几个世代。

7.1.2.2 昆虫的变态

昆虫的生长发育，形态上要经过卵、幼虫、甚至经过蛹等多次变化才可变为成虫，这种从幼期状态变为成虫状态的变化过程称为变态。如大家最熟悉的毛毛虫变为长出五颜六色翅膀的美丽的蝴蝶就是从卵孵化成幼虫，再从幼虫化茧蛹，最后破茧化蝶变为成虫。

昆虫在动物界中家族庞大，种类繁多，其变态类型多种多样，主要有以下 5 种变态形式：

①完全变态　即一生要经过卵、幼虫、蛹和成虫 4 个虫期，幼虫与成虫在外部形态及生活习性上有很大差异。如鳞翅目蛾类与蝶类，幼虫期无触角和翅，口器为咀嚼式，爬行取食树叶。幼虫老熟蜕皮化蛹后，蛹期形态与成虫基本接近，变为成虫后，幼虫模样全部消失，长了翅且可自由飞舞，口器也变为虹吸式，吸食花粉花蜜。同属全变态形式的还有鞘翅目、膜翅目、双翅目、脉翅目等。有些全变态昆虫幼虫各龄间形态也不一样，这一现象称为复变态，如鞘翅目的芫菁、步甲、双翅目寄蝇、膜翅目的姬蜂等。总之，在有翅亚纲中较高等的目都属完全变态形式。

②不完全变态　指经过卵期、幼虫期和成虫期 3 个阶段的生长发育过程，常见的有直翅目、半翅目、同翅目、螳螂目、蜷目等。此类变态形式又细分为 3 种不同变态类型：一是在生长发育中，幼虫期与成虫期形态上变化不大，只是翅未长出，生殖器官发育不全(此时期的幼虫也称若虫)，经过几次蜕皮，渐渐成长为成虫，这种变态类型为渐变态；二是半变态，如蜻蜓成虫陆生，幼虫水生，幼虫与成虫的呼吸器官和取食器官差异都较大，这类变态类型叫半变态；三是一些昆虫的若虫与成虫形态差别不大，在若虫与成虫间有一个不食不动的伪蛹阶段，如雄性介壳虫和蓟马，这种变态类型称为过渐变态。

③原变态　此类由幼虫变为成虫要经过静休状态的亚成虫期，时期较短，仅见于有翅亚纲的蜉蝣目昆虫。

④表变态　幼虫与成虫形态相同，只是个体大小不同，随着生长发育，性器官逐渐成熟，触角、尾须节数不断增加，如无翅亚纲的弹尾目昆虫。

⑤增节变态　如无翅亚纲的原尾目昆虫，幼虫与成虫间除身体大小和器官发育程度差别外，腹部由 9 节变为 12 节的体节数量是逐渐增加的。

1. 卵

卵由卵孔、卵壳、卵黄、卵黄膜、原生质表层等组成。昆虫卵的大小种间差异很大，大的可达 40mm(如螽斯)，小的长度仅有 0.02~0.03mm(如赤眼蜂)；卵的形状也多种多样。多为卵圆形和肾形，还有球形、半球形、瓶形、桶形、纺锤形等。草蛉类的卵有一丝状卵柄，蝽的卵有卵盖；有些昆虫卵壳表面有各种各样的脊纹，或呈放射状(如一些夜蛾)，或纵脊间有横脊(如菜粉蝶)，以增加卵壳的硬度。昆虫的产卵方式有单个散产的，有聚集排列的。有些昆虫将卵产在物体表面，有的产在隐蔽的场所甚至是寄主组织内。卵壳通常不透水，卵壳、卵黄膜的厚度影响药剂的穿透力，许多杀虫剂对其无效，只能使用酯类药剂或熏蒸剂杀卵，一般越冬卵抗药力强，胚胎发育期抗药力弱。所以，利用杀卵剂应注意适期适量。

2. 幼虫

昆虫胚胎发育到一定时期，幼虫或若虫破卵壳而出的现象，称为孵化。有些昆虫具有特殊的破卵结构，如刺、骨化板、翻缩囊等，这些结构称为破卵器。一些没有破卵构造的昆虫，则依靠虫体内部产生的张力孵化，有的常将羊膜水吞入消化道，或吸入空气，使虫体膨大，再依靠肌肉活动所产生的压力挤压卵壳，或借腹部肌肉伸缩，把血液挤向头部，将压力集中头部以顶破卵壳，如蝽类卵盖周围卵壳较薄，可借头部压力顶开卵盖。双翅目蝇科幼虫和鳞翅目幼虫多用上颚咬破卵壳而出。初孵化的幼虫，体壁的外表皮尚未形成，身体柔软，色淡，抗药能力差。随即吸入空气或水(水生昆虫)使体壁伸展。有些种类在幼虫孵化后，并不马上开始取食活动，而常常停息在卵壳上或其附近静止不动。此期还可继续利用包在中肠内的胚胎发育的残余卵黄物质。一些夜蛾、天蛾等的初孵幼虫，常有取食卵壳的习性。一些幼虫每生长到一定程度就要脱一次皮。从卵孵化出来到第一次蜕皮的幼虫称为第一龄幼虫，经第一次脱皮后的幼虫称为第二龄幼虫，依次类推，相邻两次脱皮之间所经历的时间叫龄期，幼虫长到最后 1 龄，称为老熟幼虫。各种昆虫的龄期长短不同，蝗虫一生蜕皮 5 次，蚕 4 次，黄粉虫幼虫一般经过 10~15 龄期，即蜕皮 1 次为 1 个龄期，龄期 = 蜕皮次数 +1。

3. 茧蛹

茧蛹期只在完全变态的昆虫出现，在幼虫后成虫前出现，有的昆虫以蛹越冬。大部分蛹都是固定不动的(但蚊的蛹会游泳)，藏在卷叶内、挂在枝条上，在地下落叶层中或在洞穴中躲避敌害，有着坚硬的保护外壳。化蛹受激素的控制，末龄幼虫在蜕皮化蛹前，先要停止取食，寻找适当的化蛹场所，或吐丝作茧、营土室等，之后，幼虫不再活动，身体显著缩短，颜色变淡或甚至消失，进入前蛹期，这个时期，幼虫的表皮已部分脱离，成虫的翅和附肢等翻出体外，体形也已改变，但仍被前蛹的表皮(即将蜕去的末龄幼虫表皮)所掩盖，须待脱皮后才变蛹。化蛹时，幼虫结构解体，成虫结构形成，初次出现翅。蝶类、蛾类的茧是最常见的蛹期。蛹有 3 类：

①自由蛹(裸蛹)　附肢和翅不黏贴在身体上，有时可自由活动，如蜂类和甲虫类等的蛹。

②被蛹　附肢和翅都包被在一层膜里，如蝶类、蛾类、举尾虫等的蛹。

③围蛹　外面包裹一层由幼虫末龄的皮所成的蛹壳，如蝇蛹等。蛹期阶段不吃不动，缺少防御和躲避敌害的能力，也是消灭害虫的最好时期。

蛹可食用，其丰富的活性蛋白不仅含有大量对人体有着特殊作用的几丁质、游离氨基酸、维生素、矿物质元素、氨基酸和蛋白质、不饱和脂肪酸、抗菌肽防御素和外源性凝集素等多种营养成分，而且与人体的正常比例一致，很容易被吸收和利用。中国各地的昆虫蛹价格不断攀升，在北京的大钟寺、八里桥、新发地等农副产品市场，面包虫蛹的价格为 48~60 元/kg，北京的新世纪饭店，一盘“油炸昆虫蛹”卖到了 138 元；在上海的铜川路水产市场的面包虫蛹卖到了 78 元/kg，且常常无货可供。随着吃虫、吃蛹热的兴起，一些眼光超前的市场开拓者已投资开发这一行业。山东农业大学成立了专门的课题组，专门研究昆虫产业；湖南省安化县马路镇农民邓辉清，投资 10 多万元，与湖南省安化县高效种养示范园合作创办了全国最大的面包虫蛹生产基地，开发的系列昆虫蛹已打进北京、上海、长沙及重庆市场，仅昆虫蛹一项每月就可获上万元的收入。据专家介绍，昆虫食品将成为 21 世纪人类的全营养食品，有着十分巨大的发展空间。据介绍，昆虫蛹菜规模化生产是继蔬菜、禽蛋等之后的一项新兴产业。

4. 成虫

成虫是昆虫个体发育最后的一个阶段。昆虫由不全变态的若虫或全变态的蛹，经过最后一次蜕皮，变化为成虫的过程，叫作羽化。羽化可是蛹皮裂开，成虫咬开一条出路而蜕出，或通过分泌一种液体将茧软化而蜕出。羽化期就是昆虫羽化的时间。成虫期主要进行交配产卵，繁殖后代。因此，成虫期是昆虫的生殖期。

7.1.2.3 求偶与生殖方式

昆虫的求偶行为非常奇妙，有的以气味求偶，如雌性橄榄油蝴蝶在求偶时散发出一种浓烈的气味，吸引雄蝶，雄蝶循着气味找到雌蝶，与其交尾；有的以舞蹈的形式向异性求偶，如雄蜜蜂通过特殊的舞蹈方式向雌蜜蜂求偶，蝴蝶跳舞求偶时，它们翅膀上的鳞片可以反射一种特殊的光，使它们的舞姿更有魅力，从而吸引异性同伴的注意；有的以发光或送礼物的方式求偶，如雌性萤火虫会蛰伏在草丛中，并发出微弱的光，雄虫发现后，会用一种更明亮的闪光来回应，等待雌虫发光的变化以确定求偶是否成功。

昆虫的生殖方式有多种。

①两性生殖　最常见，即雌雄个体经交尾、受精后，卵核进行成熟分裂，正常发育成新个体。不同昆虫受精时间长短不一，有的长达几十个小时，如果中间被打扰，则不再再次交配，雌虫所产的卵也不发育。

②孤雌生殖　部分雌虫不经两性交配受精也能产生新个体，产下的不受精卵仍能发育为新个体，这种为孤雌生殖。分为 3 种：一是偶发性孤雌生殖，即某些昆虫在正常情况下行两性生殖，但雌成虫偶尔产出的未受精卵也能发育成新个体，如家蚕、一些毒蛾和枯叶蛾等。二是经常性孤雌生殖，也称永久性孤雌生殖，如膜翅目蜜蜂和小蜂总科中，雌虫产下的卵有受精卵和未受精卵两种，受精卵发育成雌虫，未受精卵发育成雄虫，有的昆虫在自然情况下雄虫极少，如一些粉虱、蚧、竹节虫、蓟马等。三是周期性孤雌生殖，也称循环性孤雌生殖，是昆虫在进行 1 次或多次孤雌生殖后，再进行 1 次两性生殖，这种以两性生殖与孤雌生殖交替的方式繁殖后代的现象，又称为异态交替或世代交替，如棉蚜，从春季到秋末，行孤雌生殖 10~20 余代，到秋末冬初则出现雌、雄两性个体，并交配产卵越冬。

③多胚生殖　一个受精卵细胞产生两个以上胚胎的生殖方式，如小蜂。

④卵胎生　即雌虫将卵产出体外进行胚胎发育，如麻蝇。也有些昆虫的卵在母体内发育成熟并孵化，产出来的是幼体，形式上近似于高等动物的胎生，但胚胎发育所需营养是由卵供给，并非来自母体，也无子宫和胎盘，所以又称假胎生，如介壳虫、蓟马、麻蝇科和寄蝇科的一些种类。

⑤幼体生殖　未成熟的幼虫体内已有卵巢，卵以孤雌生殖的方式发育为更小的幼虫，而后咬破母体而出，经过多次幼体生殖后，有的幼虫才化蛹变为成虫。

7.1.2.4 生活习性

昆虫的行为和生活习性是昆虫生物学特性的重要组成部分。昆虫种类繁多，所表现出的行为和习性也是十分复杂的。

1. 休眠与滞育

昆虫在不良环境条件下(如高温、低温、一定的日照等)，可能会暂时停止活动，呈静止或昏迷状态，以度过不良环境，这种现象称为停育，包括越冬或冬眠、冬蛰、越夏或夏眠、夏蛰。当不良环境条件消除时，便可恢复生长发育，即为休眠。昆虫在不良环境到来之前，生理上已做准备进入滞育。进入滞育的昆虫必须经过一定的物理或化学的刺激，否则即使恢复到适宜环境也不能恢复生长发育。引起昆虫滞育的生态因素主要有温度、光周期、食物等，内在因素则是激素。

2. 昼夜节律

绝大多数昆虫的活动都与白天和黑夜密切相关。根据昆虫昼夜活动节律，可将昆虫分为：日出性昆虫，如蜻蜓、蝴蝶、步甲等；夜出性昆虫，如大多数蛾类等；昼夜活动的昆虫，如蚂蚁等；弱光下生活的弱光性昆虫，如蚊子等。昆虫的昼夜活动节律，表面看似乎是光的影响，实际上还有温度、湿度、食物、天敌、异性释放外激素的生理条件等因素的影响。很多昆虫的活动节律随着季节变化也呈现不同的世代反应。

3. 昆虫的食性

不同种类的昆虫，取食食物的种类和范围不同。昆虫对食物的选择性称为食性。根据昆虫的取食食物的成分和性质，可将其食性分为植食性昆虫(如菜蛾类、黏虫等)、肉食性昆虫(如螳螂、七星瓢虫等)、腐蚀性昆虫(如果蝇、埋葬虫等)、杂食性昆虫(如蜚蠊等)4类；根据昆虫取食食物范围的广狭，可将其食性分为单食性昆虫(如豌豆象只取食豌豆、三化螟只取食水稻)、寡食性昆虫(如菜粉蝶只取食十字花科植物、棉大卷叶螟取食锦葵科植物)、多食性昆虫(如蚧壳虫可危害林木、果树、花卉、草本、灌木等)3类。昆虫的食性在某些特定条件下也可能被迫发生改变，目前国内外已研制出许多昆虫(如三化螟、瓢虫、草蛉等)的人工饲料。

4. 昆虫的趋性

趋性是指昆虫对外界刺激产生的趋向或背向行为活动。趋向活动称正趋性，背向活动称负趋性。昆虫的趋性主要有趋光性、趋化性、趋温性、趋湿性等。如多数夜间活动的昆虫，对灯光表现为正趋性，特别是黑光灯的趋性，飞蛾扑火是最典型的例子。而蜚蠊类的昆虫则经常藏身于黑暗的场所，即为负趋性。趋化性是昆虫对一些化学物质的刺激表现出的反应，通常与觅食、求偶、避敌、寻求产卵场所有关。如一些蛾类，对糖醋混合液所散发的气味表现出正趋性，可利用此种特性对其为害加以防控。

5. 昆虫的假死性

许多昆虫在受到某种刺激或震动时，会表现出蜷缩身体、静止不动，或从停留处垂丝跌落呈假死状，待安全后或稍停片刻即恢复正常生活状态的现象，如鞘翅目昆虫、鳞翅目幼虫等。假死性是昆虫躲避敌害的一种适应。利用昆虫的假死性，可采用震落法来防控、捕杀害虫。

6. 拟态和保护色

动物模拟其他生物的姿态得以保护自己的现象称为拟态。如大斑蝶的幼虫，因取食萝藦草而使其成虫血液中具有萝藦草中的一种有毒的糖苷，使得取食它的鸟类呕吐；红蛱蝶无毒，它模拟大斑蝶的形态，使得取食过真正大斑蝶的鸟类不敢再吃极似大斑蝶的红蛱蝶。

保护色是指昆虫的体色与其周围环境的颜色相似，借以躲避不被天敌发现的现象。如枯叶蛾模拟枯树叶片的形态和颜色，看起来仿似一片真的枯树叶子。蝗虫经常混入与自身体色相近的草丛中，在那里毫无顾忌地鸣叫，但很多捕食者却很难从中发现其踪迹。

有些昆虫既有保护色，又有与背景颜色形成鲜明对照的体色，称为警戒色。如许多飞蛾体色都呈红、黄等艳丽的颜色，但它们却并不是可口的猎物。有些昆虫自身具有“尖利”的武器，但当敌害靠近时，它们不会主动出击，而是用身上醒目的斑点向那些猎食者发出警告，如蓝目天蛾，其前翅颜色与树皮相似，后翅颜色鲜亮并有类似脊椎动物眼睛的斑纹，当遇到其他动物袭击时，蓝目天蛾猛然张开前翅，露出后翅上的眼睛，将袭击者吓跑，然后趁机逃生。有些昆虫既有保护色，又能配合自己的体型和环境背景来保护自己。如尺蛾的幼虫在树上栖息时，以臀足固定于树枝，身体斜立，体色和姿态均酷似树枝。竹节虫模仿枯枝模样，看似枯枝，实为虫子。不易被袭击者发现。有些昆虫的幼虫为了躲避危险，经常在夜间觅食。例如，玉带凤蝶的幼虫为了避免被其他动物吃掉，白天藏在隐蔽的地方休息，夜间则外出觅食。有些昆虫经常以一些有毒的植物为食，并把毒汁储藏在体内。它们的身体会呈现出几块黑色或黄色或组合颜色（如黑黄、黑红等）的斑纹，以此警告捕食者它们有毒，最好不要以它们为食。

7. 昆虫发声

昆虫的发音方式主要分为3大类：一是飞行、取食和求偶活动时发音。一般地，人类能够听到的振频为20~20 000Hz。蚊类飞行时拍打翅膀的振频大约594Hz，因此我们能听到苍蝇和蚊子拍打翅膀的声音。二是身体撞击其他物体产生。如窃蠹头部敲击隧道壁而发出的声音，某些种类的雄性拟步甲求偶时利用腹片摩擦雌性胸部的瘤而发出的尖锐声音。三是昆虫本身的特殊发音器官产生，如蟋蟀、蝼蛄、蝗虫、螽斯、天牛、蝽、金龟子等昆虫会用发音器的两部分互相摩擦而发音。还有一些半翅目、鳞翅目昆虫会用膜振动发音方式发出声音。

8. 昆虫的物种优势

(1)昆虫的外骨骼都具有蜡质层，包裹整个身体，防止体内水分蒸发，使其适应陆地生活，同时防止外界的损伤及异物的侵入。昆虫的外骨骼有许多内陷，形成所谓的“内骨骼”，为肌肉的附着提供了支点。

(2)昆虫具有翅，通过飞翔可以在更大的范围内寻找食物及栖息场所，增加了生存及扩散的机会，能更有效地逃避敌害。是无脊椎动物中侵入空中的唯一一类。

(3)体型小。昆虫纲与其他大多数动物(包括节肢动物)相比属于小型动物，小型的身体对食物的摄取量少，也有利于躲避侵害、隐藏、被携带并进行传播扩散。

(4)强大的繁殖能力与较短的生活周期。昆虫纲具有多种生殖方式，且繁殖力较高，群居性昆虫甚至每天产卵上千粒。昆虫的生活周期很短，一些种在条件有利时每年繁殖数代到数十代，环境不利时，可以休眠或滞育，这些特性都有利于它的繁盛。

(5)发育中经过变态。绝大多数昆虫在生活史中都经历了3~4个形态、生理，甚至生态完全不同的时期，即卵、幼虫、蛹及成虫。其中卵期主要是传播及对抗不良环境的时期，幼虫主要是取食、营养及生长的时期，蛹期是由幼虫到成虫的调整及转变时期，成虫是迁移及繁殖时期。变态使各虫态之间有效地利用和协调外界环境保证自身的发展。

(6)昆虫在结构与生理方面的多样性使它们能在各种环境条件下生存，显示了昆虫在自然竞争中的优势，造成了昆虫的繁盛。

探索实践

1. 昆虫的结构特征。
2. 观察不同昆虫触角的异同。
3. 观察不同昆虫足的区别。

任务7.2 昆虫欣赏与讲解

【任务导入】

案例一 与蚊子斗，其乐无穷

蚊子是传播疾病的大害虫，人类与蚊子的“战争”延续了几千年。直至2015年6月，广州市萝岗区高新技术产业开发区科学城的蚊子工厂每周生产出50万甚至上百万只“绝育”蚊子，跟雌蚊子交配后，雌蚊子产出的卵不孵化，使这些蚊子无法把登革病毒传染给人类。最后，蚊子只会越来越少，种群数量降低。这些“绝育”的蚊子是携带新型沃尔巴克氏体的白纹伊蚊雄蚊，这是沃尔巴克氏体技术控制蚊媒及阻断登革热项目在国内的第一次田间试验，目前局部地区的种群压制效果已经超过90%。

案例二 蝴蝶，为何受伤的总是你?

蝴蝶原本只是一种昆虫，因其美丽的外表，被赋予了很多含义，在国人眼里蝴蝶象征着爱情，是美丽的天使，故而受到人们的喜爱。但近年来，蝴蝶被伤害的报道屡屡见诸报端。

扎死上百只活蝴蝶做装饰

南召宝天曼是国家级自然保护区和世界人与自然生物圈保护区，以蝴蝶的品种和数量众多著称。2014年5月，景区策划的“南召宝天曼景区首届蝴蝶节”开幕式，因近期气温低，蝴蝶数量少。为确保游客的实际观赏效果，景区从北京采购了千只蝴蝶计划在开幕式上放飞。由于路途较远、气候差异的影响，采购的蝴蝶抵达景区时出现大批死亡现象。在开幕式现场进行蝴蝶仙子放飞蝴蝶环节时，工作人员将死蝴蝶当作蝴蝶标本别在蝴蝶仙子的衣裙上，引起社会极大反响。

科普展上，蝴蝶被哄抢

2014年9月，河南新乡市在境内黄河湿地举行首届凤湖蝴蝶科普展，来自世界近百个品种的万只珍贵蝴蝶及标本展出。展后，现场放飞万只蝴蝶。然而，蝴蝶刚一放飞就遭到现场市民的哄抢抓捕。无数美丽的生灵在市民疯狂哄抢中惨遭荼毒，令人惋惜和愤慨。原本是一场旨在宣传科学知识、保护蝴蝶的科普展，最后却沦为哄抢蝴蝶的抓捕展，这无疑是一种讽刺。其实这样的事情并非首次发生，2006 年 10 月 4 日，在济南举行的蝴蝶展中，8000 只蝴蝶惨遭“黑手”。一次次事故中，蝴蝶成了牺牲品，让人不得不追问，蝴蝶为何频频受伤？

【任务分析】

这些案例暴露出了几个问题，一是暴露出市民科学知识的不足，市民对蝴蝶和蚊子的认识不够。蚊子是一种传播疾病的害虫，需要消灭的害虫。蝴蝶是一种昆虫，尤其是成虫虫态，我们喜爱可以，切莫伸手抓捕据为己有，因为对蝴蝶来说，不是爱而是伤害，也很容易破坏大自然的生态规律。二是暴露出管理漏洞。不管是举办蝴蝶科普展，还是举办蝴蝶节，举办方都应该将保护蝴蝶不受骚扰和伤害放在首位，可是很遗憾，在上述的几起关于蝴蝶的展览中，我们并没有看到相关的保护措施，这也是市民哄抢蝴蝶、造成蝴蝶大批死亡的原因。因此，建立完善的保护机制，采取严密的保护措施，才是举办蝴蝶展览的前提，否则，展览就可能变成对蝴蝶的伤害。三是暴露出法律空白。对于蝴蝶的保护，我国目前并没有一项法律给予具体和细化，法律保护的缺失，也给蝴蝶生存造成威胁，再加上环境破坏、民间捕蝶行为随处可见，大有全民捕蝶之势。一些珍稀蝶种更是被作为商品出售，在一些地方，售卖蝴蝶标本工艺品的商铺林立。这些都是对蝴蝶的严重伤害，也是对自然的伤害。蝴蝶虽然美丽但是非常娇弱，任何骚扰都可能影响到它的生活，稍有不慎，就可能让这美丽的天使夭折。因此，对待蝴蝶，我们可远观且不可亵玩，更不要据为己有。

知识卡片

7.2.1 昆虫的分类

昆虫种类繁多，它们的生活方式与生活场所必然多样。高山、深渊，赤道、两极，草地、森林、海洋、沙漠、天空、土壤，野外、室内，到处都有昆虫的身影。

按昆虫主要虫态的最适宜的活动场所来区分，大致可分为 5 类。一是在空中生活的昆虫，如蜻蜓、蝴蝶、蜜蜂、马蜂等，这些昆虫大多白天活动，成虫期具有发达的翅膀。二是在地表生活的昆虫，如甲壳虫、蟑螂等，这类昆虫无翅或有翅，但不善飞翔，善爬行和跳跃。在地表活动的昆虫占所有昆虫种类的绝大多数。三是在土壤中生活的昆虫，常见的有蝼蛄、地老虎、蝉的幼虫等，这些昆虫以植物的根和土壤中的腐殖质为食料，造成植物根部极大的损伤。这些昆虫最害怕光线，白天很少钻到地面活动，晚上和阴雨天是它们最适宜的活动时间。大多数种类的活动与迁移能力都比较差。四是在水中生活的昆虫，有些昆虫终生生活在水中，如半翅目的龟蝽、负子蝽、田鳖、划蝽等，鞘翅目的龙虱、水龟虫等，有些昆虫只是幼虫(稚虫)生活在水中，如蜻蜓、蜉蝣、石蛾等。这类昆虫体侧的气门退化，而位于身体两端的气门发达或以特殊的气管鳃代替气门进行呼吸作用，大部分种类有扁平而多毛的游泳足，用以划水。五是寄生性昆虫，这类昆虫体型较小、视力弱、活动能力差、幼虫没有足或足已不能行走。有些寄生性昆虫终生寄生在哺乳动物的体表吸血为生，如虱子、跳蚤等。有的寄生在动物体内，如马胃蝇等。有的寄生在其他昆虫体内，如小蜂、茧蜂、姬蜂、寄蝇等，可利用它们来生物防治，对人类有益。在寄生性昆虫中，还有一种叫作重寄生的现象，就是当一种寄生蜂或寄生蝇寄生在植食性昆虫身上后，又有另一种寄生性昆虫再寄生于前一种寄生昆虫身上，有些种类还可以进行二重或三重寄生，这些现象对昆虫来说，只是为了生存的一种本能。

目前，世界通用的昆虫分类方法是根据昆虫的形态特征和系统发育、翅的有无、口器的构造、触角的形状、跗节及古化石昆虫的特征等，将昆虫分为无翅亚纲和有翅亚纲 2 个亚纲 34 个目。本教材仅学习我国常见目的特征。

1. 鞘翅目

鞘翅目昆虫通称“甲虫”，属有翅亚纲、完全变态类型，是昆虫纲乃至动物界中种类最多、分布最广的第一大目。目前全世界已知约 35 万种，占昆虫总数的 1/3，中国已知的 7000 余种，广布于地球陆地及淡水区域每一个角落。它们的前翅骨化为鞘翅，像盾一样盖住后翅，坚硬、无翅脉，称为“鞘翅”，因此而得名。外骨骼发达，身体坚硬，体型的变化甚大。咀嚼式口器，食性广，有植食性的各种叶甲、花金龟等，肉食性的步甲、虎甲等，腐食性的阎甲等，尸食性的葬甲等，粪食性的粪金龟等。此类昆虫的适应性很强。

2. 鳞翅目

鳞翅目包括蝶类和蛾类两类昆虫，是昆虫纲中仅次于鞘翅目的第二大目，当前已发现的有 20 余万种，由于身体及翅上被有大量鳞片而得名，属完全变态。成虫均为虹吸式口器，取食花蜜、水等物，不发生为害(除少数外，如吸果夜蛾类为害近成熟的果实)。翅 2 对，膜质，各有一个封闭的中室，翅上被有鳞毛，组成特殊的斑纹，可用此特征进行分类，少数无翅或短翅型。跗节 6 节，无尾须。幼虫除三对胸足外，一般在第 3~6 节及第 10 腹节各有腹足一对，腹足端部有趾钩。幼虫绝大多数陆生，植食性，为害各种植物。蛹为被蛹。

蝴蝶是日间活动的鳞翅目昆虫，世界上蝴蝶已知种类有 17 000 种左右，多为惹人瞩目的昆虫，中国的蝴蝶种类有 1300 余种。它们通常具有色彩明亮的双翅、棒状的触角、休息时四翅合拢、树立于背上。蝴蝶的后翅基部扩大而有力，在飞行时支持并连接着前翅。

蛾类是鳞翅目中最大的类群，占到鳞翅目种类的 90% 左右，外观变化多。大多数蛾类夜间活动，体色黯淡，也少有一些白天活动，色彩鲜艳的种类。不过，蛾类触角和蝴蝶有所区别，它们没有棒状的触角末端，雄蛾触角为羽状，雌蛾触角呈现丝状。通过翅缰和翅轭来连接前后翅来达到飞行的目的。

3. 膜翅目

膜翅目包括蜂类、蚁类昆虫，完全变态，是昆虫纲中第 3 大目，最高等的类群。全世界已知约 12 万种，中国已知 2300 余种。根据腹部基部是否缢缩变细，分为广腰亚目和细腰亚目。广腰亚目多是低等植食性类群，包括叶蜂、茎蜂、树蜂等类群；细腰亚目包括膜翅目的大部分种类，包括黄蜂、蚁和各种寄生蜂等。嚼吸式口器，前后翅靠翅钩连接。

4. 双翅目

双翅目包括蝇、蚊、虻等昆虫，多为全变态类。成虫前翅为膜质，后翅退化成“平衡棒”，故名双翅。双翅目分为长角亚目、短角亚目和环裂亚目 3 个亚目。长角亚目的触角在 6 节以上，包括蚊、蚋、蠓，是比较低等的类群；短角亚目触角在 5 节以下，一般 3 节，通称“虻”；环裂亚目就是我们通称的“蝇”。这类昆虫分布极广，是日常生活中常见的昆虫。

5. 半翅目

半翅目昆虫前翅基部骨化加厚，成为“半鞘翅状”而得名，属不完全变态昆虫。由异翅亚目和同翅亚目2个亚目组成，有133科、超过6万种，是昆虫纲中的主要类群之一。异翅亚目即椿象，静止时前翅覆盖在身体背面，后翅藏于其下。刺吸式口器，以植物或其他动物的体内汁液为食。其腹部有臭腺，遇到敌害会喷射出挥发性臭液，借以躲避敌害。同翅亚目包括蝉、蚜虫等。

6. 直翅目

直翅目昆虫较常见，包括蝗虫、蟋蟀、螽斯、蝼蛄等，全世界已知20 000种以上，分布很广。成虫前翅稍硬化，称为“覆翅”，后翅膜质。本类群为不完全变态，若虫和成虫多以植物为食，对农、林、经济作物都有极大的为害，少数种类为杂食性或肉食性。直翅目是较原始的昆虫类群，起源于原直翅目，在上石炭时期已经分成了触角较长的螽斯类，和触角较短的蝗虫类，其中很多种类由于鸣叫或争斗的习性，成为传统的观赏昆虫，如斗蟋和螽斯等。

7. 蜻蜓目

蜻蜓目是昆虫纲中比较原始的类群，也是较小的一个目。蜻蜓目分为3个亚目：差翅亚目统称“蜻蜓”，均翅亚目统称“蟌”，以及发现于日本和印度的两种间翅亚自昆虫。全世界约有5000种，中国有300多种。蜻蜓目属不完全变态昆虫，稚虫“水蚕”在水中营捕食性生活。成虫也营肉食，捕食小型昆虫，飞行迅速，性情凶猛。蜻蜓躯体粗壮，休息时翅膀平展于身体两侧；蟌身体细长，休息时翅膀束置于背上。间翅亚目则拥有粗壮的身体，休息时翅膀束置于背上。

8. 其他种类

昆虫种类繁多、形态各异，是地球上数量最多的动物群体，在所有生物种类(包括细菌、真菌、病毒)中占了超过50%。同时，昆虫不但种类多，而且同种的个体数量也十分惊人，它们的踪迹几乎遍布地球的每一个角落。直到21世纪初，人类已知的昆虫有100余万种，是节肢动物中最多的一类动物，但仍有许多种类尚待发现。除了上述常见的7个目以外，还有其他27个目，其中一些种类也是我们熟识的：如无所不在的蜚蠊目——蟑螂；凶猛的螳螂目——螳螂；“朝生暮死”的蜉蝣目——蜉蝣；令人讨厌的虱目——体虱等。多数昆虫可以做标本和珍贵的药材，是人类可以利用的好资源。

7.2.2 常见观赏昆虫的类别

根据观赏昆虫的特质，我们将常见的观赏昆虫分为鸣叫类、运动类、形态类、发光类及色彩类等观赏昆虫。

7.2.2.1 鸣叫类观赏昆虫

鸣叫类观赏昆虫具有发音器官，能发出悦耳动听的鸣声，常见的有蝉、蟋蟀和螽斯。悦耳的鸣声给人闲情逸趣，特别是现代都市紧张的生活、烦躁的声音环境之余，聆听虫鸣，感受大自然的声音，对调节人的紧张身心大有益处。此类昆虫在许多城市的花鸟市场均可见到，尤受老人和儿童的喜爱。

7.2.2.2　运动类观赏昆虫

斗蟋蟀是我国一项传统的民俗活动，从京都大邑至穷乡僻壤，从宫廷到民间，都不乏促织之戏，至宋代初期已具相当规模，历千年而不衰。如今在上海、宁波等国内大中城市，以及香港、澳门等地仍有相当规模的蟋蟀市场。民间除了爱好格斗习性的蟋蟀外，还有较好的飞翔耐力的甲虫、叩头虫等，在我国许多地区，竹象或金龟子被制作成一种“推磨儿”的玩具，让昆虫旋转飞翔，极受孩童喜爱，带给人们运动娱乐的感受。

7.2.2.3　形态类观赏昆虫

形态类观赏昆虫具有优美、奇特或怪异的体形，如竹节虫、螳螂、吉丁虫、角蝉及各类拟态昆虫等，它们体现了大自然的神奇力量，展示了生物界物种生存斗争和自然选择的法则，观赏时耐人寻味，寓教于乐。

7.2.2.4　发光类观赏昆虫

萤火虫(图7-4)是能发光的昆虫，在我国古代，人们利用萤火虫照明，夏夜在树林草丛中，点点流星闪烁，与夜空中的星光呼应，构造一幅优美恬静的田园画卷。墨西哥妇女则爱把萤火虫网在特殊的发髻里作为头饰。

图7-4　南京紫金山萤火虫

7.2.2.5　色彩类观赏昆虫

色彩类观赏昆虫以艳丽的色彩和不同斑纹构成优美的图案，色彩斑斓或艳丽，具有一定的吸引力。其中，最具代表性的是蝴蝶，被誉为会飞的“花朵”、大自然的“舞姬”、虫国的“佳丽”，具有很高的观赏价值，且为各种艺术作品中赞美或吟颂的重要对象及工艺美术品制作的材料而收藏。在观赏昆虫中，蝴蝶及蝴蝶工艺美术品是商品交易最活跃和普遍的一类，全世界蝴蝶贸易年成交额约1亿美元。

7.2.3　昆虫的讲解方法

无论你置身于植被茂密的大山，还是徜徉在幽静的花园，只要细心地近距离地观察寻找，就能感受到昆虫小精灵，带给你的巨大吸引力。昆虫是地球上种类最多，数量最大，分布最广的动物，起源于3.5亿年前的泥盆纪，比恐龙出现的时间还要早近一亿年。在目前已知的150多万种动物中，昆虫就占了3/4，从南极到北极，从草原到荒漠，到处都可见昆虫的身影。

讲解昆虫时需要讲解者保持一颗爱护小动物、爱护生态平衡的心态。从昆虫的生物学理论结构、昆虫的观赏特征、昆虫的价值与应用，以及昆虫特殊的生活习性等欣赏点来分门别类、分逻辑介绍。讲解时需要把握游客的心理需求，使得介绍既简单明了，又具有吸引力。比如在阳光下，大自然的昆虫神奇而美丽。讲解员需要带领游客观察了解蜻蜓是如何像轰炸机一样地捕食的，美丽的蝴蝶是如何在草丛中缠绵浪漫交配的，花丛中穿梭忙碌的蜜蜂是如何采集花粉的。大自然每时每刻都在上演感人的故事，讲解员需要描绘美丽的瞬间带给游客。

拓展阅读

昆虫的采集与标本制作

昆虫馆中展出最多的是昆虫标本，了解昆虫标本的采集和制作，可以让导游员更好地为游客提供专业讲解。

1. 采集昆虫标本的注意事项

(1)全面采集。各种昆虫的栖息场所都不相同，有的飞翔迅速、跳跃敏捷，有的身体柔弱、容易破裂或死亡，有的身体微小、不易看见，有的呈特别的保护色等。因此，采集标本时必须全面采集，包括各个虫态，雌雄成、幼虫等。相同的个体，也需要多一些比较的标本。

(2)标本完整。要想得到完整的标本，必须注意采集、毒杀、制作、保存、包装、运送等每一环节，如果标本破烂不堪，须断翅破，则大大减低了研究的价值，甚至成为完全无用的材料。

(3)正确记载。所有标本，一定要有正确而详细地记载，至少应包括采集年、月、日，采集地点，和采集人等3项。除以上记载外还应该注意采集时的环境、寄主植物或动物的种类、采集地点的海拔高度、采集方法，以及昆虫的生活习性等都可以写在记录本上。

2. 采集昆虫的工具

(1)捕虫网。采集昆虫必须要有一个坚固的扫网和一个轻便的捕网，水里要用水网。

(2)吸虫管。对微小的昆虫采集，不但容易损坏，而且不易拿取，可以自制一个吸虫管来吸取。

(3)毒瓶。采到的昆虫除要继续饲养外，在做标本以前一般要先杀死，虫死得越快则标本越易完整，否则，在瓶中乱跳乱撞极易损坏。毒瓶是采集时杀死昆虫的利器。

(4)其他用具。采集箱、采集袋、三角纸包、指形管和小瓶、活虫采集盒、小镊子、枝剪、折刀和小锯、刷小虫用的毛笔、铅笔、标签纸和记录本等都要准备。如果要保存害虫危害植物的被害状或寄主植物的标本，还要准备植物标本夹、草纸以及采集箱等。

3. 采集昆虫的方法

(1)网捕。有翅会飞的昆虫或善飞善跳的昆虫(如蝗虫)不论在活动或静止时，一般都要用网捕捉。昆虫入网后，须及时取出，将其装进毒瓶。

(2)扫捕。扫捕法主要用在大片的草丛和茂密的小灌木中，当采集者认为这些植物上藏有昆虫时，用扫网在上面左右摆动扫捕，一面扫，一面前进，就能将许多小虫集中到网底。

(3)振落。利用塑料布或白布等接在树下面，然后摇动或敲打树枝、叶，则有许多佯死性的昆虫掉下，可用镊子夹取或直接用手拿。另外，有些昆虫一经振动并不落地，但由于飞动而暴露了方向，可以用网捕捉。

(4)搜索。除去在外面活动的昆虫外，很多昆虫都躲在各种隐蔽的地方，采集时要善于搜索，如砖头、树皮、石块下面以及朽木里面都是采集昆虫的宝库。

(5)诱集。利用昆虫对光线、食物的趋性来采集昆虫，是既省力又有效的方法，如灯光诱集、蜜糖诱集等。

4. 采集昆虫的时间

昆虫种类繁多，生活习性很不一致，各类昆虫很不相同。即使是同一种昆虫，在不同地区，不同环境条件下，也有所不同。所以采集昆虫的时间很难一致，应该因虫、因地制宜。

5. 制作干制昆虫标本的工具

为了使昆虫标本能够长久保存、备作研究和参考，采集的昆虫要加以整理，制成各式不同的标本。制作的昆虫标本，除了保持虫体的各部分十分完整外，还要求外表的美观，昆虫原来的颜色及各种不同的天然形象都应尽量保持，所以制作昆虫标本要有相当的技术，适当的工具和方法。制作昆虫标本的工具如下：

(1)昆虫针。用不锈钢制成的，用于固定虫体位置。

(2)三级台。三级台又称平均台，是用三块厚度相等、长短不同的木板黏或钉在一起做成的。

(3)KT板垫片。KT板是一种PS颗粒发泡的新型材料，板体轻盈、易于加工。

(4)整姿台。用来整理昆虫姿态，与三级台等高，KT板制成。

(5)展翅台。展翅台是专作伸展蝶、蛾、蜻蜓等昆虫翅膀的主要工具，形状类似整姿台。

(6)样本标签。

(7)压翅用的透明塑料片。

(8)还软器。采集后的标本时间稍久便会变硬，制作标本时很容易损坏，须用标本还软器，使它还软后才能制作。

(9)黏虫胶。一般常用虫胶片经95%酒精溶解后使用，或用万能胶或其他快干的胶，用以黏住小型昆虫标本。

6. 昆虫标本制作法

昆虫具有较坚硬的外骨骼，毒死之后，其内部的器官组织虽然干缩了，但仍可以保持原来的外形。不同种类的昆虫，制作过程不同，主要方法有：

(1)针插法

第一步：昆虫毒死后约10~16 h，趁虫体及附肢尚柔软时制作。制作时，根据虫体大小选用适当型号的昆虫针。昆虫针插入后应与虫体纵轴垂直，但不同种类的昆虫插针部位有所不同：鳞翅目、蜻蜓目、膜翅目、同翅目的昆虫是从中胸背面正中插入，通过中足中间穿出来；蝼蛄、蝗虫等直翅目昆虫是从前胸背板的后部、背中线稍右的地方插入；蚊、蝇等双翅目昆虫从中胸的中间偏右的地方插针；鞘翅目昆虫插在右鞘翅基部距翅缝不远的地方；半翅目昆虫插在中胸小盾片的中央略微偏右的部位。这种插针部位的规定主要是针插之后不会破坏鉴定特征。

第二步：虫体在针上有一定的高度，将插有虫的针倒过来，放入三级台的第一级的小孔，使虫体背部紧贴板面，其上部的留针长度是0.8cm。

第三步：经插针后的标本，插在整姿台上。将触角和足的姿势加以整理，尽量保持其自然姿态。整好后，用昆虫针加以固定，然后放在烘箱中烘干。取出后，将针插入已写好的标签上，放入三级台的第二级的小孔内，使标签保持在第二级高度的水平位置上。这样，一个完整的针插标本就制作完成了。

(2)昆虫展翅法

为了研究方便，对蝶、蛾类昆虫的标本必须将翅展开。其具体步骤是：

选取大小适宜的昆虫针，将新鲜标本或还软以后的标本移到展翅台上，两手同时用两根细昆虫针，沿翅的前缘，左、右拉动一对前翅，使一对前翅的后缘同在一条直线上，用昆虫针固定住；再拨一侧后翅，将前翅的后缘压住后翅的前缘，充分展平，将与翅膀同高的KT板垫片固定在适当位置，然后用透明塑料片压住，用昆虫针固定；再按相同方式整理另外一侧；最后整理一下触角，除很长者需要拉向后方外，一般都使其保持自然形状。将展翅板放在烘箱中或在室内放置一周左右，待标本干燥后取下。取下后，还要在标本的下方插上标签(利用三级台)，这样一个展翅的标本，就制作完成了。

探索实践

1. 通过观看视频和图片，了解不同类群昆虫的生物生态性和观赏性。
2. 解释不同观赏性昆虫特殊行为的意义。

任务7.3 昆虫文化及旅游应用

【任务导入】

亚龙湾蝴蝶谷是中国迄今为止第一个最大的网式蝴蝶园，是中国第一个设施完善的自然与人工巧妙结合的蝴蝶文化公园，位于三亚市吉阳区亚龙湾国家旅游度假区内，集展览、旅游、科教、购物于一体。蝴蝶园占地面积1682 m^2，园内栽种了大量的蝴蝶寄主和蜜源植物，形成了良好的蝴蝶活动和栖息场所。谷内小桥流水，景色宜人。每年繁殖投放供游客观赏的蝴蝶约20万只，平均每天保持的观赏活体蝴蝶在6000只左右，游人每天都能观赏到色彩艳丽的蝴蝶。天然蝴蝶园是通过大量栽种蝴蝶寄主和蜜源植物改造小环境，达到蝴蝶自行繁育的活动空间和生态要求，吸引外界的蝴蝶在此繁衍生息，产生了良好的蝴蝶生态效应。

【任务分析】

标本制作室是制作蝴蝶标本和工艺品的工作场所。把自然死去的蝴蝶回收加工，实现了资源再利用。作为一名生态导游，需要了解昆虫的生物生态学特性，了解昆虫文化，将知识融会贯通，才能向游客做专业讲解。

知识卡片

7.3.1 昆虫馆

昆虫馆是收集饲养各种活体昆虫，收藏保存各类珍稀昆虫标本，以科学研究和供公共观赏为主要目的场所。对公众来说，昆虫的观赏价值不如鱼类、鸟类以及哺乳动物，因此昆虫馆的建设和开发方面也就落后于水族馆、动物园、百鸟园等场馆，目前全国独立运行的大型昆虫馆比较少见，普及程度也不广，昆虫馆在全世界特别是在我国的发展水平仍然处在较低水平，一般以园中园的形式出现，如太原市内昆虫馆位于迎泽公园园内。在昆虫馆中，有许多值得观赏的昆虫，特别是蝴蝶的翩翩起舞、婀娜多姿，成为游客的最爱。

1. 海伦娜闪蝶

海伦娜闪蝶又称光明女神闪蝶，蛱蝶科闪蝶属。前足相当退化，短小无爪。蛹为垂蛹。雄闪蝶的翅上有绚丽的金属般光泽。闪蝶的鳞片结构复杂，细微结构是由多层立体的栅栏构成。翅的底面具有成列的眼状斑纹。完全变态。卵呈半球形，幼虫一般群集生活，主要取食豆科植物，分布于南美洲北部的热带雨林。

海伦娜闪蝶是美丽而梦幻般的蝴蝶，全身呈紫蓝色，其前翅两端的蓝色有深蓝、湛蓝、浅蓝不断地变化，整个翅面犹如蓝色的天空镶嵌一串亮丽的光环，颜色美丽，光彩照人，故有“女神”之说，被誉为世界上最美丽的蝴蝶。数量极少，十分珍贵。

2. 天堂凤蝶

天堂凤蝶又称琉璃凤蝶、英雄凤蝶，澳大利亚最美丽的蝴蝶，也是澳大利亚的国蝶。其纯正的蓝色与黑色及优雅的形态令人倾倒，是收藏与欣赏的佳品蝴蝶。

3. 燕凤蝶

凤蝶科凤蝶属，是我国最小的凤蝶，双翅平展开只有 2cm，有两条修长的尾突，很像小燕子尾巴。飞行很快，难以捕捉。分布在广东、广西、海南等地。燕凤蝶的上表面呈深黑褐色，前翅上有白色半透明的斜纹，由前缘伸展至背部。前翅外半部分三角形透明，在半透明斜纹及透明的位置中间，是隐约呈圆环的黑边，黑边伸延至前缘及末端，向顶端加宽，纤毛呈黑色，前翅上的白纹在后翅上延续并于第 3 翅脉完结，外围并不是半透明的。后翅的后半部呈深黑褐色，延伸至第 4 翅脉白色鳞片的末端，纤毛同样是黑色的，但在第 5 翅脉及沿尾巴外围底部的纤毛是白色的。底部相似，但是呈不透明的黑褐色，一条不明确灰色斑纹沿翅膀的底部伸延至后翅的背缘及沿前翅的前缘，后翅上的不透明白带从背缘至顶端与迂回的白线相连。臀部有不规则的白色小圆点。触角、头部及胸部都是黑色的，下腹是深黑褐色，触角、胸部及下腹的底部呈灰色。跗节的爪分为两半。

4. 小灰蝶

小灰蝶为灰蝶科，主要分布于中南美洲地区，其他地区也有分布。褐小灰蝶被认为是世界上最细小的蝴蝶，翅展一般只有 16mm 左右。1983 年在我国云南西双版纳采集到一种小灰蝶，翅展只有 13mm，是已发现的最小的蝴蝶。雌蝶通常呈暗色，雄蝶通常呈蓝、青、橙、红、古铜等金属光彩的颜色。这种蝴蝶翅膀反面的颜色比正面更鲜艳。

小灰蝶种类多，取食植物种类多。比较喜欢在日照充足的环境中活动。许多小灰蝶下翅尾突基部的眼纹让其他肉食性小动物误认为其为头部而发动攻击，小灰蝶因此可能只损失局部下翅而逃过一劫。小灰蝶雌蝶经常直接停在幼虫的食草植物上，并步行找寻产卵的缝隙或植物芽点。小灰蝶幼虫外观上多为较扁平的椭圆形，部分种类会分泌蜜露吸引蚂蚁来觅食，蚂蚁则会保护他们免受其他小型天敌的伤害。

7.3.2 昆虫的应用

7.3.2.1 特殊昆虫

世界上最大的昆虫是皇蛾，也是最巨大的蛾，仅分布在东南亚，它的翼面有400cm^{2}之广，翼展可达30cm。成虫没有口器，仅靠幼虫时代残存在体内的脂肪生存，生命大概只有一到两周。因为其翼面图案形似地图，前翅末端部分像蛇的头部，因此可来威慑捕食者。雌蛾通过腹部末端的腺体分泌激素吸引雄蛾，而雄蛾即使在几公里外的顺风处，仍能感应到。成虫迅速交配之后，雌蛾产卵，消耗完体内的脂肪之后便死去。

世界上最重的昆虫是热带美洲的巨大犀金龟，鞘翅目犀金龟科。这种犀金龟从头部突起到腹部末端可长达155mm，身体可宽达100mm，比一只最大的鹅蛋还大，其重量竟有约100g，相当两个鸡蛋的重量。

世界上最小、最轻的昆虫是膜翅目缨小蜂科的一种卵蜂，体长仅0.21mm，其重量也极其轻微，只有0.005mg。折算一下，20万只才1g，1000万只才有一个鸡蛋那么重。

从体长来说，世界上最长的昆虫是生活在马来半岛的一种竹节虫，其体长有270mm，比一只铅笔还要长。竹节虫目这个词来自于希腊单词“phasma”，意为“幽灵”，形象地说明了此类昆虫有将自己拟态成周围枝条或树叶的能力。它约61cm的身长使它成为昆虫王国中的最长者。许多种类的雌性竹节虫独居，无性繁殖。竹节虫为素食昆虫，但是在蜕皮期间，它们也会吃掉自己蜕掉的皮。当它们意识到危险的时候，通常会掉到地上装死，或者长时间的摇摆不定。另外，巴西产的一种天牛(鞘翅目天牛科)体长也有逾150mm。

在新西兰受到保护的昆虫动物是维塔。由于物种进化在新西兰岛上与世界其他地方不同，因而这片土地上有一些动物是世界唯一的。这里的昆虫体形一般都比较大，同时又大都比较凶猛，譬如被当地人称为“维塔”的昆虫。维塔属于蟋蟀类，生活在树上或石缝间，身上长有多只脚和许多刺。这种昆虫在近两亿年的时间里几乎没有一点进化，其形体特点一直保持到当今，属于新西兰最早的生命体。同时，它也是整个自然界最大的昆虫，已知世界最大的维塔重达78g，比苍蝇大100~150倍，是一般蝗虫的50倍，其凶猛的程度不但足以吓跑老鼠，而且还会咬人，许多新西兰人在少儿时代都有过挨咬的痛苦经历。由于生态环境的破坏、新的天敌的出现，这种特大昆虫的分布如今已缩小到新西兰主岛的少数地区和个别小岛上。新西兰政府为保护这种昆虫，已建立了多个维塔保护区，以免该国独有的这种昆虫灭绝。

英国牛津大学的一项最新研究发现，像蜜蜂、蚂蚁这样的昆虫在自己独特的“小社会”中，会判断哪种性别对群体更“有用”，以此决定“生男”或“生女”。蚂蚁、蜜蜂等昆虫在生育时可以主动控制是否让卵子受精来控制后代的性别比例，受精卵将发育成雌性，未受精卵将发育成雄性，根据不同性别在群体中的实际作用来控制雌雄比例。普通蚂蚁往往由雌性蚂蚁负责群体中的主要工作，雄性的作用相对较小，因此会主动多繁衍雌性后代。而白蚁群体中雌雄性别的“工作量”相当，所以数量也基本接近。研究人员说，这一发现有助于更好地了解一些昆虫“小社会”的形成原因和结构。

在昆虫的世界中，许多昆虫具备不可思议的本领。例如，蚂蚁可以举起相当于自身体重52倍的物体。小小的跳蚤，奋力一跃的高度，居然能超过自己身高的200倍。躯体纤弱的蝴蝶，有的也能像候鸟一样，迁飞时连续飞几百米或上万千米的路程。昆虫之所以有如此惊人的力量，就在于它们有特别发达的肌肉组织。据科学家研究，昆虫的肌肉结构特殊，而且数量多。例如，人类有600多块肌肉，而鳞翅目昆虫竟有2000多块肌肉，能帮助跳高、跳远、远距离飞翔等。

7.3.2.2　昆虫与人类的关系

昆虫对人类的重要性是无法估量的。在生物圈中扮演着很重要的角色。一些昆虫自身的产物，如蚕丝、蜂蜜、白蜡等都是人类喜欢的食品及工业的原料；昆虫又是2/3的有花植物的花粉传播者，虫媒花得到昆虫的帮助才能传播花粉；一些昆虫能分解大量的废物，把它们送回土壤完成物质循环；一些昆虫在维持某些动植物之间的平衡起着重要作用；在东南亚、非洲和南美的一些地方，昆虫本身就是当地人的食品。但昆虫也可能对人类产生威胁，如蝗虫和白蚁。而有一些昆虫，例如蚊子是疾病的传播者。有一些昆虫能够借由毒液或是叮咬对人类造成伤害。例如胡蜂会以螫针向入侵者注入毒液。另一方面，在某种意义上说，昆虫是人类生存的主要竞争者，它们大量地毁掉人类的粮食及农产品，世界上每年至少有20%~30%的农产品被昆虫吃掉，它们破坏房屋建筑，传播多种人畜疾病，造成人畜死亡。总之，昆虫对人类的利害关系十分密切。

昆虫同人类的关系十分复杂，构成复杂关系的主要因素之一是昆虫的食性异常广泛。根据前人的估计，昆虫中有48.2%是植食性的；28%是捕食性的，捕食其他昆虫和小型动物；2.4%是寄生的，寄生在其他昆虫动物体内和体外：还有17.3%食腐败的生物有机体和动物排泄物。这个为我们大致划出了昆虫的益害轮廓，但是这只不过是个自然现象，而人的益害观是从对人的经济利益的观点出发的，因而要复杂得多。

益虫和害虫是相对而言的，益虫会做对人类有害的事，害虫也会做有益的，只是程度不同。例如，蚂蚁是害虫，那是因为蚂蚁老是在人类食物乱爬、乱啃，不卫生。蚂蚁同样也是益虫，冰蚂蚁对一些病者治愈有帮助。昆虫在自然生态中起重要作用。它们帮助细菌和其他生物分解有机质，有助于生成土壤。昆虫和花一起进化，因为许多花靠昆虫传粉。某些昆虫提供重要产品，如丝、蜜、蜡、染料、色素等，因而对人有益，但由于取食各类有机物，对农业造成巨大危害。害虫毁坏自然界或贮存的谷物或木材，在谷物、家畜和人之间传播有害微生物。

随着科学技术的发展，许多仪器已达到相当微型化，如人们发明了只有大头针头大小的窃听器，将这种微型窃听器装在臭虫、苍蝇等昆虫的背上，再送这种昆虫飞进或爬进戒备森严的敌方机关的办公室、指挥所窃取情报。在完成使命前，为避免昆虫飞行时翅膀振动而干扰窃听效果，往往要在派出“昆虫间谍”前先闻一点神经毒气，使其进入目标后不久便死亡，这样昆虫背上的微型发射机，便把窃取的情报神不知鬼不觉地发射出去。间谍机关把这些信息接收下来，供有关部门分析使用。

7.3.2.3　昆虫食品

昆虫作为人类食物的历史源远流长，世界上许多国家和地区都有食用昆虫的习惯。据不完全统计，中国各地作为食物食用的昆虫约有数十种。

昆虫不仅含有丰富的有机物质，如蛋白质、脂肪、碳水化合物，无机物质如钾、钠、钙、磷、铁等各种盐类的含量也很丰富，还有人体所需的氨基酸。据资料分析，昆虫体内的蛋白质含量极高，黄蜂含有81%的蛋白质，烤干的蝉含有72%的蛋白质，白蚁体内的蛋白质比牛肉还高，100g白蚁能产生2093J热量，100g牛肉却只能产生约125.6J热量。每

100mL 的昆虫血浆中含有游离氨基酸 24.4~34.4mg，远远高出人血浆的游离氨基酸含量。

昆虫作为食品除了有上述优点外，还有繁殖快、世代短、容易获取等特点。因而在野外遇险时，昆虫往往是遇险者的首选食物。吃昆虫时，可根据当时自己的条件，选择烤、烧、炒、煮、炸等不同的方法食用。蝗虫食用其成虫或幼虫，各种蝗虫包括蚱蜢均能食用。用带树叶的枝条扑打，或用塑料薄膜平铺在地上将蝗虫驱赶到薄膜上，因薄膜光滑蝗虫无法逃跑易于捕捉。蝼蛄食用其成虫，可在夜间用灯光引诱捕捉。蟋蟀食用成虫，捕捉时用树枝扑打。螽斯又叫蝈蝈，捕捉方法与蟋蟀相似。蜂类包括胡蜂、蜜蜂、黄蜂，食用成虫、幼虫和蛹。找到蜂巢后用火烧死成虫后，才可收集幼虫和蛹。收集蜂类即使用火烧也有被蜇伤的危险，要选在夜间进行，多准备几支火力猛的火把，同时将自己的头、手用厚衣服或其他物品保护起来。螳螂食用成虫、幼虫，用手直接捕捉成虫或幼虫，螳螂卵也可食用。龙虱成虫、幼虫均可食用，用网具在池塘、河流里捞取。家蚕、柞蚕主要食用蛹，系家养昆虫，野生的不易遇见。白蚁食用成虫和卵，寻找蚁穴掘取。白蚁分为生活在树木中和土壤里两大类型，树栖的白蚁体色纯白，食用没有异味，而地栖白蚁多为棕褐色，食用时有一点怪味。蚂蚁食用成虫、幼虫、蛹、卵，寻找蚁穴掘取，或用食物诱捕。食用蚂蚁要特别注意蚂蚁中臭蚁科的种类有毒，不可食用。臭蚁个体小，尾部上翘，有异味，易与其他蚂蚁区别。蛾类包括天蛾、夜蛾、刺蛾、螟蛾等各种蛾类，由于其幼虫体表多长毛，外貌丑陋，一般多选择吃蛹。蝶类各种蝶蛹均能食用，幼虫子较蛾类幼虫而言，大多种类不长毛，也可食用。蜻蜓的成虫、幼虫均可食用，成虫用树枝扑打，或胶黏，也可用网捕，幼虫用网具在水中捕捞。蝉食用成虫，用树枝扑打或用胶杆黏，在南方一些山野的河滩边有时可见到饮水后死亡的蝉大量聚集在一起，可以收集。负子蝽食用成虫，用网具在水中捕捞。天牛食用幼虫，幼虫生活在木材里，蛀木为生，选择多虫眼的枯树枝将其划开，寻找幼虫。石蚕食用幼虫，幼虫生活于溪流中，用丝将几块石头黏在一起构成牺身之处，徒手在水中捞取石蚕的石窝，捉取幼虫。

7.3.2.4 有关昆虫的俗语

(1)蚂蚁。它们一天到晚总是忙忙叨叨在奔波，可以把比自己身体大 1~2 倍的东西拉回家。有一种个头较大的“疯蚂蚁”，腿长爬得快。若拿一个卫生球绕着它在地上画个圈，它就像遇到“鬼打墙”半天走不出去。一旦冲出去，晕头转向像喝醉了一样，怕是找不到家了。蚂蚁打仗是一种壮观而惨烈的景象，黑压压的一团一片互相撕咬，仗打完了，剩下死蚁遍地。

(2)臭大姐。学名椿象。约指甲盖大小，浑身黑灰，只翅膀下有点粉红色，会飞，有无比的臭味，黏到手上半天也洗不掉。她有这招防身本领，足以让不怀好意的天敌退避三舍。

(3)洋拉子。刺蛾，为害枣树。它有伪装术，浅绿色的和半个青枣差不多，软软的又像马鳖，浑身有细绒毛，一旦黏到手上身上，又红又肿奇痒无比，须用一块面团或嚼过的口香糖，把看不见的细毛毛黏出来才好些。

(4)吊死鬼。学名槐蚕，为害槐树。它用一根长丝吊在半空中，大人讨厌它，往往经过树荫下觉得脖子一凉，用手一摸软软的是一条虫子，吓一跳。小孩喜欢它，托在手上凉凉的，它会一屈一伸一拱一拱地向前爬行。

(5)磕头虫。体长约 1.5cm，黑色，头尖尖的很硬。小昆虫们大都有一种装死的本领，遇到危险时便装死躺下，甚至仰面朝天，一动不动和真的一样。待风险已过，翻过身来撒腿就跑。磕头虫遇到危险时则会磕头磕得啪啪作响。

(6)灶马。灶马与蛐蛐长相相仿，但体小色黄，不及蛐蛐健壮漂亮和好斗，叫声也不响亮，生活在厨房等温暖的环境中。

(7)土鳖。公土鳖的个小，有翅膀。母的甚至像银元那么大，没翅膀，一个圆形的盖子扣住全身，造型很简练。把它翻过来，它会用爪儿使劲顶地，努力让自己正位，样子笨拙但执著。母土鳖可以入药。

(8)屎壳郎。学名蜣螂。“屎壳郎碰上拉稀的——白来一趟”，词虽不雅，但把它们的生活状况说得生动有趣。如果赶上它们正在专心致志地工作，你会欣赏到它们的聪明才智、协作与敬业精神。

(9)刀螂。即螳螂，你若发现草丛中的刀螂，它往往是站起来举着带刺齿的双臂，前后微晃着向你示威，那是螳螂拳标准的架势。

(10)蚂蚱。即蝗虫，成灾很可怕。蚂蚱腿很好看，大腿粗壮像一个倒挂琵琶，小腿极细，弹跳力特强，像田径运动员。

(11)马蜂。形容健壮的小伙子细腰窄背叫“马蜂腰”。

(12)天牛。一种个头较大会飞的硬壳虫子，有两只细长且向外弯曲的触角，它很有劲，所以叫天牛，套上一根线绳可以拉动玩具小木车，“天牛拉大车”成了孩子有名的游戏。

(13)呱嗒扁。即短额负蝗，颜色碧绿，身材修长。在一些地方也叫作“扁担钩”“拜拜跳”。

(14)老琉璃。北京人把蜻蜓叫老琉璃，金黄色的、红色的、绿色的、黑色的，像北京古城特有的黄色琉璃瓦一样闪光发亮。你若把手指尖放在它嘴边，它会咬你，但不疼，痒痒得很好玩。

探索实践

1. 课堂上，学生分组练习讲解蝴蝶。
2. 在太原市迎泽公园昆虫馆内，进行模拟讲解。

边学边练

1. 蛾类在(　　)阶段把自己封闭起来。

   A. 卵期　　B. 幼虫期　　C. 蛹期　　D. 成虫期

2. 下列哪项动物是地球上种类和数量最多的？(　　)

   A. 昆虫　　B. 软体动物　　C. 哺乳动物　　D. 鸟类

3. 下列各项不属于昆虫的是(　　)。

   A. 蟑螂　　B. 螳螂　　C. 蜘蛛　　D. 金龟子

4. 苍蝇飞落在某处就匆忙搓脚，它是在(　　)。

   A. 向同伴传播讯息　　B. 发射生物雷达波，探测食物

   C. 辨别同类气味　　D. 清洁污物，准备开饭，品尝味道

5. 人们常用“蜻蜓点水”比喻做事肤浅不深入，其实蜻蜓点水时蜻蜓在(　　)。

A. 在进行呼吸　　B. 在进行生殖
C. 肌肉疲劳的表现　　D. 在进行消化

6. 俗话说："人有人言，鸟有鸟语"，请问蜜蜂用哪种"语言"交流(　　)。
A. 舞蹈　　B. 细菌　　C. 声音　　D. 表情

7. 下列不属于动物行为的是(　　)?
A. 公鸡打鸣　　B. 为了察看周围环境，野兔静静地支楞着耳朵
C. 昆虫装死　　D. 食物消化

8. 金龟子遇到敌害后从植株上滚落到地面上装死，然后伺机逃脱，这种行为属于(　　)?
A. 觅食行为　　B. 生殖行为　　C. 防御行为　　D. 社群行为

9. 蜜蜂的发育过程经过的 4 个时期是(　　)。
A. 卵→幼虫→若虫→成虫　　B. 卵→幼虫→蛹→成虫
C. 卵→蛹→幼虫→成虫　　D. 卵→若虫→幼虫→成虫

附录 1

地球地质年代表

（地球距今约有 46 亿~48 亿年的历史）

宙	代	纪	距今年龄（年）	主要特征
太古宙			40 亿~25 亿	地球表面很不稳定，地壳变化很剧烈，形成最古的陆地基础，岩石主要是片麻岩，成分很复杂，沉积岩中没有生物化石；晚期有菌类和低等藻类存在，但因经过多次地壳变动和岩浆活动，可靠的化石记录不多
元古宙			25 亿~5.7 亿	地壳继续发生强烈变化，某些部分比较稳定已有大量含碳的岩石出现；藻类和菌类开始繁盛，晚期无脊椎动物偶有出现；地层中有低等生物的化石存在
显生宙	古生代	寒武纪	5.7 亿~5.1 亿	陆地下沉，北半球大部被海水淹没。生物群以无脊椎动物尤其是三叶虫、低等腕足类为主，植物中红藻、绿藻等开始繁盛
		奥陶纪	5.1 亿~4.38 亿	岩石由石灰岩和页岩构成。生物群以三叶虫、笔石、腕足类为主，出现板足鲎类，也有珊瑚。藻类繁盛。浅海覆盖了半个地球，无脊椎动物占领了海洋。北非当时被冰封覆盖
		志留纪	4.38 亿~4.1 亿	地壳相当稳定，但末期有强烈的造山运动。生物群中腕足类和珊瑚繁荣，三叶虫和笔石仍繁盛，无颌类发育，到晚期出现原始鱼类，末期出现原始陆生植物裸蕨。陆地上古生物出现，昆虫、爬虫和蜘蛛出现
		泥盆纪	4.1 亿~3.55 亿	海洋沉积岩形成海面上升，出现鲨鱼、多骨鱼、肺鱼、有鳞鱼，鱼类时代开始。三叶虫、珊瑚及其他无脊椎动物盛行，两栖类动物首次登陆
		石炭纪	3.55 亿~2.9 亿	气候温暖而湿润，高大茂密的植物被埋藏在地下经炭化和变质而形成煤层，故名石炭纪。蝗螂及两栖类鳄鱼出现，首次出现爬行动物，昆虫大量盛行，并出现有翅昆虫
		二叠纪	2.9 亿~2.5 亿	地壳发生强烈的构造运动。动物中的菊石类、原始爬虫动物开始发展，温血爬行动物出现
	中生代	三叠纪	2.5 亿~2.05 亿	地质构造变化比较小。槽齿类爬行动物出现，并从它发展出最早的恐龙。三叠纪晚期，蜥臀目和鸟臀目都已有不少种类。首次出现史祖乌龟和鳄鱼。森林中针叶树为主，棕榈银杏占优势。与此同时，从兽孔类爬行动物中演化出了最早的哺乳动物——似哺乳爬行动物，但是，在随后从侏罗纪到白垩纪长达 1 亿多年的漫长岁月里，这批生不逢时哺乳动物一直生活在以恐龙为主的爬行动物的阴影之下，直到新生代才成为地球的主宰
		侏罗纪	2.05 亿~1.35 亿	有造山运动和剧烈的火山活动。泛大陆开始分离，北美从非洲和南美洲中分离出去，世界许多地方海平面上升，爬行动物繁盛，首次出现了巨大的恐龙、空中飞龙和始祖鸟，植物中苏铁、银杏最繁盛
		白垩纪	1.35 亿~0.65 亿	造山运动非常剧烈，我国许多山脉都在这时形成。动物中以恐龙为最盛，但在末期逐渐灭绝。鱼类和鸟类很发达，原始哺乳动物开始出现。被子植物出现。植物中显花植物很繁盛，也出现了热带植物和阔叶树

（续）

宙	代	纪	距今年龄（年）	主要特征
显生宙	新生代	古近纪	6500 万~2300 万	哺乳动物除陆地生活的以外，还有空中飞的蝙蝠、水里游的鲸类等。被子植物繁盛
		新近纪	2300 万~260 万	哺乳动物继续发展，形体渐趋变大，一些古老类型灭绝，高等植物与现代区别不大，低等植物硅藻较多见
		第四纪	260 万年至今	曾发生多次冰川作用，地壳与动植物等已经具有现代的样子，初期开始出现人类的祖先（如北京猿人、尼安德特人）

附录 2

《国家重点保护野生动物名录》

《国家重点保护野生动物名录》(以下简称《名录》)是最初由原林业部和农业部根据《中华人民共和国野生动物保护法》的相关规定，共同制定并发布的一份由国家重点保护的珍贵、濒危野生动物的名录。其中保护级别分为一级和二级，列出了96种国家一级重点保护野生动物(如大熊猫、金丝猴、长臂猿、白鳍豚、中华鲟等)和160种国家二级重点保护野生动物(如猕猴、黑熊、金猫、马鹿、黄羊、天鹅、玳瑁、文昌鱼等)，并对水生、陆生动物作了具体划分，明确了由渔业、林业行政主管部门分别主管的具体种类。《名录》于1988年12月10日得到中华人民共和国国务院批准，1989年1月14日由原林业部和农业部发布施行。

1993年4月14日，林业部发出通知，决定将《濒危野生动植物种国际贸易公约》(CITES)附录一和附录二所列非原产中国的所有野生动物(如犀牛、食蟹猴、袋鼠、鸵鸟、非洲象、斑马等)，分别核准为国家一级和国家二级保护野生动物。

2003年2月21日，国家林业局令第7号发布，将麝科麝属所有种由国家二级保护野生动物调整为国家一级保护野生动物，以全面加强麝资源保护。

《名录》的颁布把对于这些野生动物的保护提升到了法律的高度，如有人违反相关法规(如捕杀或倒卖名录内所列的野生动物)，将受到法律的惩处。

中名	学名	保护级别	
		Ⅰ级	Ⅱ级
兽纲 MAMMALIA			
灵长目	PRIMATES		
懒猴科	Lorisidae		
蜂猴(所有种)	*Nycticebus* spp.	Ⅰ	
猴科	Cercopithecidae		
短尾猴	*Macaca arctoides*		Ⅱ
熊猴	*Macaca assamensis*	Ⅰ	
台湾猴	*Macaca cyclopis*	Ⅰ	
猕猴	*Macaca mulatta*		Ⅱ
豚尾猴	*Macaca nemestrina*	Ⅰ	
藏酋猴	*Macaca thibetana*		Ⅱ
叶猴(所有种)	*Presbytis* spp.	Ⅰ	
金丝猴(所有种)	*Rhinopithecus* spp.	Ⅰ	
猩猩科	Pongidae		
长臂猿(所有种)	*Hylobates* spp.	Ⅰ	
鳞甲目	PHOLIDOTA		
鲮鲤科	Manidae		

（续）

中 名	学 名	保护级别	
		Ⅰ级	Ⅱ级
穿山甲	*Manis pentadactyla*		Ⅱ
食肉目	CARNIVORA		
犬科	Canidae		
豺	*Cuon alpinus*		Ⅱ
熊科	Ursidae		
黑熊	*Selenarctos thibetanus*		Ⅱ
棕熊	*Ursus arctos*		Ⅱ
（包括马熊）	（*U. a. pruinosus*）		
马来熊	*Helarctos malayanus*	Ⅰ	
浣熊科	Procyonidae		
小熊猫	*Ailurus fulgens*		Ⅱ
大熊猫科	Ailuropodidae		
大熊猫	*Ailuropoda melanoleuca*	Ⅰ	
鼬科	Mustelidae		
石貂	*Martes foina*		Ⅱ
紫貂	*Martes zibellina*	Ⅰ	
黄喉貂	*Martes flavigula*		Ⅱ
貂熊	*Gulo gulo*	Ⅰ	
* 水獭（所有种）	*Lutra* spp.		Ⅱ
* 小爪水獭	*Aonyx cinerea*		Ⅱ
灵猫科	Viverridae		
斑林狸	*Prionodon pardicolor*		Ⅱ
大灵猫	*Viverra zibetha*		Ⅱ
小灵猫	*Viverricula indica*		Ⅱ
熊狸	*Arctictis binturong*	Ⅰ	
猫科	Felidae		
草原斑猫	*Felis lybica*（= *silvestris*）		Ⅱ
荒漠猫	*Felis bieti*		Ⅱ
丛林猫	*Felis chaus*		Ⅱ
猞猁	*Felis lynx*		Ⅱ
兔狲	*Felis manul*		Ⅱ
金猫	*Felis temmincki*		Ⅱ
渔猫	*Felis viverrinus*		Ⅱ
云豹	*Neofelis nebulosa*	Ⅰ	
豹	*Panthera pardus*	Ⅰ	

（续）

中 名	学 名	保护级别	
		Ⅰ级	Ⅱ级
虎	*Panthera tigris*	Ⅰ	
雪豹	*Panthera uncia*	Ⅰ	
＊鳍足目（所有种）	PINNIPEDIA		Ⅱ
海牛目	SIRENIA		
儒艮科	Dugongidae		
＊儒艮	*Dugong dugon*	Ⅰ	
鲸目	CETACEA		
喙豚科	Platanistidae		
＊白鳍豚	*Lipotes vexillifer*	Ⅰ	
海豚科	Delphinidae		
＊中华白海豚	*Sousa chinensis*	Ⅰ	
＊其他鲸类	（Cetacea）		Ⅱ
长鼻目	PROBOSCIDEA		
象科	Elephantidae		
亚洲象	*Elephas maximus*	Ⅰ	
奇蹄目	PERISSODACTYLA		
马科	Equidae		
蒙古野驴	*Equus hemionus*	Ⅰ	
西藏野驴	*Equus kiang*	Ⅰ	
野马	*Equus przewalskii*	Ⅰ	
偶蹄目	ARTIODACTYLA		
驼科	Camelidae		
野骆驼	*Camelus ferus*（ = *bactrianus*）	Ⅰ	
鼷鹿科	Tragulidae		
鼷鹿	*Tragulus javanicus*	Ⅰ	
麝科	Moschidae		
麝（所有种）	*Moschus* spp.	Ⅰ	
鹿科	Cervidae		
河麂	*Hydropotes inermis*		Ⅱ
黑麂	*Muntiacus crinifrons*	Ⅰ	
白唇鹿	*Cervus albirostris*	Ⅰ	
马鹿	*Cervus elaphus*		Ⅱ
（包括白臀鹿）	（*C. e. macneilli*）		
坡鹿	*Cervus eldi*	Ⅰ	
梅花鹿	*Cervus nippon*	Ⅰ	

（续）

中 名	学 名	保护级别	
		Ⅰ级	Ⅱ级
豚鹿	*Cervus porcinus*	Ⅰ	
水鹿	*Cervus unicolor*		Ⅱ
麋鹿	*Elaphurus davidianus*	Ⅰ	
驼鹿	*Alces alces*		Ⅱ
牛科	Bovidae		
野牛	*Bos gaurus*	Ⅰ	
野牦牛	*Bos mutus*(= *grunniens*)	Ⅰ	
黄羊	*Procapra gutturosa*		Ⅱ
普氏原羚	*Procapra przewalskii*	Ⅰ	
藏原羚	*Procapra picticaudata*		Ⅱ
鹅喉羚	*Gazella subgutturosa*		Ⅱ
藏羚	*Pantholops hodgsoni*	Ⅰ	
高鼻羚羊	*Saiga tatarica*	Ⅰ	
扭角羚	*Budorcas taxicolor*	Ⅰ	
鬣羚	*Capricornis sumatraensis*		Ⅱ
台湾鬣羚	*Capricornis crispus*	Ⅰ	
赤斑羚	*Naemorhedus cranbrooki*	Ⅰ	
斑羚	*Naemorhedus goral*		Ⅱ
塔尔羊	*Hemitragus jemlahicus*	Ⅰ	
北山羊	*Capra ibex*	Ⅰ	
岩羊	*Pseudois nayaur*		Ⅱ
盘羊	*Ovis ammon*		Ⅱ
兔形目	LAGOMORPHA		
兔科	Leporidae		
海南兔	*Lepus peguensis hainanus*		Ⅱ
雪兔	*Lepus timidus*		Ⅱ
塔尔木兔	*Lepus yarkandensis*		Ⅱ
啮齿目	RODENTIA		
松鼠科	Sciuridae		
巨松鼠	*Ratufa bicolor*		Ⅱ
河狸科	Castoridae		
河狸	*Castor fiber*	Ⅰ	
鸟纲 AVES			
䴙䴘目	PODICIPEDIFORMES		
䴙䴘科	Podicipedidae		

（续）

中名	学名	保护级别	
		Ⅰ级	Ⅱ级
角䴙䴘	*Podiceps auritus*		Ⅱ
赤颈䴙䴘	*Podiceps grisegena*		Ⅱ
鹱形目	PROCELLARIIFORMES		
信天翁科	Diomedeidae		
短尾信天翁	*Diomedea albatrus*	Ⅰ	
鹈形目	PELECANIFORMES		
鹈鹕科	Pelecanidae		
鹈鹕（所有种）	*Pelecanus* spp.		Ⅱ
鲣鸟科	Sulidae		
鲣鸟（所有种）	*Sula* spp.		Ⅱ
鸬鹚科	Phalacrocoracidae		
海鸬鹚	*Phalacrocorax pelagicus*		Ⅱ
黑颈鸬鹚	*Phalacrocorax niger*		Ⅱ
军舰鸟科	Fregatidae		
白腹军舰鸟	*Fregata andrewsi*	Ⅰ	
鹳形目	CICONIIFORMES		
鹭科	Ardeidae		
黄嘴白鹭	*Egretta eulophotes*		Ⅱ
岩鹭	*Egretta sacra*		Ⅱ
海南虎斑鳽	*Gorsachius magnificus*		Ⅱ
小苇鳽	*Ixbrychus minutus*		Ⅱ
鹳科	Ciconiidae		
彩鹳	*Ibis leucocephalus*		Ⅱ
白鹳	*Ciconia ciconia*	Ⅰ	
黑鹳	*Ciconia nigra*	Ⅰ	
鹮科	Threskiornithidae		
白鹮	*Threskiornis aethiopicus*		Ⅱ
黑鹮	*Pseudibis papillosa*		Ⅱ
朱鹮	*Nipponia nippon*	Ⅰ	
彩鹮	*Plegadis falcinellus*		Ⅱ
白琵鹭	*Platalea leucorodia*		Ⅱ
黑脸琵鹭	*Platalea minor*		Ⅱ
雁形目	ANSERIFORMES		
鸭科	Anatidae		
红胸黑雁	*Branta ruficollis*		Ⅱ

（续）

中 名	学 名	保护级别	
		Ⅰ级	Ⅱ级
白额雁	*Anser albifrons*		Ⅱ
天鹅(所有种)	*Cygnus* spp.		Ⅱ
鸳鸯	*Aix galericulata*		Ⅱ
中华秋沙鸭	*Mergus squamatus*	Ⅰ	
隼形目	FALCONIFORMES		
鹰科	Accipitridae		
金雕	*Aquila chrysaetos*	Ⅰ	
白肩雕	*Aquila heliaca*	Ⅰ	
玉带海雕	*Haliaeetus leucoryphus*	Ⅰ	
白尾海雕	*Haliaeetus albcilla*	Ⅰ	
虎头海雕	*Haliaeetus pelagicus*	Ⅰ	
拟兀鹫	*Pseudogyps bengalensis*	Ⅰ	
胡兀鹫	*Gypaetus barbatus*	Ⅰ	
其他鹰类	(Accipitridae)		Ⅱ
隼科(所有种)	Falconidae		Ⅱ
鸡形目	GALLIFORMES		
松鸡科	Tetraonidae		
细嘴松鸡	*Tetrao parvirostris*	Ⅰ	
黑琴鸡	*Lyrurus tetrix*		Ⅱ
柳雷鸟	*Lagopus lagopus*		Ⅱ
岩雷鸟	*Lagopus mutus*		Ⅱ
镰翅鸟	*Falcipennis falcipennis*		Ⅱ
花尾榛鸡	*Tetrastes bonasia*		Ⅱ
斑尾榛鸡	*Tetrastes sewerzowi*	Ⅰ	
雉科	Phasianidae		
雪鸡(所有种)	*Tetraogallus* spp.		Ⅱ
雉鹑	*Tetraophasis obscurus*	Ⅰ	
四川山鹧鸪	*Arborophila rufipectus*	Ⅰ	
海南山鹧鸪	*Arborophila ardens*	Ⅰ	
血雉	*Ithaginis cruentus*		Ⅱ
黑头角雉	*Tragopan melanocephalus*	Ⅰ	
红胸角雉	*Tragopan satyra*	Ⅰ	
灰腹角雉	*Tragopan blythii*	Ⅰ	
红腹角雉	*Tragopan temminckii*		Ⅱ
黄腹角雉	*Tragopan caboti*	Ⅰ	

（续）

中 名	学 名	保护级别	
		Ⅰ级	Ⅱ级
虹雉(所有种)	*Lophophorus* spp.	Ⅰ	
藏马鸡	*Crossoptilon crossoptilon*		Ⅱ
蓝马鸡	*Crossoptilon aurtun*		Ⅱ
褐马鸡	*Crossoptilon mantchuricum*	Ⅰ	
黑鹇	*Lophura leucomelana*		Ⅱ
白鹇	*Lophura nycthemera*		Ⅱ
蓝鹇	*Lophura swinhoii*	Ⅰ	
原鸡	*Gallus gallus*		Ⅱ
勺鸡	*Pucrasia macrolopha*		Ⅱ
黑颈长尾雉	*Syrmaticus humiae*	Ⅰ	
白冠长尾雉	*Syrmaticus reevesii*		Ⅱ
白颈长尾雉	*Syrmaticus ewllioti*	Ⅰ	
黑长尾雉	*Syrmaticus mikado*	Ⅰ	
锦鸡(所有种)	*Chrysolophus* spp.		Ⅱ
孔雀雉	*Polyplectron bicalcaratum*	Ⅰ	
绿孔雀	*Pavo muticus*	Ⅰ	
鹤形目	GRUIFORMES		
鹤科	Gruidae		
灰鹤	*Grus grus*		Ⅱ
黑颈鹤	*Grus nigricollis*	Ⅰ	
白头鹤	*Grus monacha*	Ⅰ	
沙丘鹤	*Grus canadensis*		Ⅱ
丹顶鹤	*Grus japonensis*	Ⅰ	
白枕鹤	*Grus vipio*		Ⅱ
白鹤	*Grus leucogeranus*	Ⅰ	
赤颈鹤	*Grus antigone*	Ⅰ	
蓑羽鹤	*Anthropoides virgo*		Ⅱ
秧鸡科	Rallidae		
长脚秧鸡	*Crex crex*		Ⅱ
姬田鸡	*Porzana parva*		Ⅱ
棕背田鸡	*Porzana bicolor*		Ⅱ
花田鸡	*Coturnicops noveboracensis*		Ⅱ
鸨科	Otidae		
鸨(所有种)	*Otis* spp.	Ⅰ	
鸻形目	CHARADRIIFORMES		

（续）

中 名	学 名	保护级别	
		Ⅰ级	Ⅱ级
雉鸻科	Jacanidae		
铜翅水雉	*Metopidius indicus*		Ⅱ
鹬科	Soolopacidae		
小勺鹬	*Numenius borealis*		Ⅱ
小青脚鹬	*Tringa guttifer*		Ⅱ
燕鸻科	Glareolidae		
灰燕鸻	*Glareola lactea*		Ⅱ
鸥形目	LARIFORMES		
鸥科	Laridae		
遗鸥	*Larus relictus*	Ⅰ	
小鸥	*Larus minutus*		Ⅱ
黑浮鸥	*Chlidonias niger*		Ⅱ
黄嘴河燕鸥	*Sterna aurantia*		Ⅱ
黑嘴端凤头燕鸥	*Thalasseus zimmermanni*		Ⅱ
鸽形目	COLUMBIFORMES		
沙鸡科	Pteroclididae		
黑腹沙鸡	*Pterocles orientalis*		Ⅱ
鸠鸽科	Columbidae		
绿鸠(所有种)	*Treron* spp.		Ⅱ
黑颏果鸠	*Ptilinopus leclancheri*		Ⅱ
皇鸠(所有种)	*Ducula* spp.		Ⅱ
斑尾林鸽	*Columba palumbus*		Ⅱ
鹃鸠(所有种)	*Macropygia* spp.		Ⅱ
鹦形目	PSITTACIFORMES		
鹦鹉科(所有种)	Psittacidae spp.		Ⅱ
鹃形目	CUCULIFORMES		
杜鹃科	Cuculidae		
鸦鹃(所有种)	*Centropus* spp.		Ⅱ
鸮形目(所有种)	STRIGIFORMES		Ⅱ
雨燕目	APODIFORMES		
雨燕科	Apodidae		
灰喉针尾雨燕	*Hirundapus cochinchinensis*		Ⅱ
凤头雨燕科	Hemiprocnidae		
凤头雨燕	*Hemiprocne longipennis*		Ⅱ
咬鹃目	TROGONIFORMES		

（续）

中 名	学 名	保护级别	
		Ⅰ级	Ⅱ级
咬鹃科	Trogonidae		
橙胸咬鹃	*Harpactes oreskios*		Ⅱ
佛法僧目	CORACIIFORMES		
翠鸟科	Alcedinidae		
蓝耳翠鸟	*Alcedo meninting*		Ⅱ
鹳嘴翠鸟	*Pelargopsis capensis*		Ⅱ
蜂虎科	Meropidae		
黑胸蜂虎	*Merops leschenaulti*		Ⅱ
绿喉蜂虎	*Merops orientalis*		Ⅱ
犀鸟科(所有种)	Bucertidae		Ⅱ
鴷形目	PICIFORMES		
啄木鸟科	Picidae		
白腹黑啄木鸟	*Dryocopus javensis*		Ⅱ
雀形目	PASSERIFORMES		
阔嘴鸟科(所有种)	Eurylaimidae spp.		Ⅱ
八色鸫科(所有种)	Pittidae spp.		Ⅱ
爬行纲 REPTILIA			
龟鳖目	TESTUDOFORMES		
龟科	Emydidae		
* 地龟	*Geoemyda spengleri*		Ⅱ
* 三线闭壳龟	*Cuora trifasciata*		Ⅱ
* 云南闭壳龟	*Cuora yunnanensis*		Ⅱ
陆龟科	Testudinidae		
四爪陆龟	*Testudo horsfieldi*	Ⅰ	
凹甲陆龟	*Manouria impressa*		Ⅱ
海龟科	Cheloniidae		
* 蠵龟	*Caretta caretta*		Ⅱ
* 绿海龟	*Chelonia mydas*		Ⅱ
* 玳瑁	*Eretmochelys imbricata*		Ⅱ
* 太平洋丽龟	*Lepidochelys olivacea*		Ⅱ
棱皮龟科	Dermochelyidae		
* 棱皮龟	*Dermochelys coriacea*		Ⅱ
鳖科	Trionychidae		
* 鼋	*Pelochelys bibroni*	Ⅰ	
* 山瑞鳖	*Trionyx steindachneri*		Ⅱ

（续）

中名	学名	保护级别	
		Ⅰ级	Ⅱ级
蜥蜴目	LACERTIFORMES		
壁虎科	Gekkonidae		
大壁虎	*Gekko gecko*		Ⅱ
鳄蜥科	Shinisauridae		
蜥鳄	*Shinisaurus crocodilurus*	Ⅰ	
巨蜥科	Varanidae		
巨蜥	*Varanus salvator*	Ⅰ	
蛇目	SERPENTIFORMES		
蟒科	Boidae		
蟒	*Python molurus*	Ⅰ	
鳄目	CROCODILIFORMES		
鼍科	Alligatoridae		
扬子鳄	*Alligator sinensis*	Ⅰ	
两栖纲 AMPHIBIA			
有尾目	CAUDATA		
隐鳃鲵科	Cryptobranchidae		
* 大鲵	*Andrias davidianus*		Ⅱ
蝾螈科	Salamandridae		
* 细痣疣螈	*Tylototriton asperrimus*		Ⅱ
* 镇海疣螈	*Tylototriton chinhaiensis*		Ⅱ
* 贵州疣螈	*Tylototriton kweichowensis*		Ⅱ
* 大凉疣螈	*Tylototriton taliangensis*		Ⅱ
* 细瘰疣螈	*Tylototriton verrucosus*		Ⅱ
无尾目	ANURA		
蛙科	Ranidae		
虎纹蛙	*Rana tigrina*		Ⅱ
鱼纲 PISCES			
鲈形目	PERCIFORMES		
石首鱼科	Sciaenidae		
* 黄唇鱼	*Bahaba flavolabiata*		Ⅱ
杜父鱼科	Cottidae		
* 松江鲈鱼	*Trachidermus fasciatus*		Ⅱ
海龙鱼目	SYNGNATHIFORMES		
海龙鱼科	Syngnathidae		
* 克氏海马鱼	*Hippocampus kelloggi*		Ⅱ

（续）

中名	学名	保护级别	
		Ⅰ级	Ⅱ级
鲤形目	CYPRINIFORMES		
胭脂鱼科	Catostomidae		
* 胭脂鱼	*Myxocyprinus asiaticus*		Ⅱ
鲤科	Cyprinidae		
* 唐鱼	*Tanichthys albonubes*		Ⅱ
* 大头鲤	*Cyprinus pellegrini*		Ⅱ
* 金钱鲃	*Sinocyclocheilus grahami grahami*		Ⅱ
* 新疆大头鱼	*Aspiorhynchus laticeps*	Ⅰ	
* 大理裂腹鱼	*Schizothorax taliensis*		Ⅱ
鳗鲡目	ANGUILLIFORMES		
鳗鲡科	Anguillidae		
* 花鳗鲡	*Anguilla marmorata*		Ⅱ
鲑形目	SALMONIFORMES		
鲑科	Salmonidae		
* 川陕哲罗鲑	*Hucho bleekeri*		Ⅱ
* 秦岭细鳞鲑	*Brachymystax lenok tsinlingensis*		Ⅱ
鲟形目	ACIPENSERIFORMES		
鲟科	Acipenseridae		
* 中华鲟	*Acipenser sinensis*	Ⅰ	
* 达氏鲟	*Acipenser dabryanus*	Ⅰ	
匙吻鲟科	Polyodontidae		
* 白鲟	*Psephurus gladius*	Ⅰ	
文昌鱼纲 APPENDICULARIA			
文昌鱼目	AMPHIOXIFORMES		
文昌鱼科	Branchiostomatidae		
* 文昌鱼	*Branchiotoma belcheri*		Ⅱ
珊瑚纲 ANTHOZOA			
柳珊瑚目	GORGONACEA		
红珊瑚科	Coralliidae		
* 红珊瑚	*Corallium* spp.	Ⅰ	
腹足纲 GASTROPODA			
中腹足目	MESOGASTROPODA		
宝贝科	Cypraeidae		
* 虎斑宝贝	*Cypraea tigris*		Ⅱ
冠螺科	Cassididae		

（续）

中 名	学 名	保护级别	
		Ⅰ级	Ⅱ级
＊冠螺	*Cassis cornuta*		Ⅱ
瓣鳃纲 LAMELLIBRANCHIA			
异柱目	ANISOMYARIA		
珍珠贝科	Pteriidae		
＊大珠母贝	*Pinctada maxima*		Ⅱ
真瓣鳃目	EULAMELLIBRANCHIA		
砗磲科	Tridacnidae		
＊库氏砗磲	*Tridacna cookiana*	Ⅰ	
蚌科	Unionidae		
＊佛耳丽蚌	*Lamprotula mansuyi*		Ⅱ
头足纲 CEPHALOPODA			
四鳃目	TETRABRANCHIA		
鹦鹉螺科	Nautilidae		
＊鹦鹉螺	*Nautilus pompilius*	Ⅰ	
昆虫纲 INSECTA			
双尾目	DIPLURA		
铗科	Japygidae		
伟铗	*Atlasjapyx atlas*		Ⅱ
蜻蜓目	ODONATA		
箭蜓科	Gomphidae		
尖板曦箭蜓	*Heliogomphus retroflexus*		Ⅱ
宽纹北箭蜓	*Ophiogomphus spinicorne*		Ⅱ
缺翅目	ZORAPTERA		
缺翅虫科	Zorotypidae		
中华缺翅虫	*Zorotypus sinensis*		Ⅱ
墨脱缺翅虫	*Zorotypus medoensis*		Ⅱ
蛩蠊目	GRYLLOBLATTODAE		
蛩蠊科	Grylloblattidae		
中华蛩蠊	*Galloisiana sinensis*	Ⅰ	
鞘翅目	COLEOPTERA		
步甲科	Carabidae		
拉步甲	*Carabus*（*Coptolabrus*）*lafossei*		Ⅱ
硕步甲	*Carabus*（*Apotopterus*）*davidi*		Ⅱ
臂金龟科	Euchiridae		
彩臂金龟（所有种）	*Cheirotonus* spp.		Ⅱ